普通高等教育"十一五"规划教材（高职高专教育）
PUTONG GAODENG JIAOYU SHIYIWU GUIHUA JIAOCAI

Installation Engineering Metering and Valuation

ANZHUANG GONGCHENG JILIANG YU JIJIA

安装工程计量与计价

主　编　袁　勇
副主编　张正磊
编　写　贾生广　丰朴春
主　审　程文义

中国电力出版社
http://jc.cepp.com.cn

内 容 提 要

本书为普通高等教育“十一五”规划教材（高职高专教育）。全书共五章，主要内容包括工程造价基本知识、安装工程定额及计价、安装工程工程量清单与计价、安装工程计量计价的应用、信息化管理在工程造价中的应用等。本书依据最新《建设工程工程量清单计价规范》（GB 50500—2008）编写，以翔实的安装工程案例为切入点，对电气照明工程、工业管道工程、消防报警工程、给排水工程、采暖工程、供热通风与空调工程技术等专业的定额计价及清单计价进行详细阐述。

本书可作为高职高专院校工程管理、工程造价、供热通风与空调工程技术等专业教材，也可作为工程管理从业人员的培训教材，还可作为安装工程管理与技术人员的参考用书。

图书在版编目（CIP）数据

安装工程计量与计价/袁勇主编．—北京：中国电力出版社，2010.2（2019.8重印）

普通高等教育“十一五”规划教材．高职高专教育

ISBN 978-7-5083-9982-9

Ⅰ.①安…　Ⅱ.①袁…　Ⅲ.①建筑安装工程－工程造价－高等学校：技术学校－教材　Ⅳ.①TU723.3

中国版本图书馆CIP数据核字（2010）第003599号

中国电力出版社出版、发行

（北京市东城区北京站西街19号　100005　http://www.cepp.sgcc.com.cn）

三河市百盛印装有限公司印刷

各地新华书店经售

*

2010年2月第一版　2019年8月北京第八次印刷

787毫米×1092毫米　16开本　16.25印张　393千字

定价**26.00**元

前 言

为贯彻落实教育部《关于进一步加强高等学校本科教学工作的若干意见》和《教育部关于以就业为导向深化高等职业教育改革的若干意见》的精神，加强教材建设，确保教材质量，中国电力教育协会组织制订了普通高等教育“十一五”教材规划。该规划强调适应不同层次、不同类型院校，满足学科发展和人才培养的需求，坚持专业基础课教材与教学急需的专业教材并重、新编与修订相结合。本书为新编教材。

建筑安装施工企业的任务，首先是最大限度地满足整个社会不断增长的物质和文化生活需求，同时也要为国家和企业的发展提供更多方便。为了实现企业的任务，提高企业的经济效益，建筑安装企业必须通过科学的管理，提高劳动生产率，降低生产成本，力争以最小的生产消耗，获得最大的经济效益，努力实现“三高一低”（高速度、高质量、高工效、低成本）的目标。

随着市场经济体制的不断完善，如何充分发挥市场机制作用，建立公平竞争、市场形成建设工程造价的运行机制，达到合理确定和有效控制工程建设投资的目的，已成为建设市场中亟待解决的重要课题。为了适应市场经济的需要，建立并维护公开、公平、竞争的建设市场经济秩序，保障工程建设各方的合法权益，提升企业的竞争优势，推动建设事业的发展，我国于 2008 年 7 月推出了新的国家标准《建设工程工程量清单计价规范》（GB 50500—2008），并于 2008 年 12 月 1 日开始实施。本规范的实施是我国对工程造价计价方式的又一次改进。

本书以《建设工程工程量清单计价规范》（GB 50500—2008）、《全国统一安装工程预算定额》、《山东省安装工程消耗量定额》、《山东省安装工程价目表》及其他相关资料为依据，结合大量工程实例，系统地对安装工程（包括电气照明工程、工业管道工程、消防报警工程、给排水工程、采暖工程、通风工程等）定额计价及清单计价模式下工程造价的确定进行了详细介绍。

本书由山东城市建设职业学院袁勇主编，张正磊任副主编。具体编写分工如下：丰朴春编写第一章，张正磊编写第二章，袁勇编写第三、四章，贾生广编写第五章。全书由程文义主审，提出了许多宝贵意见，在此表示感谢！

由于《建设工程工程量清单计价规范》（GB 50500—2008）颁布实施时间较短，不少问题还有待进一步研究和探讨，加之编者水平所限，书中难免有欠缺和不妥之处，敬请广大读者和专家批评指正。

本书在编写过程中，参考了大量文献资料，在此对作者深表感谢。

编 者

目　录

第一章　工程造价基本知识

第一节　概　　述

一、工程造价的含义

（一）工程造价的两种含义

中国建设工程造价管理协会对于工程造价的解释包括两层含义：

（1）工程造价是指建设一项工程预期或实际开支中的全部固定资产投资费用，即工程投资或建设成本。显然，这一含义是从投资者——业主的角度来定义的。在投资活动中所支付的全部费用形成了固定资产和无形资产，而所有这些开支构成了工程造价。从这个意义上说，工程造价即为工程投资费用，建设项目工程造价即为建设项目固定资产投资。

（2）工程造价是指建筑产品的价格，即工程价格。工程价格即为建成一项工程，预计或实际在土地市场、设备市场、技术劳务市场以及承包市场等交易活动中所形成的建筑安装工程的价格和建设工程总价格。显然，工程造价的第二种含义是以市场经济为前提的。通常，人们将工程造价的第二种含义认定为工程承发包价格。它是工程造价中重要的，也是最典型的价格形式；是在建筑市场通过招投标，由需求主体即投资者和供给主体即承包商共同认可的价格。

（二）工程造价两种含义的关系

工程造价两种含义之间既存在区别又存在联系。

（1）工程投资是对投资方（即业主或项目法人）而言的。对建设工程的投资者来说，面对市场经济条件下的工程造价即为项目投资，是“购买”项目要付出的价格。从性质上讲，建设成本的管理属于对具体工程项目的投资管理范畴。从管理目标看，作为项目投资或投资费用，投资者在进行项目决策和项目实施中，首先应保证决策的正确性。其次，在项目实施中完善项目功能，提高工程质量，降低投资费用，按期或提前交付使用等，也是投资者始终关注的问题。因此，降低工程造价是投资者始终如一的追求。

（2）工程价格是对于承发包双方而言的。工程承发包价格形成于发包方和承包方的承发包关系中，即合同的买卖关系中。双方的利益是矛盾的。在具体工程上，双方都在通过市场谋求有利于自身的承发包价格，并保证价格的兑现和风险的补偿，因此双方都需要对具体工程项目进行管理。这种管理显然属于价格管理范畴。

（3）工程造价的两种含义关系密切。工程投资涵盖建设项目的所有费用，而工程价格只包括建设项目的局部费用，如承发包工程部分的费用。在总体数额及内容组成上，建设项目投资费用总是高于工程承发包价格。工程投资不含业主的利润和税金，是投资者的固定资产；而工程价格则包含了承包方的利润和税金。同时，工程价格以“价格”形式进入建设项目投资费用，是工程投资费用的重要组成部分。但是，无论工程造价是哪种含义，它强调的都只是工程建设所消耗资金的数量标准。

根据工程造价的含义，工程造价的理论框架包括的内容详见表1-1。

表 1-1 工程造价的理论框架

研究重点 \ 理论框架	工程投资	工程价格	工程成本
活动参与主体	投资者、业主	业主、承包商	承包商
主要阶段	前期投资决策阶段	招标投标、合同实施阶段	工程实施阶段
管理侧重点	投资主体决策行为分析	建筑市场管理、价格管理	成本管理

二、工程造价的特点

由工程建设的特点所决定，工程造价有以下特点：

1. 造价的单件性

由于建设项目的实物形态各不相同，不同地区构成工程费用的各种价值要素也存在差异，最终导致建设项目造价千差万别。因此，对于建设项目不能像其他工业产品一样按品种、规格、质量成批定价，只能通过特殊的程序（即编制工程预算、竣工结算等），针对每个建设项目计算其工程造价，即单件计价。

2. 计价的多次性

建设项目的生产过程是一个周期长、消耗数量大的生产消费过程，如果包括可行性研究、设计过程在内，整个生产过程就要分阶段进行，逐步深入。为了适应工程建设过程中各方经济关系的建立，适应项目管理和工程造价控制的要求，需要按照建设阶段多次进行计价，从投资估算、设计概算、施工图预算或清单报价到招标承包合同价，再到各项工程的结算价和最后竣工决算价，整个计价过程是一个由粗到细、由浅到深确定工程实际造价的过程。整个计价过程各个环节之间相互衔接，前者制约后者，后者补充前者。

3. 造价的组合性

工程造价的计算是分部组合而成。其计算过程和计算顺序是：分部分项工程单价——单位工程造价——单项工程造价——建设项目总造价。

4. 方法的多样性

计算造价的方法有单价法和实物法等，计算投资估算的方法有设备系数法、生产能力指数估算法等。

5. 依据的复杂性

影响工程造价的因素很多，计价依据比较复杂，种类繁多，主要可分为以下七类：

（1）计算设备和工程量的依据。包括项目建议书、可行性研究报告、设计文件等。

（2）计算人工、材料、机械等实物消耗量的依据。包括投资估算指标、概算定额、预算定额等。

（3）计算工程单价的价格依据。包括人工单价、材料价格、机械台班费等。

（4）计算设备单价的依据。包括设备原价、设备运杂费、进口设备关税等。

（5）计算其他相关费用的依据。主要是相关的费用定额和指标。

（6）政府规定的相关税、费。

（7）物价指数和工程造价指数。

三、工程造价的作用

工程造价除具有一般商品价格职能以外，还有自己特殊的职能，包括：预测职能、控制职能、评价职能、调节职能等。

工程造价是项目决策、制定投资计划和控制投资、筹集建设资金的依据，同时也是合理利益分配和调节产业结构的重要手段，是评价投资效果的重要指标。

四、工程造价的相关概念

（一）静态投资与动态投资

静态投资是以某一基准年、月的建设要素价格为依据所计算出的建设项目投资瞬时值，并包含因工程量误差而引起的工程造价的增减。静态投资包括建筑安装工程费，设备及工、器具购置费，工程建设其他费用和基本预备费等。

动态投资是指完成一个工程项目建设预计投资需要量的总和。动态投资除了包括静态投资所含内容之外，还包括建设期贷款利息、投资方向调节税、涨价预备费等。动态投资适应市场价格运行机制的要求，可使投资的计划、估算、控制更加符合实际。

静态投资和动态投资的内容虽然有所区别，但二者有密切联系。动态投资包含静态投资，静态投资是动态投资最主要的组成部分，也是动态投资的计算基础。两个概念的产生都和工程造价的计算直接相关。

（二）建设项目总投资

建设项目总投资是指投资主体为获取预期收益，在选定的建设项目上投入所需全部资金的经济行为。建设项目按用途可分为生产性建设项目和非生产性建设项目。生产性建设项目总投资包括固定资产投资和包含铺底流动资金在内的流动资产投资两部分。而非生产性建设项目总投资只有固定资产投资，不含上述流动资产投资。建设项目总造价是项目总投资中的固定资产投资总额。

（三）固定资产投资

固定资产投资是指投资主体为了达到特定目的或达到预期收益（效益）而进行的资金垫付行为。在我国，固定资产投资包括基本建设投资、更新改造投资、房地产开发投资和其他固定资产投资四部分。其中，基本建设投资是用于新建、改建、扩建和重建项目的资金投入行为，是形成固定资产的主要手段。更新改造投资是在保证固定资产简单再生产的基础上，通过先进科学技术改造原有技术，以实现扩大再生产为主的资金投入行为，是固定资产再生产的主要方式之一。房地产开发投资是房地产企业开发厂房、宾馆、写字楼、仓库和住宅等房屋设施以及开发土地时的资金投入行为。其他固定资产投资是按规定不纳入投资计划和用专项资金进行基本建设和更新改造的资金投入行为。

建设项目的固定资产投资与建设项目的工程造价，二者在量上是等同的；而建筑安装工程投资与建筑安装工程造价，二者在量上也是等同的。这也表明了工程造价两种含义的统一性。

第二节　建设项目工程造价的构成

我国现行建设项目工程造价的构成，详见表 1 - 2。

表 1-2 建设工程造价的构成

序号	费用项目	费 用 内 容
(一)	建筑安装工程费用	直接费、间接费、利润、税金
(二)	设备工器具购置费用	设备购置费(包括备品备件)、工器具及生产家具购置费
(三)	工程建设其他费用	土地使用费、建设单位管理费、研究试验费、 勘察设计费、引进技术和进口设备项目的其他费用、 供电贴费、施工机构迁移费、临时设施费、 工程监理费、工程保险费、工程承包费、 生产准备费、办公和生活家具购置费、联合试运转费
(四)	预备费	基本预备费、工程造价调整预备费
(五)	固定资产投资方向调节税	
(六)	建设期贷款利息	

一、建筑安装工程费用

在工程建设中，建筑安装工作是创造价值的生产活动。因此，在工程造价构成中，建筑安装工程费用具有相对独立性，作为建筑安装工程价值的货币表现，亦被称为建筑安装工程造价。从专业角度来说，建筑安装工程费用主要由建筑工程费用和安装工程费用两部分组成。

其中，建筑工程费用包括：

(1) 各类房屋建筑工程费用和列入房屋建筑工程预算的供水、供暖、供电、卫生、通风、煤气等设备费用及其装修、防腐工程的费用，列入建筑工程预算的各种管道、电力、电信和电缆导线敷设工程的费用。

(2) 设备基础、支柱、工作台、烟囱、水塔、水池、灰塔等建筑工程以及各种窑炉的砌筑工程和金属结构工程的费用。

(3) 为施工而进行的场地平整、工程和水文地质勘探、原有建筑物和障碍物的拆除以及施工临时用水、电、气、路和完工后的场地清理、环境绿化、美化等工作的费用。

(4) 矿井开凿、井巷延伸和石油、天然气、钻井以及修建铁路、公路、桥梁、水库、堤坝、灌渠及防洪等工程的费用。

安装工程费用包括：

(1) 生产、动力、起重、运输、传动、医疗、实验等各种需要安装的机械设备的装配费用，与设备相连的工作台、梯子、栏杆等装设工程费用，附设于被安装设备的管线敷设工程费用，以及被安装设备的绝缘、防腐、保温、油漆等工作的材料费和安装费。

(2) 为测定安装工作质量，对单台设备进行单机试运转和对系统设备进行系统联动无负荷试运转工作的调试费。

建设部、财政部发布的“建标［2003］206号文”明确了建筑安装工程造价的费用由直接费、间接费、利润、税金四部分组成，见图1-1。

(一) 直接费

包括直接工程费和措施费。

1. 直接工程费

直接工程费是指施工过程中耗费的构成工程实体和有助于工程形成的各项费用，包括人工费、材料费和施工机械使用费。

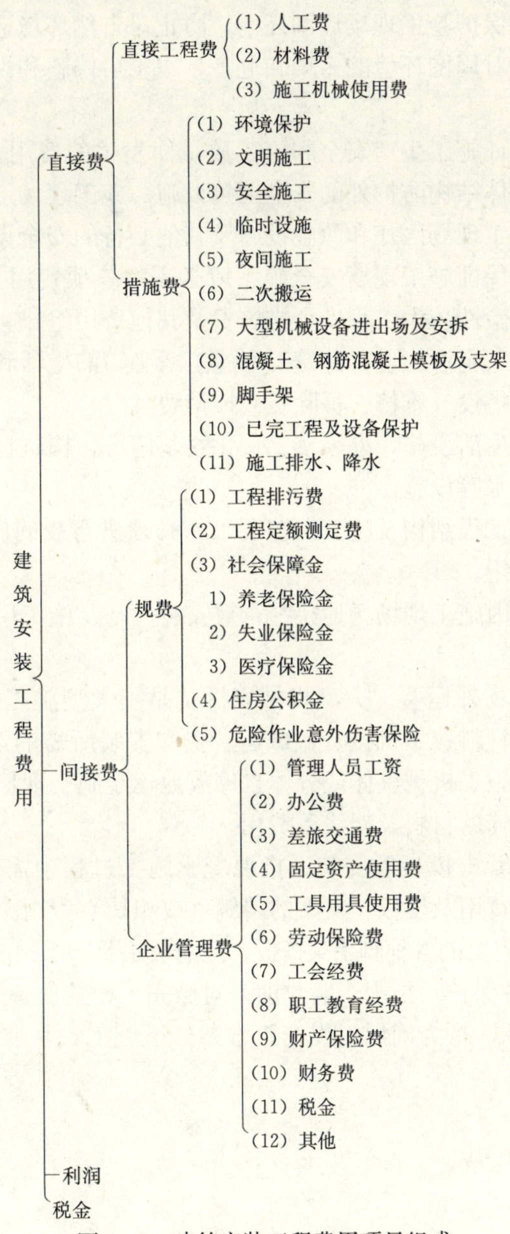

图 1-1 建筑安装工程费用项目组成

(1) 人工费。建筑安装工程直接费中的人工费是指直接从事建筑安装工程施工的生产工人开支的各项费用。

(2) 材料费。建筑安装工程直接费中的材料费是指列入概预算定额的材料、构件、零件和半成品的用量以及周转材料的摊销量乘以相应的预算价格所得的费用。

(3) 施工机械使用费。指应列入概预算定额的施工机械台班量和台班单价相乘所得的费用以及其他机械使用费、施工机械进出场费之和。

2. 措施费

指为完成工程项目施工，发生于该工程施工前和施工过程中的安全技术、生活等方面的非工程实体项目所需费用。

（1）环境保护。指为保护施工现场周围环境，防止对自然环境造成不应有的破坏，防止和减轻粉尘、噪声、震动对周围环境的污染和危害，竣工后修整和恢复在工程施工中受到破坏的环境等所需的费用。

（2）文明施工。为保证施工生产安全和施工质量而发生的费用。包括：施工现场围挡、在建建筑物或构筑物除主体结构防护外的安全围挡设施、施工现场道路及砂石散状材料堆放地的硬化、消防设施、施工现场医疗和急救设施及其他必备的安全设施所需费用。

（3）安全施工。指为保证施工现场安全施工所必需的各项费用。由临边、洞口、交叉、高处作业安全防护费，危险性较大工程安全措施费及其他费用组成。

（4）临时设施。指施工企业为进行建筑工程施工所必需的生活和生产用临时建筑物、构筑物和其他临时设施等的搭设、维修、拆除费或摊销费。

临时设施包括：临时生活设施、办公室、文化娱乐用房、构筑物、仓库、加工棚及规定范围内的用电和供水、排水等设施。

（5）夜间施工。指因工程结构及施工工艺要求，必须进行夜间施工所发生的降低工效、夜餐补助、施工照明等费用。

（6）二次搬运费。指因施工现场场地狭窄，被安装设备及施工用主要材料需二次搬运所发生的费用。

（7）大型机械安拆及场外运费。大型机械安拆费是指大型施工机械在施工现场进行安装、拆卸所需的人工费、材料费、机械费、试运转费和安装所需的辅助设施的折旧、搭设、拆除等费用；场外运费是施工机械整体或分体自停放地运至施工现场或由一施工地点至另一施工地点的运输、装卸、辅助材料及架线等费用。

（8）混凝土、钢筋混凝土模板及支架。指混凝土施工过程中需要的各种钢模板、木模板、支架等的支拆、运输费用及模板、支架的摊销（或租赁）费用。

（9）脚手架。指施工需要的各种脚手架搭拆、运输费用及脚手架的摊销（或租赁）费用。

（10）已完工程及设备保护。指竣工验收前，对已完工程及设备进行保护所需费用。

（11）施工排水、降水。指为确保工程在正常条件下施工，采取各种排水、降水措施所发生的各种费用。

（二）间接费

由规费、企业管理费组成。

1. 规费

规费是指政府和有关权力部门规定必须缴纳的费用（简称规费）。包括：

（1）工程排污费。指施工现场按规定缴纳的工程排污费。

（2）工程定额测定费。指按规定缴纳工程造价（定额）管理部门的定额测定费。

（3）社会保障费：

1）养老保障金：指企业按规定标准为职工缴纳的养老保障金。

2）失业保险费：指企业按照国家规定标准为职工缴纳的失业保险费。

3）医疗保险费：指企业按照规定标准为职工缴纳的基本医疗保险费。

（4）住房公积金。指企业按规定标准为职工缴纳的住房公积金。

（5）危险作业意外伤害保险。指按照建筑法规定，企业为从事危险作业的建筑安装施工人员支付的意外伤害保险费。

2. 企业管理费

企业管理费是指建筑安装企业组织施工生产和经营管理所需费用，包括：

（1）管理人员工资。指管理人员的基本工资、工资性补贴、职工福利费、劳动保护费等。

（2）办公费。指企业管理办公用的文具、纸张、账表、印刷、邮电、书报、会议、水电、烧水和集体取暖（包括现场临时宿舍取暖）用煤等费用。

（3）差旅交通费。指职工因公出差、调动工作的差旅费、住勤补助费，市内交通费和误餐补助费，职工探亲路费，劳动力招募费，职工离退休、退职一次性路费，工伤人员就医路费，工地转移费以及管理部门使用交通工具的油料、燃料、养路费及牌照费。

（4）固定资产使用费。指管理和试验部门及附属生产单位使用的属于固定资产的房屋、设备仪器等的折旧、大修、维修或租赁费。

（5）工具用具使用费。指管理使用的不属于固定资产的生产工具、器具、家具、交通工具以及检验、试验、测绘、消防用具等的购置、维修和摊销费。

（6）劳动保险费。指由企业支付离退休职工的易地安家补助费、职工退职金、六个月以上的病假人员工资、职工死亡丧葬补助费、抚恤费、按规定支付给离休干部的各项经费。

（7）工会经费。指企业按职工工资总额计提的工会经费。

（8）职工教育经费。指企业为职工学习先进技术和提高文化水平，按职工工资总额计提的费用。

（9）财产保险费。指施工管理用财产、车辆保险。

（10）财务费。指企业为筹集资金而发生的各种费用。

（11）税金。指企业按规定缴纳的房产税、车船使用税、土地使用税、印花税等。

（12）其他：包括技术转让费、技术开发费、业务招待费、绿化费、广告费、公证费、法律顾问费、审计费及咨询费等。

（三）利润

即指施工企业完成所承包工程获得的盈利。

（四）税金

即指国家税法规定的应计入建筑安装工程造价内的营业税、城市维护建设税及教育费附加。

营业税的税额为营业额的3%。营业额是指从事建筑、安装、修缮、装饰及其他工程作业收取的全部收入。含安装的设备的价值作为安装工程产值时，营业额亦包括所安装设备的价款。当建筑安装工程总承包方将工程分包或转包给他人时，其营业额中不包括付给分包或转包方的价款。

城市维护建设税是国家为了加强城市维护建设，扩大和稳定城市维护建设资金的来源，对有经营收入的单位和个人征收的税种。对于施工企业来讲，城市维护建设税的计税依据为营业税。纳税人所在地为市区的，按营业税的7%征收；所在地为县镇的，按营业税的5%征收；所在地不在市区县镇的，按营业税的1%征收。

对建筑安装企业征收的教育费附加，税额为营业税的3%，与营业税同时缴纳。

二、设备工器具购置费用

设备、工器具购置费用是由设备购置费用和工器具、生产家具购置费用组成的，是固定资产投资中的积极部分。在生产性工程建设中，设备、工器具购置费用与资本的有机构成相联系。设备、工器具购置费用占工程造价比重的增大意味着生产技术的进步和资本有机构成的提高。

设备购置费是指为工程建设项目购置或自制的达到固定资产标准的设备、工具、器具的费用。

工器具及生产家具购置费是指新建或扩建项目初步设计中规定的必须购置的未达到固定资产标准的设备、仪器、工卡模具、器具、生产家具和备品备件的费用。

三、工程建设其他费用

工程建设其他费用是指从工程筹建起到工程竣工验收交付使用止的整个建设期间，除建筑安装工程费用和设备、工器具购置费用之外，为保证工程建设顺利完成和交付使用后能够正常发挥效用而发生的各项费用的总和。

工程建设其他费用，按其内容大体可分为三类。

（一）土地使用费

指建设项目通过划拨方式取得土地使用权而支付的土地征用及迁移补偿费，或者通过土地使用权出让方式取得土地使用权而支付的土地使用权出让金。

（二）与项目建设有关的其他费用

与项目建设有关的其他费用包括：建设单位管理费、勘察设计费、研究试验费、临时设施费、工程监理费、工程保险费、供电贴费、施工机构迁移费、引进技术和进口设备其他费以及工程承包费等。

（三）与未来企业生产经营有关的其他费用

与未来企业生产经营有关的其他费用包括：联合试运转费、生产准备费、办公和生活家具购置费等。

四、预备费

按我国现行规定，预备费包括基本预备费和工程造价调整预备费。

（一）基本预备费

基本预备费是指在初步设计及概算内难以预料的工程费用。费用内容包括：

（1）在批准的初步设计范围内，技术设计、施工图设计及施工过程中所增加的工程和费用和设计变更、局部地基处理等增加的费用。

（2）一般自然灾害造成的损失和预防自然灾害所采取的措施费用。已实行工程保险的工程项目此费用应适当降低。

（3）竣工验收时为鉴定工程质量对隐蔽工程进行必要的挖掘和修复费用。

（二）工程造价调整预备费

指建设项目在建设期间内由于价格等变化引起工程造价变化的预测预留费用。工程造价调整预备费的测算方法，一般是根据国家规定的投资综合价格指数，以估算年份价格水平的投资额为基数，采用复利计算。

五、固定资产投资方向调节税

为了贯彻国家产业政策，控制投资规模，引导投资方向，调整投资结构，加强重点建设，促进国民经济持续稳定协调发展，国务院决定，自 1991 年起依照《中华人民共和国固定资产投资方向调节税暂行条例》的规定，对在中华人民共和国境内进行固定资产投资的单位和个人（不包含中外合资经营企业、中外合作经营企业和外资企业）征收固定资产投资方向调节税（简称投资方向调节税）。

投资方向调节税根据国家产业政策和项目经济规模实行差别税率。税率分为0%、5%、10%、15%和30%五个档次。对于基本建设项目投资而言，国家急需发展的项目投资，税率为0%；国家鼓励发展、但受能源交通等制约的项目投资，税率为5%；对楼堂馆所项目以及国家严格限制发展的项目投资，需课以重税，税率为30%；税目税率表中未列出的基本建设项目投资，税率统一为15%。更新改造项目投资方向调节税实行0%和10%两档税率，国家急需发展的项目投资，给予优惠扶植，适用零税率；其他更新改造项目投资一律适用10%的税率。

固定资产投资项目按其单位工程分别确定适用的税率。计税依据为固定资产投资项目完成的投资额，其中更新改造项目计税依据为建筑工程实际完成的投资额。投资方向调节税按固定资产投资项目的单位工程年度计划投资额预缴。年度终了后，按年度实际完成投资额结算，多退少补。项目竣工后，按全部实际完成投资额进行清算，多退少补。

六、建设期贷款利息

建设期贷款利息包括向国内银行和其他非银行金融机构贷款、出口信贷、外国政府贷款、国际商业银行贷款以及在境内外发行的债券等在建设期内应偿还的贷款利息。在考虑资金时间价值的前提下，建设期贷款利息实行复利计息。对于贷款总额一次性贷出且利息固定的贷款，建设期贷款本息直接按复利公式计算。但当总贷款是分年均衡发放时，按复利利息的计算就较为复杂。

第三节　工程造价计价模式

工程造价管理的核心是工程计价模式及计价依据的管理，它涉及政策、定额、价格、费用、招投标、承发包等内容。

一、我国现行的工程造价计价依据

（一）定额

我国计划经济条件下，工程造价管理的核心工作是定额，这是一种以工程定额为计价依据的计价模式，即根据计算核定的工程数量套用政府主管部门统一编制的定额基价计算直接费用，再按统一颁布的各种费用费率计算间接费、利润和税金等，并以此确定工程的价格。这种管理属于政府定价的“静态管理模式”。该模式进行了“控制量、指导价、竞争费”的改革，政府定期发布调整定额基价的指导价和调整系数，但由于政府文件往往相对滞后于市场变化，故终未脱离政府调控下有限度地按照市场供求关系和人、财、物政策确定建筑工程造价的模式。另外定额反映的是社会平均消耗水平，限制了施工企业本身的价格和技术优势。

（二）工程量清单

随着市场经济的发展以及建设市场的逐步建立和完善，为了适应投标报价的要求。建设部于2003年7月1日正式批准发行了《建设工程工程量清单计价规范》（本书中简称计价规范），在建设领域推行工程量清单计价模式。“计价规范”作为国家标准颁布实施，这是我国工程造价计价工作朝着“政府宏观调控、企业自主报价、市场竞争形成价格”的目标迈出的坚实一步。此计价规范于 2008 年 12 月 1 日再次修订，现正在执行。

二、国际上其他计价模式

在工程造价计价方面，被广泛采用的三种模式是日本计价模式、英联邦计价模式和美国计价模式。日本、英国和美国作为发达国家，在工程造价管理方面有许多值得借鉴的地方。

英国没有计价定额和标准，只有统一的工程量计算规则，即：在建筑工程方面，有皇家测量师学会组织制定的《建筑工程工程量标准计算规则》，在土木工程方面，有英国土木工程师学会编制的《土木工程工程量标准计算规则》。它们较详细地规定了工程项目划分、计量单位和工程量计算规则。工程量是工料测量师按照图纸和技术说明书依照统一的工程量计算规则计算求得，而价格是根据市场价格，随行就市，所以有关工程造价的信息资料对工料测量师非常重要。工料测量师可以从政府和各类咨询机构发布的造价指数、价格信息指标等获得有关工程造价的资料。

美国没有统一的定额和详细的工程量计算规则。用来确定工程造价的定额、指标、费用标准等，一般是由各个大型的工程咨询公司制订的，如美国施工规范协会编制的工程量分项细目，在房屋建筑项目中得到了广泛采用。各个咨询机构根据本地区的具体情况，制订出单位建筑面积的消耗量和基价作为所负责项目的造价估算的标准。此外，美国联邦政府、州政府和地方政府也根据各自的工程造价资料，参考各工程咨询机构有关造价资料，分别对各自管辖的政府工程项目制订相应的计价标准，以作为项目费用估算的依据。在美国的工程估价体系中，有一个非常重要的组成要素：一个前后连贯统一的工程成本编码。一般工程按其工艺特点细分为若干分部分项工程，每个分部分项工程均有其专用的代码，以便在工程管理和成本核算中进行区分。美国建筑标准协会发布的两套成本编码系统（标准格式和部位单价格式）将工程进行分项划分，并应用于几乎所有的建筑物工程和一般的承包工程。

日本的工程计价模式基于以下标准：第一，日本建设省发布的一整套工程计价标准，如《建筑工程积算基准》、《土木工程积算基准》等；第二，量、价分开的定额制度，其中量是公开的，价是保密的。劳务单价通过银行调查取得。材料、设备价格由“建设物价调查会”和“经济调查会”负责定期采集、整理和编辑出版。建筑企业利用这些价格制定内部的工程复合单价，即我们所称的单位估价表。

三、我国和发达国家计价模式的比较分析

（一）计价方式的比较

发达国家的工程计价方式是一种发挥市场主体主动性的计价方式。企业按照行业、协会统一规定的工程分项方法和成本编码系统对工程进行分项划分，按照规定的工程量计算规则计算工程量，根据过去累积的工程造价资料和公开出版的刊物，政府、协会发布的造价资料确定工程造价。而我国的计价方式一直依赖于全国、行业、地区统一的定额，按其规定进行工程量的计算、成本套算和取费，不同投资方、不同项目，执行统一的计价标准。目前民间投资项目已居多数，如果仍然按照国家统一颁布的定额来计价，就会出现买卖双方交易，而由第三者定价的违背市场机制的行为。由于统一定额的存在，造成了承包商投标报价计算基础的同一性。

（二）计价管理的模式的比较

国外主要依靠工程咨询机构、项目管理公司或由其政府注册的造价工程师（英国为工料测量师）来完成。这样可使政府不直接进行管理，不参与经济活动，使有关工作人员能从繁

重的具体事务中脱离出来，转而制定相关标准和法律来依法进行管理。在我国，据不完全统计，目前从业的工程计价人员已有100万左右，分布在政府（计划、建委、财政、审计）、金融（主要是建设银行）、建设单位（大企业、房地产开发公司）、建筑行业（设计单位、施工企业、咨询机构）内。受体制的影响，我国的工程造价管理大到宏观政策的制定，小到每个项目的造价确定和控制，几乎都集中在政府各有关主管部门，故我国“造价师执业资格”制度起步较晚，虽已初步建立起了“造价工程师”注册制度，但是从业人员整体综合素质不容乐观，亟待提高。

（三）价格标准的比较

发达国家主要通过各种渠道获得工程成本统计资料、经验数据、市场价格和各种工程造价的综合指数来计价，不同的行业部门定期编制各种性质的价格指数，指导企业进行报价。我国则依据量价合一的定额进行计价，虽然我国的造价管理机构也定期发布工程造价信息，但多是以公布各种人工、材料、机械台班的单个价格信息为主，公布综合价格指数的不多。价格指数由各地造价管理部门统一发布，这种发布方式仍然不能摆脱其统一性，不能完全反映某一承包商的实际水平。在这种价格基础上，各承包商之间很难展开竞争。

（四）消耗量标准的比较

从市场经济发达国家的工程计价模式来看，大多数国家给定统一的工程量计算规则，而不给定统一的消耗量指标。在工程量清单报价方式下，通行的报价方法是“Σ（工程量×综合单价）”，即业主根据施工图纸计算工程量，承包商根据自己的施工技术水平和管理水平报单价，求出的合价就是整个项目的总报价。这种计价方式反映了承包商在完成单位工程量所消耗的人工、材料、机械台班数量上的不同标准，是承包商之间展开竞争的一个重要方面。从目前我国的情况来看，由于实行全国（部门、地区）统一定额，工程量的计算和定额人工、材料、机械台班消耗量的取定都是按照定额的规定执行，所以工程计价中的消耗量标准在一定范围内是统一的，承包商之间没有竞争。近年来在一些地区实行了“统一量、指导价、竞争费”的改革思路，这一改革改变了原计价模式下的“量价合一”，初步改变了定额的高度统一性，但是在招投标方式下，仍然不能体现承包商之间施工、管理水平的竞争，竞争的只是人工、材料、机械台班的单价。因此，将消耗量标准市场化的做法是符合市场定价的总体目标的。

（五）价格构成的比较

国外计价模式均实行综合价格，即全费用价格法，将人工费、材料费、机械使用费、管理费、其他费用、利润和税金等全部相加在一起，以综合价格形式报价。在我国，几十年来一直实行直接费、间接费、利润和税金的计价形式，计价开始的直接费（定额的人工、材料、机械使用费）数字并不大，而且又是几年不变的固定价格，经取费计算就会出现成倍增长，形成了遇到情况就收费的现象，迫使政府主管部门不断以“文件”形式进行调整。而国外则将这些因素对成本的影响综合地考虑在报价中，或者在风险系数中予以考虑，绝不会随意开口要价。

通过对发达国家造价管理模式的分析，可以看出发达国家工程造价模式基本体现了市场经济的特点与要求，发挥了市场主体双方在建设产品计价中的主观能动性，实现了市场竞争形成价格的目标。相比之下，我国虽然有着庞大的概预算定额管理体系，各阶段造价计算有严格细致的规定，然而作为计价依据的概预算定额却是静止、僵化的。以定额为基础的概预算制度，强调计划、统一，实际是削弱了市场的自主定价权力，不能及时反映市场的千变万化，导致建筑产品价格与价值背离、价格与供求关系偏离，没有起到合理确定和控制造价的作用。

四、我国计价模式的发展方向

(1) 统一工程量计算规则，推广使用全国统一定额。按照“量、价分离”和工程实体性消耗与施工措施性消耗相分离的原则，对计价定额进行改革。属于人工、材料、机械等消耗量标准由国家制订全国统一基础定额及工程量计算规则，对于施工措施性消耗，在编制标底、编制预算和投标报价时，企业可根据自身优势和经验参考定额自主确定。

(2) 逐渐放开消耗量标准和价格标准。逐步弱化国家对定额消耗量的宏观控制，改变为企业根据自身管理和技术水平自主确定消耗量。对于人工、材料价格、机械台班费用等区别不同情况，实行调整与放开相结合的办法，最终实现市场定价。

(3) 大力发展造价咨询服务业。学习外国的工程咨询工作经验，广泛依靠社会力量来进行计价和管理，逐步实现“计价专业化、管理社会化”的体制。同时社会造价咨询服务单位不能满足于实施阶段的计价和审价，而应进行全过程各环节的造价确定，向综合性、多功能的建设项目管理机构转变。造价咨询服务单位除日常计价业务的开展外，更应重视积累资料，测算造价参数，发布造价指数和预测价格，使我国的造价咨询业与国外接轨。

复习思考题

1. 简述工程造价的含义。
2. 简述现行建设项目工程造价的构成。

第二章 安装工程定额及计价

第一节 定额计价概述

我国在计划经济条件下，一般由国家或各省、市、自治区颁布统一的工程价格指标和费用标准，采用编制工程预算（施工图预算）的形式来确定建筑安装产品的造价，而统一的工程价格指标和费用标准，一般都是以“定额”的形式来表示。

一、定额的含义

定额产生于19世纪末，资本主义企业管理科学的发展时期。当时高速的工业发展与工人的低劳动生产率是相当突出的矛盾。在这种背景下，美国工程师泰罗（F. W. Taylor）制定出标准的工时定额，以提高工人的劳动效率，他研究改进了工具与设备，提出一整套科学管理的方法，这就是著名的“泰罗制”管理模式，他被尊称为“科学管理之父”。

总的来说，定额是指在一定生产（施工）组织和生产（施工）技术条件下完成单位合格产品，所消耗的人力、物力（材料、机械）和资金的数量标准，也称为额度。它反映工程施工中生产与生产消耗之间的关系。

继泰罗制之后，资本主义企业管理又有许多新的发展，对于定额的制定也有很多新的研究。20世纪40年代到60年代，出现了所谓资本主义管理科学。一方面，管理科学从操纵方法，作业水平的研究向科学组织的研究上扩展。另一方面，它利用现代自然科学的最新成果——运筹学、电子计算机等科学技术手段进行科学管理。

定额虽然是管理科学发展初期的产物，但它在企业管理中一直占据重要地位，因为定额提供的基本管理数据，始终是实现科学管理的必备条件，即使应用了数学方法和电子计算机，也不能降低其作用，所以定额是科学管理的基础，也是管理科学中的一门学科。

现行定额的形式（以2007年山东省安装工程消耗量定额中“水龙头安装”为例）参见表2-1。

表2-1 水龙头安装

工作内容：上水嘴、试水 计量单位：10个

定额编号			8—505	8—506	8—507
项目			公称直径（mm以内）		
			15	20	25
名称		单位	数量		
人工	综合工日	工日	0.280	0.280	0.370
材料	水嘴	个	(10.100)	(10.100)	(10.100)
	线麻	kg	0.010	0.010	0.010
	铅油	kg	0.100	0.100	0.100
	其他材料费占辅材费	%	5.000	5.000	5.000

注 凡定额列有“（ ）”的均为主要材料，其中括号内数量为该主要材料的消耗量。

二、定额的分类

在建筑安装工程施工中，为了便于管理，已经形成了种类繁多的定额，一般应根据不同的需要选用不同的定额。

（一）按生产要素分类

根据建筑安装工程所包含的三大基本要素（人工、材料和机械），定额分为劳动定额、材料消耗定额与机械台班定额。

1. 劳动定额（人工定额）

劳动定额是反映建筑产品生产中活劳动消耗量的标准数额，即在正常的生产（施工）组织和生产（施工）技术条件下，为完成单位合格产品或完成一定量的工作所规定的必要劳动消耗量的标准数额。按不同的表示方法，劳动定额可分为“时间定额”和“产量定额”两种。

时间定额是指在一定的生产技术和生产组织条件下，某工种、某技术等级的工人小组或个人，完成单位合格产品所必须消耗的工作时间。包括：生产准备与结束时间、基本生产时间、辅助生产时间以及不可避免的中断时间与工人必需的休息时间。时间定额以“工日”为计量单位，每工日按 8 小时计算。

产量定额是指在一定生产技术和生产组织条件下，某工种、某技术等级的工人小组或个人，在单位时间内应完成的合格产品数量，以“每工产量”或“台班产量”为计量单位。

从上述概念中可得出时间定额与产量定额互为倒数关系。即

$$\text{单位产品时间定额(工日)} = \frac{1}{\text{每工产量}}$$

通过上述公式，可以方便地进行两种表示方法的换算。

例如：已知安装 10 个 *DN*15 水龙头的时间定额为 0.28 工日（表 2-1），则每个工人的每日安装 *DN*15 水龙头数量应是 35.71 个，即 10×1/0.28=35.71。

时间定额与产量定额是劳动定额的不同表示方法，用途不同：时间定额便于计算总需工日，核算工资；产量定额便于小组分配任务，编制班组作业计划。

2. 材料消耗定额

材料消耗定额指在生产（施工）组织和生产（施工）技术条件正常，材料供应符合技术要求，合理使用材料的条件下，完成单位合格产品，所需一定品种规格的建筑材料或构、配件消耗量的标准数额。

材料消耗定额中包括必须的消耗材料和损失材料。前者又包括直接用于建筑安装产品的材料、不可避免的生产（施工）废料以及不可避免的材料损耗。

材料消耗定额对工程成本具有较大影响，是施工过程对材料进行科学管理的重要依据之一，正确地使用材料定额对保证材料的合理供应，合理使用，避免浪费具有重要的指导意义。

3. 机械台班定额（机械使用定额）

机械台班定额是指施工机械在正常生产（施工）条件下，合理地组织劳动和使用机械，完成单位合格产品或某项工作所必需的工作时间。其中也包括了准备与结束时间，基本生产时间，辅助生产时间以及不可避免的中断时间与工人必需的休息时间。

机械台班定额分为“机械时间定额”、“机械台班产量定额”和“操作机械和配合机械的

人工时间定额”三种形式。

（二）按定额的使用要求和内容分类

1. 施工定额

施工定额是直接应用于建筑安装企业内部施工管理的一种定额，属于企业定额的一种。

为适应生产组织和管理的需要，施工定额的项目划分很细，以工序为研究对象，是工程建设定额中分项最细、定额子目最多的一种定额，也是工程建设定额中的基础性定额。它一般由劳动消耗定额、材料消耗定额和机械台班消耗定额三个独立的部分组成。通过它可直接计算出在正常施工条件下，完成单位合格产品所需要的人工、材料和机械台班的数量。

施工定额主要用于编制施工组织设计、施工作业计划和劳动力计划；向工人班组签发施工任务单和限额领料单；同时也是编制预算定额或补充定额的基础资料。

2. 预算定额（或称消耗量定额）

预算定额是以施工定额为基础，将有关工序综合扩大，以各分部分项工程为编制对象编制的，是计划经济条件下编制施工图预算，确定工程造价，进行工程竣工结算的主要依据。

预算定额比较详细地规定了完成单位工程项目的人工、材料和机械的消耗标准，并将其转化为货币数量（工程价目表），是一种计价的定额。它所提供的项目内容和数量标准有如下作用：①建筑安装企业对工程进行工程量计算、进行经济核算的依据；②建设单位与施工单位签订工程合同的依据；③银行等信贷机构对工程项目实施贷款的依据；④编制概算定额的基础。

市场经济条件下，预算定额也是编制清单报价的主要参考资料之一。

3. 概算定额

概算定额是编制扩大初步设计概算、确定建设项目投资额的依据。主要用于确定一定计量单位扩大分项工程的人工、材料和施工机械台班的需要量及费用标准，也是一种计价的定额。概算定额与预算定额在项目划分和综合扩大程度上存在差异，概算定额适用于不同设计阶段的计价需要，是预算定额的扩大与合并。

4. 概算指标

概算指标是概算定额的扩大和合并，是以整个建筑物和构筑物为对象，以更为扩大的计量单位来编制；或者以一定数量的面积（或长度）为计量单位，而规定人工、材料与机械台班的耗用量及其费用标准。主要用于设计单位编制工程概算或建设单位编制年度建设任务计划、施工准备期间编制材料和机械设备供应计划的依据，也可为国家有关部门编制年度建设计划提供参考。

（三）按定额编制、颁发单位和执行范围分类

按定额编制、颁发单位和执行范围，定额分为全国统一定额、地方定额、企业定额等。

企业定额是指建筑安装企业根据自身状况编制的适合本企业的技术水平和管理水平的，完成单位合格产品所必需的人工、材料和施工机械台班的消耗量，以及其他生产经营要素消耗数量标准。

企业定额反映的是企业的综合实力，技术水准和经营水准；是企业确定工程成本和投标报价的依据；是施工企业生产力水平的体现。每个建筑企业均应拥有自己企业能力的企业定额，各企业的技术和管理水平不同，其定额的水平也不同。因此，企业定额是施工企业进行施工管理和投标报价的基础和依据，从一定意义上说，企业定额是企业的商业秘密，是企业

参与市场竞争的核心竞争能力的具体表现。

企业定额在不同的历史时期包含着不同的概念。在计划经济时期，企业定额也称为临时定额，是国家统一定额或地方定额中缺项定额的补充，它仅限于企业内部临时使用。在市场经济条件下，企业定额有了新的概念，成为参与市场竞争、自主报价的依据。

目前大多数施工企业是以国家或地方制定的预算定额作为进行施工管理、工料分析和计算施工成本的依据。随着市场经济体制的逐步完善，客观上要求企业建立自己的企业定额，以便施工企业在投标活动中应用。与其他定额相比，企业定额标准更高，内容更准确、更详细，执行制度更严格，对企业的项目管理与经营管理具有直接的指导性。

（四）按工程的专业内容分类

按建设工程的有关专业，定额又分为建筑工程定额、安装工程定额、装饰工程定额、市政工程定额及修缮定额等。

三、定额的作用与特性

（一）定额的作用

定额是建筑安装企业实行施工项目科学管理的必备条件。

1. 定额是衡量设计方案的尺度和确定工程造价的依据

投资的多与少是一个建设项目设计方案确定的主要依据，而投资额是使用相关定额对不同设计方案进行技术经济分析与比较后确定的。

2. 定额是科学管理的重要基础

建筑安装企业为了科学组织和管理施工生产活动，必须编制各种计划，而计划的编制又依据各种定额和指标来计算人力、物力、财力等需用量，这都离不开定额的相关内容。

3. 定额是提高劳动生产率，推行经济责任制的重要手段

施工企业要提高劳动生产率，就要把生产任务具体落实到每个工人身上，促使他们采用新技术和新工艺，改进操作方法，改善劳动组织，减小劳动强度，使用比定额规定更少的劳动量，创造更多的产品。另外，企业内部实行适合各自特点的，各种形式的承包责任制，签订分包合同协议等都必须以定额为主要依据。

4. 定额是定额计价模式确定工程造价的依据

定额计价模式条件下，工程造价是根据设计规定的工程标准和工程数量，依据统一颁布的预算定额所规定的劳动力、材料、机械台班数量、单位价值和各种费用标准来确定的。

5. 定额是企业实行经济核算制的重要基础

企业为了分析比较施工过程中的各种消耗，必须以各种定额为核算依据，来分析比较企业各种成本，并通过经济活动分析，肯定成绩，找出薄弱环节提出改进措施，不断降低单位工程成本，提高经济效益。

（二）定额的特性

1. 定额的科学性

定额是应用科学的方法，在认真研究客观规律的基础上，通过长期观察、测定、总结生产实践及广泛搜集资料的基础上制定的。因此它能找出影响劳动消耗的各种主客观因素，提出合理的方案，提高生产率并降低消耗。

2. 定额的群众性

定额的制定来源于广大职工群众的生产（施工）活动，是在广泛听取群众意见并在群众

直接参与下，通过广泛的测定及大量数据的综合分析，研究实际生产中的有关数据与资料后制定出来的。同时定额的执行与许多部门及企业职工直接相关，随着科学技术的发展，定额也应定期调整，以保证其与实际生产水平的一致，保持定额的先进合理。因此定额的群众性是定额制定与执行的基础。

3. 定额的法令性

定额经授权单位批准颁发后，就具有法令性，凡属于规定范围内的任何单位都必须参照遵守。但是随着市场经济的不断发展，此特性正在逐步弱化。

四、预算定额（或消耗量定额）的编制

预算定额主要反映工程施工中生产与生产消耗之间的关系，所以定额的编制主要是确定人工、材料及机械的消耗量。

（一）人工消耗量

以“工日”为单位进行计算，一名工人工作 8 小时称为一个“工日”。

定额的人工消耗量内容包括基本用工、人工幅度差和超运距用工三部分。

(1) 基本用工。直接完成一定数量的工作对象所消耗的人工。

(2) 人工幅度差。指在劳动定额中未包括而在一般正常施工情况下不可避免的，但又无法计量的用工，包括以下内容：

1) 在正常施工组织的情况下，安装各工种间的工序搭接及土建与安装工程之间的交叉配合所需的停歇时间；

2) 场内施工机械在单位工程之间变换位置及移动临时水电线路在施工过程中不可避免的工人操作间歇时间；

3) 工程质量检查及隐蔽工程验收而影响工人的操作时间；

4) 场内单位工程操作地点的转移而影响工人的操作时间；

5) 施工过程中，工种之间交叉作业造成损失所需的修理用工；

6) 施工中不可避免的少数零星用工。

(3) 超运距用工：指超过定额规定的运距的用工。

（二）材料消耗量

(1) 定额中的材料消耗量包括直接消耗在安装工作内容中的主要材料、辅助材料和零星材料等，并计入了相应损耗。材料损耗的内容和范围包括：从工地仓库、现场集中堆放地点或现场加工地点到操作或安装地点的运输损耗、施工操作损耗、施工现场堆放损耗等。

(2) 定额内分主要材料和辅助材料两部分列出，凡定额中列有“（　）”的均为主要材料，其中括号中数量为该主要材料的消耗量。

(3) 施工措施性消耗材料、周转性材料，按不同施工方法、不同材质应分别列出一次使用量和一次摊销量。

(4) 用量很少的零星材料，列入其他材料费内，并以占该定额项目的辅助材料的百分比表示。

（三）机械台班消耗量

定额中机械台班消耗量是按正常合理的机械设备配置和大多数施工企业的机械化装备程度综合取定的。机械台班消耗量以“台班”为单位进行计算，即一台机械工作 8 小时为一个“台班”。包括施工机械台班使用量及其机械幅度差。

机械幅度差是指在合理的施工组织技术条件下机械不可避免的停歇因素。它包括：

(1) 施工机械转移工作面及配套机械互相影响损失的时间；

(2) 在正常施工情况下，机械施工中不可避免的工序间歇；

(3) 工程结尾工作量不饱和所损失的工序间歇；

(4) 检查工程质量影响机械操作的时间；

(5) 临时水电线路在施工过程中不可避免的工序间歇；

(6) 冬季施工期内发动机械操作的时间；

(7) 配合机械的人工在人工幅度差范围内的合理工作间歇。

另外定额中未包括大型施工机械进出场费及其安拆费，应按照有关规定另计。

五、预算定额（或消耗量定额）的应用

预算定额一般由国家［《全国统一安装工程预算定额》(GYD—2000)］或各省市颁布实施，各地在应用时必须结合当地的实际情况进行必要的调整，以便于执行。

1. 工程价目表（或称单位估价表）

工程价目表是预算定额在某一个地区的应用形式。在一个地区或城市范围内，根据全国（或地区）统一预算定额、当地建安工人日工资标准、材料预算价格和施工机械台班预算价格，用货币形式金额数（元）表达一个子目的单位单价，而许多个单位单价组成的表格称为工程价目表。

2. 工程价目表与预算定额的关系

预算定额是编制价目表的依据，价目表中的人工、材料、机械的消耗量直接来自于预算定额。

根据上述三个消耗量以及当地工人工资单价、材料预算价格以及施工机械台班单价，就可确定预算定额的单价，即基价。

确切地说，预算定额中只编列人工、材料、机械台班消耗量，而没有列价格的金额数。全国或地区预算定额如果套用某一地区的人工单价、材料价格、机械台班单价，就形成了某一地区的工程价目表。换句话说，预算定额如果已经套用了当地的人工、材料、机械台班的单价，名义上虽仍称“定额”，实际上已经成为这个地区的价目表了。所以，日常称谓上预算定额与价目表往往通用。

六、工程价目表中人工费、材料费、机械使用费的确定

（一）人工费及人工单价

人工费是指为直接从事安装工程施工的生产工人支付的有关费用。包括：

(1) 基本工资：指发放给生产工人的基本工资。

(2) 辅助工资：指生产工人除法定节假日以外非工作时间的工资。包括职工学习、探亲、女工哺乳期的工资，病假在六个月以内的工资及产、婚、丧假期的工资等。

(3) 工资性津贴：指在基本工资之外的各类补贴。包括：物价补贴、燃煤和燃气补贴、交通补贴、住房补贴和流动施工津贴等。

(4) 福利费：指按规定标准计提的生产工人福利费。

(5) 劳动保护费：指按规定标准发放的生产工人劳动保护用品的购置费及修理费，防暑降温费，以及在有碍身体健康环境中施工的保健费用等。

(6) 住房公积金：指企业按规定为生产工人缴纳的住房公积金。

(7) 工会经费：指企业按规定标准计提的工会经费。

(8) 教育经费：指企业为生产工人学习先进技术和提高文化水平，按规定标准计提的费用。

(9) 危险作业意外伤害保险费：指生产工人在危险环境下生产作业，企业为其支付的保险费用。

人工费由完成设计文件规定的全部工程内容所需定额工日消耗数量及其他相关工作的工日消耗量乘以人工单价计算而成。计算公式为

$$人工费 = \sum(工日消耗量 \times 人工单价)$$

工日消耗量应根据拟完成的分部分项工程项目及数量，按照相应的定额规定或有效施工签证计算而得。

人工单价应以人工费各组成内容为基础，结合各地物价水平确定。例如山东省 2008 年安装工程价目表中人工单价为 42 元/工日。

(二) 材料费及材料单价

材料费指施工过程中耗用的，构成工程实体的主要材料、辅助材料、构配件（半成品）、零件的费用，以及材料、构配件的检验试验费用。包括：

(1) 材料原价（或供应价格）：指材料的出厂价、市场价或进口材料抵岸价。

(2) 材料运杂费：指材料自来源地运至工地仓库或指定堆放地点所发生的装、卸、堆放、运输费用，以及运输、装卸过程中不可避免的损耗，运输过程中包装材料的摊销等费用。

(3) 采购及保管费：指材料采购和保管、供应所发生的采购费、仓储费、工地保管费、仓储损耗费等。

(4) 检验试验费：指规范规定的对建筑材料、构件进行鉴定、检查所发生的费用。包括自设试验室进行试验所耗用的材料和化学药品等费用。

材料费由完成设计文件规定的全部工程内容所需的材料消耗数量乘以材料单价计算而成。计算公式为

$$材料费 = \sum(材料消耗量 \times 材料单价)$$

材料消耗量应根据拟完成的分部分项工程项目及数量，按照相应的定额规定计算而得。

材料单价应以材料费各组成内容为基础计算

$$材料单价 = 材料原价 + 材料运杂费 + 采购及保管费 + 检验试验费$$

(三) 施工机械使用费及机械台班单价

施工机械使用费指施工过程中施工机械作业所发生的机械使用费用。包括：

(1) 折旧费：指施工机械在规定的使用年限内，陆续收回其原值及购置资金的时间价值。

(2) 大修理费：指施工机械按规定的大修理间隔台班进行必要的大修理，以恢复其正常功能所需的费用。

(3) 经常修理费：指施工机械除大修理以外的各级保养和临时故障排除所需的费用。

(4) 机上人工费：指机上司机（司炉）和其他操作人员的工作台班人工费及上述人员工作台班以外的人工费。

(5) 燃料动力费：指施工机械在运转作业中所消耗的燃料及水、电等费用。

(6) 除大型机械安拆和场外运输费以外的其他机械安拆和场外运输费。

(7) 其他费用：指施工机械按照有关行业主管部门规定应交纳的养路费、车船使用税、保险费及年检费等。

施工机械使用费由完成设计文件规定的全部工程内容所需定额机械台班消耗数量，乘以机械台班单价计算而成。计算公式为

$$施工机械使用费 = \sum(机械台班消耗量 \times 台班单价)$$

机械台班消耗量应根据拟完成的分部分项工程项目、数量和施工机械配备情况，按照相应的定额规定计算而得。

机械台班单价应以施工机械使用费各组成内容为基础，将上述七项费用合计计算。

七、应用定额的注意事项

(1) 根据工程项目的类别选择适用的定额手册。选择时要特别注意定额的颁发部门、颁发时间、适用范围和包含的工程种类。例如《全国统一安装工程预算定额》第六册工艺管道工程与第八册给排水、采暖、煤气工程，虽然都包含管道安装的内容，其内容却有很大的差别，应注意区分。

(2) 根据已统计好的工程量和项目划分选套定额有关分项，以确定该工程各类消耗的实际数量。在套用定额时应做到：

1) 认真阅读定额手册中的各项说明，了解套用定额的各项规定。

2) 核对工程量统计中各分项工程包含的工作内容与定额规定的工作内容是否相符，有无复算、漏算的项目。

3) 核对工程量统计时采用的计量单位与定额相应计量单位是否相符，不符者应进行修改或换算。

(3) 定额的附录可以帮助提高工程量计算速度。附录提供的信息，对经营管理工作有很大的帮助，应充分利用。

(4) 定额中注有“×××以内”或“×××以下”者均包含“×××”本身；“×××以外”或“×××以上”者，则不包含“×××”本身。

第二节 安装工程费用的计算

安装工程的费用组成详见第一章第二节有关内容。现在以山东省定额计价模式的费用计算程序为例，介绍定额计价的费用计算。

一、定额计价的费用计算程序

定额计价的费用计算程序见表 2-2。

表 2-2 定额计价的费用计算程序

序号	费用项目名称	计 算 方 法
一	直接费	(一) + (二)
	(一) 直接工程费	Σ{工程量×Σ[(定额工日消耗数量×人工单价) + (定额材料消耗数量×材料单价) + (定额机械台班消耗数量×机械台班单价)]}
	(一)′ 省价直接工程费	Σ[工程量×(省价目表基价+未计价材料费)]

续表

序号	费用项目名称	计 算 方 法
一	人工费（R1）	省价直接工程费中的人工费之和
	（二）措施费	1+2+3
	1. 参照定额规定计取的措施费	按定额规定计算
	2. 参照省发布费率计取的措施费	2.1+2.2+…+2.*n*
	2.1 环境保护费	R1×费率
	2.2 文明施工费	R1×费率
	2.3 临时设施费	R1×费率
	2.*n* 其他措施费	R1×费率
	3. 按施工组织设计（方案）计取的措施费	按施工组织设计（方案）计算
	（二）′省价措施费	按省价目表及有关规定计算
	人工费（R2）	省价措施费中的人工费之和
二	企业管理费	（R1+R2）×企业管理费费率
三	利润	（R1+R2）×利润率
四	规费	4+5+6+7+8+9
	4. 工程排污费	按各市相关规定计算
	5. 工程定额测定费	（一+二+三）×各市规定费率
	6. 社会保障费	（一+二+三）×省统一费率
	7. 住房公积金	按各市相关规定计算
	8. 危险作业意外伤害保险	按各市相关规定计算
	9. 安全施工费	按各市工程造价管理机构规定计算
五	税金	（一+二+三+四）×税率
六	安装工程费用合计	一+二+三+四+五

二、安装工程费用费率

安装工程费用费率（山东省）见表2-3。

表2-3　**山东省安装工程费用费率**　单位：%

费用名称 \ 工程名称与类别		设备安装			炉窑砌筑		
		Ⅰ	Ⅱ	Ⅲ	Ⅰ	Ⅱ	Ⅲ
措施费	环境保护费	3.2	2.7	2.2	6.2	5.2	4.2
	文明施工费	6.5	5.5	4.5	13	10.9	8.8
	临时设施费	18.5	15	12	46	37	29
	夜间施工增加费	3.6	3	2.5	9.4	7.8	6.5
	二次搬运费	3.2	2.6	2.1	8.3	6.8	5.5
	冬、雨季施工增加费	4	3.3	2.8	10.4	8.6	7.3
	已完工程及设备保护费	2	1.6	1.3	5.2	4.2	3.3
	总承包服务费	8	5	3			

续表

费用名称 \ 工程名称与类别		设备安装			炉窑砌筑		
		Ⅰ	Ⅱ	Ⅲ	Ⅰ	Ⅱ	Ⅲ
企业管理费		65	54	42	135	112	87
利　润		40	30	20	90	70	45
规费	工程排污费	按各市相关规定计算					
	工程定额测定费	按各市规定费率					
	社会保障费	2.6					
	住房公积金	按各市相关规定计算					
	危险作业意外伤害保险	按各市相关规定计算					
	安全施工费	由各市工程造价管理机构测算发布					
税金	市区	3.44					
	县城、镇	3.38					
	市、县城、镇外	3.25					

注　措施费中人工费含量：夜间施工增加费为50%；冬、雨期施工增加费及二次搬运费为40%；总承包服务费中不考虑，其余按25%。

三、安装工程类别划分标准

（一）说明

（1）安装工程类别的划分，是根据各专业安装工程的功能、规模、繁简、施工技术难易程度，结合当地安装工程实际情况进行制定的。

（2）工程类别划分标准，是工程建设各方作为评定工程类别等级、确定有关费用的依据。

（3）工程类别等级，均以单位工程划分，一个单位工程一般只定一个等级类别。

（4）一个单位工程中有多个不同的工程类别标准时，则依据主体设备，或主要部分的标准确定。

（5）对于民用工程中列有单独标准的专业工程，可单独确定工程类别。

（6）水塔、水池的安装工程及工业建筑物中未设计工业设备的安装工程，应分别按相应建筑工程的类别等级标准确定安装工程类别等级。

（7）弱电工程是指电视监控、安全防范、办公自动化、通信广播、电视共用天线等系统。

（8）该标准中缺项时，拟定为Ⅰ类工程的项目由省级工程造价管理机构核准；Ⅱ、Ⅲ类工程项目由市工程造价管理机构核准，并报省级工程造价管理机构备案。

（二）工程类别标准（表2-4）

1. 设备安装工程

表2-4　　工程类别标准表

工程类别	工　程　类　别　标　准
Ⅰ类	1. 台重≥35t各类机械设备；精密数控（程控）机床；自动、半自动生产工艺装置；配套功率≥1500kW的压缩机（组）、风机、泵类设备；国外引进成套生产装置的安装工程。

续表

工程类别	工 程 类 别 标 准
Ⅰ类	2. 主钩起重量桥式≥50t、门式≥20t 起重设备及相应轨道；运行速度≥1.5m/s 自动快速、高速电梯；宽度≥1000mm 或输送长度≥100m 或斜度≥10°的胶带输送机安装。 3. 容量≥1000kV·A 变配电装置；电压≥6kV 架空线路及电缆敷设工程；全面积防爆电气工程。 4. 中压锅炉和汽轮发电机组、各型散装锅炉设备及其配套工程的安装工程。 5. 各类压力容器、塔器等制作、组对、安装；台重≥40t 各类静置设备安装；电解槽、电除雾、电除尘及污水处理设备安装。 6. 金属重量≥50t 工业炉；炉膛内径 Φ≥2000mm 煤气发生炉及附属设备；乙炔发生设备及制氧设备安装。 7. 容量≥5000m³ 金属贮罐、容量≥1000m³ 气柜制作安装；球罐组装；总重＞50t 或高度＞60m 火炬塔架制作安装。 8. 制冷量≥4.2MW 制冷站、供热量≥7MW 换热站安装工程。 9. 工业生产微机控制自动化装置及仪表安装、调试。 10. 中、高压或有毒、易燃、易爆工作介质或有探伤要求的工艺管网（线）；试验压力≥1.0MPa 或管径 Φ≥500mm 的铸铁给水管网（线）；管径 Φ≥800mm 的排水管网（线）。 11. 附属于上述工程各种设备及其相关的管道、电气、仪表、金属结构及其刷油、绝热、防腐蚀工程。 12. 净化、超净、恒温、恒湿通风空调系统；作用建筑面积≥10 000m² 民用工程集中空调（含防排烟）系统安装。 13. 作用建筑面积≥5000m² 的自动灭火消防系统；智能化建筑物中的弱电安装工程。 14. 专业用灯光、音响系统
Ⅱ类	1. 台重＜35t 各类机械设备；配套功率＜1500kW 的压缩机（组）、风机、泵类设备；引进主要设备的安装工程。 2. 主钩起重量≥5t 桥式、门式、梁式、壁行及旋臂起重机及其轨道安装；运行速度＜1.5m/s 自动、半自动电梯；自动扶梯、自动步行道；Ⅰ类以外其他输送设备安装。 3. 容量＜1000kV·A 变配电装置；电压＜6kV 架空线路及电缆敷设；工业厂房及厂区照明工程。 4. 蒸发量≥4t/h 各型快装（含整装燃油、气）、组装锅炉及其配套工程。 5. 各类常压容器及工艺金属结构制作、安装；台重＜40t 各类静置设备安装。 6. Ⅰ类工程以外的工业炉设备安装。 7. Ⅰ类工程以外金属贮罐、气柜、火炬塔架等制作安装。 8. Ⅰ类工程以外制冷站、换热站安装工程。 9. 未有探伤要求的工艺管网（线）；试验压力＜1.0MPa 的铸铁给水管网（线）；管径 Φ＜800mm 的排水管网（线）。 10. 附属于上述工程的各种设备及其相关的管道、电气、仪表、金属结构及其刷油、绝热、防腐蚀工程。 11. 工业厂房除尘、排毒、排烟、通风和分散式（局部）空调系统；作用建筑面积＜10 000m² 民用工程集中空调（含防排烟）系统安装。 12. 作用建筑面积＜5000m² 的自动灭火消防系统；非智能建筑物中的弱电安装工程。 13. Ⅰ类、Ⅱ类民用建筑工程中及其室外配套的低压供电、照明、防雷接地、采暖、给排水、卫生、消防（消火栓系统）、燃气系统安装
Ⅲ类	1. 台重≤5t 的各类机械设备；配套功率＜300kW 的压缩机（组）、风机、泵类设备；Ⅰ、Ⅱ类工程以外的梁式、壁行、旋臂式起重机及轨道；各型电动葫芦、单轨小车及轨道安装；小型杂物电梯安装。 2. 蒸发量＜4t/h 各型快装（含整装燃油、气）锅炉、常压锅炉及其配套工程。 3. 台重≤5t 的静置设备安装。 4. Ⅲ类民用建筑工程中及其室外配套的低压供电、照明、防雷接地、采暖、给排水、卫生、消防（消火栓系统）、燃气系统安装。 5. Ⅰ类、Ⅱ类工程以外的其他安装工程

2. 炉窑砌筑工程（略）

3. 建筑工程类别划分标准（表 2 - 5）

表 2 - 5　　建筑工程类别划分标准

工程名称				单位	工程类别 Ⅰ	Ⅱ	Ⅲ
工业建筑工程	钢结构		跨度 建筑面积	m m^2	＞30 ＞16 000	＞18 ＞10 000	⩽18 ⩽10 000
	其他结构	单层	跨度 建筑面积	m m^2	＞24 ＞10 000	＞18 ＞6000	⩽18 ⩽6000
		多层	檐高 建筑面积	m m^2	＞50 ＞10 000	＞30 ＞6000	⩽30 ⩽6000
民用建筑工程	公用建筑	砖混结构	檐高 建筑面积	m m^2	— —	30＜檐高＜50 6000＜面积＜10 000	⩽30 ⩽6000
		其他结构	檐高 建筑面积	m m^2	＞60 ＞12 000	＞30 ＞8000	⩽30 ⩽8000
	居住建筑	砖混结构	层数 建筑面积	层 m^2	— —	8＜层数＜12 8000＜面积＜12 000	⩽8 ⩽8000
		其他结构	层数 建筑面积	层 m^2	＞18 ＞12 000	＞8 ＞8000	⩽8 ⩽8000
构筑物工程	烟囱		混凝土结构高度 砖结构高度	m m	＞100 ＞60	＞60 ＞40	⩽60 ⩽40
	水塔		高度 容积	m m^3	＞60 ＞100	＞40 ＞60	⩽40 ⩽60
	筒仓		高度 容积（单体）	m m^3	＞35 ＞2500	＞20 ＞1500	⩽20 ⩽1500
	贮池		容积（单体）	m^3	＞3000	＞1500	⩽1500
单独土石方工程			单独挖、填土石方	m^3	＞15 000	＞10 000	5000＜体积＜10 000
桩基础工程			桩长	m	＞30	＞12	⩽12

第三节　安装工程预（结）算的编制

工程预算（施工图预算）是指定额计价模式下，利用建筑安装工程施工图纸计算建筑安装工程费用的文件。它根据施工图纸及其说明书、施工组织设计、国家统一颁发的预算定额（或消耗量定额）以及工程量计算规则，当地材料预算价格，有关费用费率标准等，计算每项工程所需人力、物力的数量以及工程造价。

一、安装工程预算的编制依据

1. 施工图纸和设计施工说明书（以下简称施工图说）

施工图说是指该工程完整的施工图纸和设计施工说明。它应经过有关主管部门的审批，并经过建设单位、建筑安装企业及设计单位的共同会审。

施工图说是编制施工图预算的基本依据。编制施工图预算之前，应仔细检查施工图说是否完整无缺，否则应请设计单位及时补齐。施工图上某些部位指定采用的各种国家、地区或设计单位的“标准图”，也应收集齐全。

施工图预算或工程量清单计价必须根据施工图上标明的尺寸、材料规格及设计施工说明书中的有关说明和要求，计算出各分部分项工程的工程量，然后才能套用价目表中相应的预算单价。如果施工图说不全，或图上尺寸有缺，就不能正确计算工程量，甚至影响施工图预算工作的进行。

2. 安装工程预算定额（价目表）及工程量计算规则

国家建设部颁发的《全国统一安装工程预算定额》是编制施工图预算的基础资料。安装工程预算定额及工程量计算规则是国家建设管理部门组织各省、直辖市、自治区的设计、施工等部门有经验的设计、施工和工程预算有关专家及工作人员，根据国家有关的建设方针政策，对各地区、各类工程实际耗用的人工、材料等等进行详细测算、统计、分析、比较编制而成的，是各地区建筑安装企业应该参考遵守的人工、材料及机械台班用量标准。

各地根据安装工程预算定额和当地人、材、机价格编制的价目表，则可作为编制施工图预算的直接依据。

3. 材料预算价格表

材料预算价格是指各种材料到达建筑安装工地或进入工地仓库后的价格。它是价目表编制的依据，也是编制施工图预算的重要组成部分。由于材料来源、运输路线、运输方式等的不同，各地的材料预算价格也各不相同。因此，各地均由建设工程造价管理部门组织有关部门收集、整理、编制各种材料预算价格信息，公开颁布执行，作为编制工程施工图预算的依据。

4. 施工组织设计

施工组织设计是建筑安装企业根据工程要求和现场具体情况，对工程施工的具体安排和规划，是编制施工图预算不可缺少的依据。

大中型安装工程，一般应有详细的施工组织设计。小型民用安装工程可不做施工组织设计，只有施工方案。一些小型工程，甚至可以只对施工做一些必要的安排。但不论是哪种情况，在编制施工图预算之前，预算人员都应和具体负责施工的有关部门交换意见，了解意图，使施工方案或意图在施工图预算中能够得到确切的体现。

5. 建筑安装材料手册或五金手册

计算金属结构工程量时，根据施工图纸上的尺寸，可求得金属构件的长度、面积或体积。但在价目表中，金属结构的计算单位是公斤或吨，两者的计量单位不同。对于这类情况，须根据材料手册或五金手册，进行单位换算后，才能套用价目表。

6. 费用定额及施工合同

费用定额（取费程序及标准）是由各地建设工程定额或造价管理部门根据国家有关规定制定，报所在省、市、区建设厅（局）批准后，颁布执行。根据价目表确定工程的直接费后，其他间接费、税金、利润等应根据相关的取费程序及标准来确定。

建设单位和建筑安装企业签订的施工承包合同（协议）中的有关条款，也是编制施工图预算的依据。

7. 其他关于编制施工图预算的文件（略）

二、施工图预算编制的步骤和方法

编制施工图预算必须严格遵守现行的各项法令和规定，根据施工图纸、《全国统一安装工程预算定额》（价目表）、工程量计算规则及取费标准，结合工程的具体情况，实事求是，既不高估多算，也要避免少估漏算，并应力求简单明了，准确及时。

比较完整的施工图预算书，一般应包括：编制说明；分部分项工程的工程量计算；套用价目表预算单价；汇总各分部分项工程合价，计算单位工程的直接费、间接费、利润、税金；编制工料分析表；计算工程总造价和技术经济指标（平方米造价）等。其中任何一个环节发生差错，都将影响整个预算的质量，所以施工图预算的编制是一项繁重细致的工作。为使预算的编制有条不紊，少出差错，一般可参照如下的步骤和方法进行：

1. 收集熟悉各种必要的基础资料

工程所在地区编制的价目表（单位估价表）、材料预算价格表等都是编制工程预算必不可少的基础资料，均应收集齐全，彻底了解和掌握。价目表均有总说明，每一个分项工程定额又分别列出了工程量计算规则，表头上均注明其所包括的工作内容、计量单位及允许换算调整的项目和其换算办法。诸此等等，都应事先学习掌握，才不致发生差错和混乱。表头所列的计量单位，常常是以 $10m^2$、10m、t 等为单位，而按施工图计算工程量时，所出现的计量单位往往是 m^2、m、kg 等，因此在套用价目表时，就应按表头所列的计量单位进行换算，使之一致，如忽略这一点，其结果就会产生十倍、百倍的差错。

间接费、利润、税金的计算办法和费率视省、直辖市、自治区的不同而略有差异，必须按照工程所在地建设工程造价管理部门颁发的文件规定执行。

2. 熟悉施工图说及施工现场情况

工程造价人员在编制施工图预算之前，必须熟悉施工图，了解施工现场的情况及建筑物类型、结构特点、材料要求、设计意图和工程总貌等。如发现施工图中存在问题，或有改进建议时，应及时向设计单位提出协商解决。另外，还应掌握施工组织设计或施工意图，只有这样才能按步骤计算工程量，正确地编制工程预算。

3. 计算工程量

工程量就是需要施工的各分部分项工程的实物量，如某一工程中需要安装的管路长度等。工程量计算中所采用的单位，应完全与价目表中的计量单位相同。计算工程量是确定安装工程直接费、编制工程预算书的重要环节，也是整个预算工作中最繁重的部分，会直接影响工程预算造价的高低。只有根据施工图纸所标明的尺寸、数量，按照价目表规定的工程量计算规则和计算方法，详细地算出工程量，并正确地套用相应的价目表单价，才能正确无误地计算出工程的直接费。

在建设过程中，各种材料成品和半成品的采购运输和供应、施工计划的确定都将以预算中的工程量为基本依据，故工程量的计算及定额的套用必须认真细致，确保正确无误。

在计算时应遵循一定的计算顺序，否则很可能发生漏算或重复计算的情况。再者，按照一定的次序进行计算，还能为校审工作提供方便。计算式应力求简单正确，逐项写在工程量计算表中。在工程量汇总时，其精确度一般以小数点以后两位为准，两位以后的数值四舍五入。工程量计算一般采用表 2-6 的形式。

表 2-6　　**工 程 量 计 算 表**

单位工程名称：

序号	项目名称	计算说明	单位	数量

4. 套用价目表单价（基价）

工程量计算完成以后，应按照价目表分部分项工程的顺序，逐项套用价目表单价，列出工程预算表。

套用价目表单价应注意的事项：

（1）应注意价目表中该分部分项工程的名称是否相同，不能错套。

（2）应注意价目表表头上所列的工作内容是否和图纸上所要求的内容一致。当不完全一致时，在工程允许换算的情况下，可按价目表说明中的规定，将有关预算单价换算成所需的预算单价。当需要套用价目表单价的分部分项工程，在价目表中没有列入，或无有关工程预算单价可以换算时，则应编制补充价目表，报请有关定额管理部门批准执行。这一工作应尽可能在熟悉图纸的阶段中发现并解决，以免预算工作中途停顿，影响工作进度。

（3）价目表所采用的计算单位，往往是 $10m^3$、10m、t 等，当工程量计算中的计量单位和价目表所采用的计算单位不一致时，应在填表时进行换算，使之与价目表一致，否则会产生很大的差错。

5. 计算直接费

直接费是直接用于工程上的各种材料费、人工费及施工机械台班费等。套用价目表单价的工作完成，并经自校无误后，用价目表单价乘以工程数量，即得分项工程的价格，再将各分项工程价格相加，即得出该安装工程的直接费。

6. 计算间接费、利润、税金

以直接费或人工费为基础，根据各地颁发的计费程序、费率，分别计算间接费、利润、税金。

7. 计算工程预算造价及技术经济指标

将直接费、间接费、利润、税金等相加，即得出该工程的预算造价。技术经济指标一般计算每平方米造价。

8. 编制工料分析表

根据已核定工程量以及预算定额中的人工、材料含量，编制工料分析表，以便于施工安排及材料采购。

9. 编写施工图预算编制说明

施工图预算编制完成，应将编制的依据、采用的数据来源、需要说明的事项等详细编写编制说明，作为施工图预算的组成部分。

三、竣工结算

建筑安装工程在施工活动中原设计图纸往往会发生一些变化（如设计变更、材料调价等允许调整部分），这些变化一般都涉及工程造价的增减。工程竣工后，施工单位应根据原施工图预算，加上补充修改的部分，向建设单位办理结算。其意义在于调整工程计划，确定统计进度，考核基本建设投资使用情况，进行成本分析。目的是结清工程价款，作为施工单位和建设单位进行财务结算的依据。对于因故中途停建而工程未竣工的，要根据实际完成进度和相应的实物工程量办理工程结算。为了考核基本建设投资计划的执行情况和施工单位成本核算，在年度终了时也要对未竣工工程的实际完成进度和相应的实物工程量办理年度结算。

（一）竣工结算的依据

为了竣工结算符合实际情况，避免多算、少算或漏项等现象发生，编制人员必须在施工过程中，经常深入现场，了解工程情况，并与施工人员保持密切联系，了解和掌握工程修改和变更情况，为竣工结算积累和收集必备的原始资料。

竣工结算必备的资料，包括以下几个方面：

（1）竣工报告；

（2）工程验收单；

（3）有关规定和工程承包合同书；

（4）经审批的原施工图预算；

（5）经审批的原补充修正预算；

（6）建筑或安装工程预算定额或单位估价表；

（7）修改或补充的设计图及说明；

（8）规定的材料预算价格及调价表；

（9）建设工程主管部门发布的造价信息或指数；

（10）规定的取费标准；

（11）现场签证记录等。

（二）现场签证记录

现场签证记录是指在工程施工过程中，临时发生的小修小改和隐蔽工程的验收过程、存在的问题以及解决办法的记录。

现场签证记录是工程竣工结算的内容和依据之一。它是在工程施工中甲、乙双方认可的工程实际变更记录，施工图预算内未包括的工程项目以及工程承包合同的条款中也未直接反映出来的内容等。它没有规律性，没有可能编制补充预算定额和工程预算，但却是施工单位进行施工活动的基本内容，而且对施工单位的工程成本与费用开支有很大影响。为了反映实际施工情况，必须进行现场签证记录。

现场签证记录，由施工单位现场施工技术管理人员，根据实际发生的情况提出，由监理单位（建设单位）现场施工代表签字。在按实结算的情况下，签证记录内容一般包括如下几点。

1. 隐蔽工程记录

隐蔽工程记录是指室外地平线以下或完工后外表看不到的工程，如基础工程、地下管道工程等。为了确保工程质量，隐蔽工程施工完毕后，施工单位必须组织设计、监理、建设等有关单位的现场人员及时检查质量，验收工程数量，作好隐蔽工程记录，绘制隐蔽工程竣工（验收）图，办理签证手续，然后再予以掩盖或进行下一道工序施工。隐蔽工程记录（工程数量）也是办理竣工结算的依据。

2. 停、窝工

停、窝工是指供水供电部门因故临时停水、停电，建设单位拖延中间验收，或因设计或器材供应不及时影响正常施工造成工程施工过程的暂时中止。停工窝工的损失应按照工地的实有职工人数和停工窝工的各种施工机械（名称、规格）的台班数来计算。损失应按照有关规定划清不同的主客观原因，分别由建设单位或施工企业承担。

3. 施工机具停置

由于建设单位任务不饱满、计划不当、施工间歇时间过长所造成的施工现场的施工机具短时期内没有任务，暂停运转；或因建设单位同意施工单位提早进场，或工程任务完成后有续建工程要求施工机械暂留现场而发生的停置情况，统称为施工机具停置。其损失应由建设单位承担。计算施工机具停置台班费用时，一般只计算施工机具的一类费用和机上工人的工资。

4. 特、大型施工机具进出场费及一次安、拆费

建设工地如果需用特大型施工机械，均应计算一次进场费及一次安装、拆卸费，完成施工任务后没有新的建设工地，机械必须返回原驻地时，其出场费仍向建设单位收取，其标准与进场相同。

5. 成品、半成品的场外运输

超出预算定额范围的运输（包括材料的更换所增加的运输费用）内容包括运输距离、运输方式及耗用机械台班名称。

6. 施工临时供、排水

因各种原因，发生供水中断，采取临时供应施工用水措施（机械抽水、人工担水等）所发生的费用；雨天施工或地下水影响，采取排水措施，所发生的费用，包括所耗人工、材料及机械台班数。

7. 自然灾害

暴雨、大风等自然原因，使工程受损，如沟槽土方塌方、基础或其他工程冲毁等发生的工程费用增加，包括损失工程的名称、规格、数量。

8. 工程返工

因施工、设计或器材供应等方面的原因所造成的已完成工程报废或重新再做的过程。例如某一工程已施工完毕，或已施工下料，但由于质量不符合设计要求，或者需要修改原设计的某些内容，致使原材料报废或已完成工程拆除重做。因工程返工而发生的人工、材料、机械台班等费用称为工程返工费，应划清责任，分别由承担责任的一方承担工程返工费的有关部分。

9. 器材二次搬运

施工工程所用器材，由于以下情况，由施工单位进行二次搬运的器材数量、运输方式、所耗人工、机械台班数量，其发生的费用除合同中明确外，一般应由建设单位承担。

（1）建设单位供料因道路不通，场地狭小，不能按规定将器材运至工程预算定额规定距

离以内的；

（2）由施工单位供料，但由于场地道路不通、场地限制无法一次将器材运到工程预算定额规定的范围内的。

10. 材料代用及现场临时修改

在施工过程中，因建设单位修改设计图纸或当时供货部门供应的材料规格不配套采取以优代次，以大代小的措施，由此发生的增减费用，除实际包干或施工图预算加系数包干办法的以外，可以在办理结算时进行调整。

11. 夜间施工

由于工程需要，甲方要求必须在夜间施工，对参加夜间施工的人数和时间、照明设施、工人降效等，应作好记录，以备结算。

12. 设计变更

在施工过程中由设计单位或建设单位结合工程具体情况提出设计修改，由此所发生的费用应作为结算的依据。

13. 施工技术问题核定

由施工单位根据施工的具体情况，如施工图上局部处理更改、因施工技术措施的需要提出局部修改、材料供应情况变化等原因，提出的施工技术问题的书面意见。经设计或建设单位同意后执行，应作为结算的依据。

14. 材料预算价格差额调整

价目表中的材料预算价格一般与市场价格有较大差别，需要在结算时按实际价格进行调整。

15. 其他

预算定额和工程预算内没有包括的其他内容。包括器材补充检验、试验、施工运输设备的临时租赁费，以及未商定的赶工或其他施工措施费用等。

（三）竣工结算的编制

定额计价模式下，竣工结算的编制一般有两种方式：

（1）在已核定的施工图预算基础上，根据施工过程中发生的设计变更、现场签证等资料，对原施工图预算做出调整。

（2）对于工程变动较大，修改设计项目较多的单位工程，可以根据竣工图、设计变更、现场签证等，按施工图预算的编制方法，对工程内容全部重新进行计算。

复 习 思 考 题

1. 简述定额的含义与分类。
2. 简述工程价目表中人工费、材料费、机械使用费是如何确定的。
3. 简述安装工程预算的编制依据。
4. 简述安装工程预算的编制步骤。
5. 简述现场签证记录的内容。
6. 简述定额计价模式下竣工结算的编制方式。

第三章　安装工程工程量清单与计价

第一节　概　　述

一、工程量清单计价模式的产生与应用

工程量清单（BQ）产生于19世纪30年代，西方国家把计算工程量、提供工程量清单专业化作为业主估价师的职责，所有的投标都要以业主提供的工程量清单为基础，以使投标结果具有可比性。1992年英国出版了标准的工程量计算规则（SMM），在英联邦国家中被广泛使用。

为了解决我国定额计价方式中与工程建设市场不相适应的现状并与国际惯例接轨，我国以国际上通行的工程量清单计价方式为参考，提出了"控制量、指导价、竞争费"的改革措施。工程造价管理由"静态管理模式"逐步转变为"动态管理模式"，在全国范围内逐步推行清单计价模式，与之相应的《建设工程工程量清单计价规范》已于2003年7月1日颁布实施，该规范的实施是我国工程造价计价方式适应社会主义市场经济发展的一次重大改革，也是我国工程计价工作向"政府宏观控制、企业自主报价、市场形成价格"的目标迈出的坚实的一步。目前正在使用的是2008年12月1日颁布实施的《建设工程工程量清单计价规范》（GB 50500—2008）（本书中简称《计价规范》）。

二、《计价规范》（GB 50500—2008）的内容

《计价规范》共包括五章和六个附录。包括总则、术语、工程量清单编制、工程量清单计价、工程量清单计价表格等。六个附录分别为：

附录A　建筑工程工程量清单项目及计算规则；

附录B　装饰装修工程工程量清单项目及计算规则；

附录C　安装工程工程量清单项目及计算规则；

附录D　市政工程工程量清单项目及计算规则；

附录E　园林绿化工程工程量清单项目及计算规则；

附录F　矿山工程工程量清单项目及计算规则。

其中，附录C"安装工程工程量清单项目及计算规则"，共分十三章：

C.1机械设备安装工程；

C.2电气设备安装工程；

C.3热力设备安装工程；

C.4炉窑砌筑工程；

C.5静置设备与工艺金属结构制作安装工程；

C.6工业管道工程；

C.7消防工程；

C.8给排水、采暖、燃气工程；

C.9通风空调工程；

C.10自动化控制仪表工程；

C.11 通信设备及线路工程；

C.12 建筑智能化系统设备安装工程；

C.13 长距离输送管道工程。

各章又细分为不同的节。例如，C.8 给排水、采暖、燃气工程分为 7 节，主要内容包括：

C.8.1 给排水、采暖、燃气管道；

C.8.2 管道支架制作安装；

C.8.3 管道附件；

C.8.4 卫生器具制作安装；

C.8.5 供暖器具；

C.8.6 燃气器具；

C.8.7 采暖工程系统调整。

各节内容又分为不同的项目，每个项目的设置及工程量计算规则详见第四章相关内容。

三、工程量清单及清单计价的基本概念

1. 工程量清单

《计价规范》以“表现拟建工程的分部分项工程项目、措施项目、其他项目名称和相应数量的明细清单”，给工程量清单以含义。广义地讲，工程量清单是指按统一规定进行编制和计算的拟建工程分项工程名称及相应工程数量的明细清单，是招标文件的组成部分。其中“统一规定”是编制工程量清单的依据；“分项工程名称及其相应工程数量”是工程量清单应体现的核心内容；“是招标文件的组成部分”说明了清单的性质，它是招投标活动的主要依据，是对招标人、投标人均有约束力的文件，一经中标且签订合同，也是合同的组成部分。

工程量清单自发出至工程竣工结算，具有两个依据，三个基础的作用。所谓两个依据，一是编制招标控制价的依据，二是投标报价的依据；所谓三个基础，一是投标人进行公正、公平、公开竞争的基础，二是调整工程量的基础，三是工程结算的基础。

工程量清单编制是业主的行为，应由业主提供清单量。

2. 工程量清单计价

工程量清单计价是市场经济的产物，即在建设工程招标中，由招标人按照国家统一的工程量计算规则提供工程量清单，由投标人自主报价（综合单价），完成由招标人提供的工程量清单所需的全部费用，包括分部分项工程费、措施项目费、其他项目费和规费、税金等五部分内容，并按照经评审低价中标的工程造价模式。

工程量清单计价主要应用于招标投标，也适用工程概算、预结算，是承包商的行为。承包商根据清单项目进行组价、报价。如果由业主方编制，在招标时则只能作为招标控制价。

工程量清单计价的基本过程也可以描述为：在统一的工程量计算规则的基础上，制定工程量清单项目设置规则，根据具体工程的施工图纸计算出各个清单项目的工程量，再根据各种渠道所获得的工程造价信息和经验数据计算出工程造价。

3. 项目编码

分部分项工程量清单项目名称的数字标识。

4. 项目特征

构成分部分项工程量清单项目、措施清单项目自身价值的本质特征。

5. 综合单价

工程量清单计价采用综合单价计价方式。综合单价是指完成一个规定计量单位的分部分项工程量清单项目或措施清单项目所需的人工费、材料费、施工机械使用费和企业管理费与利润，以及一定范围内的风险费用。

6. 招标控制价

国有资金投资的工程进行招标，根据《中华人民共和国招标投标法》的规定，招标人可以设标底。当招标人不设标底时，为有利于客观、合理的评审投标报价，避免哄抬标价，造成国有资产流失，招标人应编制招标控制价。招标控制价是招标人在工程招标时能接受投标人报价的最高限价，投标人的投标不能高于招标控制价，否则其投标将被拒绝。

四、工程量清单的作用

工程量清单在于提供了“由市场形成价格”这样一种新的计价模式，它能真正实现通过市场机制来决定工程造价。

实行工程量清单计价主要有以下几方面的作用：

(1) 有利于实现从政府定价到市场定价，从消极自我保护向积极公平竞争的转变。工程量清单计价有利于实现我国工程造价管理政府职能的转变，对计价依据改革具有推动作用。特别是对施工企业，通过采用工程量清单计价，有利于施工企业编制自己的企业定额，从而改变了过去企业过分依赖国家发布定额的状况，通过市场竞争自主计价。

(2) 有利于公平竞争，避免暗箱操作，规范建设市场秩序，促进建设市场有序竞争。工程量清单计价，由招标人提供工程量，所有的投标人在同一工程量基础上自主计价，充分体现了公平竞争的原则。工程量清单作为招标文件的一部分，从原来的事后算账转为事前算账，可以有效改变目前建设单位在招标中盲目压价和结算无依据的状况，同时可以避免工程招标中的弄虚作假、暗箱操作等不规范的招标行为。

(3) 有利于风险合理分担。投标单位只对自己所报的成本、单价的合理性等负责，而对工程量的变更或计算错误等不负责任，相应的这一部分风险则应由招标单位承担。这种格局符合风险合理分担与责任权利关系对等的一般原则，同时也必将促进各方面管理水平的提高。

(4) 有利于工程拨付款和工程造价的最终确定。工程中标后，建设单位与中标的施工企业签订合同，工程量清单计价基础上的中标价就成为合同价的基础。投标清单上的单价是拨付工程款的依据，建设单位根据施工企业完成的工程量可以确定进度款的拨付额。工程竣工后，依据设计变更、工程量的增减和相应的单价来确定工程的最终造价。

(5) 有利于提高施工企业的技术和管理水平。中标企业可以根据中标价及投标文件中的承诺，通过对单位工程成本、利润进行分析，统筹考虑、精心选择施工方案；合理确定人工、材料、施工机械要素的投入与配置，优化组合；合理控制现场费用和施工技术措施费用等，以便更好地履行承诺，保证工程质量和工期，促进技术进步，提高经营管理水平和劳动生产率。

(6) 有利于工程索赔的控制与合同价的管理。工程量清单计价可以加强工程实施阶段结算与合同价的管理和工程索赔的控制，强化合同履约意识和工程索赔意识。工程量清单作为工程结算的主要依据之一，在工程变更、工程款支付与结算等方面的规范管理起到了积极的作用，必将推动建设市场管理的全面改革。

（7）有利于建设单位合理控制投资，提高资金使用效益。通过竞争，按照工程量招标确定的中标价格，在不提高设计标准情况下与最终结算价是基本一致的，这样可为建设单位的工程成本控制提供准确、可靠的依据，科学合理地控制投资，提高资金使用效益。

（8）有利于节省招标、投标时间，避免重复劳动。采用定额计价方式，在投标计价过程中，各个投标人需要计算工程量，此项工作约占投标计价工作量的70%～80%。采用工程量清单计价则可以简化投标计价计算过程，以招标人提供的工程量清单为基准，投标人只需填报单价和计算合价，缩短投标单位投标计价时间，更有利于招投标工作的公开公平、科学合理。同时避免了所有的投标人按照同一图纸计算工程数量的重复劳动，节省了大量的社会财富和时间。

（9）有利于工程造价计价人员素质的提高。推行工程量清单计价后，工程造价计价人员不仅要能看懂施工图、会计算工程量和套定额子目，而且要懂经济、精通技术、熟悉政策法规，向全面发展的复合型人才转变。

五、工程量清单计价与定额计价的区别

1. 计算工程量的责任方和时间不同

定额计价是各企业根据施工图纸及定额计算规则和定额划分的子目进行计算工程量，在工程发出招投标文件后，招标人和投标人可同时计算，也可以是招标人先编制、投标人后编制，工程量不予公开。清单计价工程量由招标人在招标前编制，将工程量清单作为招标文件组成部分，不参与市场竞争。

2. 计价依据不同

定额计价主要是按照定额计价模式中规定的定额工程量计算规则，先按照施工图计算工程量，再进行定额套价，人工、机械单价都是不变的，材料价格依据定额站提供的信息价调整，其子目的消耗量是按定额的原则执行。工、料、机消耗量根据“社会平均水平”综合取定，取费标准是根据不同地区平均测算。材料价格虽然采用了主材调差，但最终仍脱不了预算价格和规定费率的指导。投标计价是按施工图纸计算工程量的，但图纸往往不能体现施工现场的全部状况，势必形成现场设计变更、签证及措施费用的发生，因此在工程量及结算上经常容易出现纠纷。

工程量清单计价是建设工程招标中，由招标人按照《计价规范》附录中统一的项目编码、项目名称、计量单位和工程量计算规则编制工程量清单，包括分部分项工程量清单、措施项目清单、其他项目清单等。由投标人依据工程量清单根据施工现场状况、市场价格水平及自身企业实际情况自主计价，完成工程量清单所有内容所需的全部费用。

3. 计价规则不同

鉴于我国几十年来一直使用预算定额，有着丰富的实践经验，因此工程量清单计价在编制过程中也是以现行的“全国统一工程预算定额”为基础。特别是项目划分、计量单位、工程量计算规则等方面尽可能多的与定额衔接。但是预算定额是按照计划经济要求制订并发布实施的，报价单位不能结合具体情况和自身水平自主报价，因此《计价规范》和预算定额在计算规则上又有很大区别。主要有以下三点：

（1）计量单位的变动。工程量清单项目的计量单位一般采用基本计量单位，如“m”、“t”等。基础定额中的计量单位除基本计量单位外，有时会出现不规范的复合单位，如100m、100kg等。

(2) 计算口径及综合内容的变动。工程量清单对分项工程是按工程净量计量，定额分部分项工程则是按实际发生量计量；工程量清单的工程内容是按实际完成完整实体项目所需工程内容列项，并以主体工程的名称作为工程量清单项目的名称。定额工程量计算规则未对工程内容进行组合，仅是单一的工程内容，其组合的是单一工程内容的各个工序。

(3) 计算方法的改变。指在对工程实体项目工程量的计算方法和有关规定的改变。主要表现在清单项目工程量均以工程实体的净值为准，这不同于以往定额工程量计算规则要求对工程量按净值加规定预留及富裕量来计量。

同一工程，由于施工方案的不同，从而导致工程造价各异。投标单位可根据工程条件选择能发挥自身技术优势的施工方案，力求降低工程造价，确立在招投标中的竞争优势。工程量清单计算规则是针对工程量清单项目主项的计算方法及计量单位进行确定，对主项以外的综合工程内容的计算方法及计量单位不作确定，而是由投标单位根据施工图及投标单位的经验自行确定，最后综合处理形成分部分项工程量清单综合单价。

4. 计价模式不同

预算定额实行的是总价形式，属于单价法计价方式。是按施工图计算单位工程各分项工程的工程量，再乘以相应人、材、机单价，汇总得出单位工程的人工费、材料费、机械费，再加上按规定和指导费率计算出来的其他相关费用、利润和税金，最后形成单位工程报价。

工程量清单使用综合单价计价方式。综合单价包括完成工程量清单中一个规定计量单位项目所需的人、材、机费用，管理费和利润并需考虑风险因素。

工程量清单计价模式和传统预算定额计价方式的区别主要体现在：工程量清单计价模式是以市场价格为基础计价；传统预算定额计价方式是以预算价格（或指令性价格）为基础计价。

5. 费用组成不同

预算定额计价费用是由直接费、间接费、利润、税金组成。

工程量清单计价包括分部分项工程费、措施费、其他项目费、规费和税金。

6. 合同价调整方式不同

预算定额结算时存在着工程项目变动的工程量调整，施工措施变动的工程量调整，政策变化的费用调整，市场变化的材料调整。

工程量清单结算调整时，除合同另有规定外，由于工程量清单的工程数量有误或设计变更引起工程量增减属合同约定幅度以内的，应执行合同已有的综合单价；属合同约定幅度以外的，其增加部分的工程量或减少后剩余部分的工程量的综合单价由承包人提出，经发包人确认后，作为结算的依据。

7. 评标原则、办法不同

预算定额评标原则是按打分法，工程量清单是按合理的低价中标。

预算定额计价模式中，投标方报价的计算都是按同一定额、同一图纸、同一施工方案、同一技术规程进行的计算与套价，从而导致人、材、机的消耗量与价格是静态的比较，实质上是工程造价计算准确度的比较。对标价的合理性是以事先确定的标底价为准绳，最接近标底价的即为最合理的，在评标中明确规定报价在标底价基础上的允许增、减幅度，超过规定浮动范围的标书即视为废标。传统定额计价方式无法真正体现投标单位的施工、技术和管理水平。

工程量清单计价采用的是市场价计价模式，投标各方在审定并确认招标文件所列的工程量后，即可按国家统一颁布的实物消耗量定额并结合企业本身的实际消耗量定额（企业定额），以人、材、机的市场价进行报价。招标评标中对报价的评定，是以“合理低标价，不低于成本价”为标准。因此，工程量清单报价中，评标的重点是对报价合理性的判断，要能找出合理低报价之所以“合理”，“低价”的原因，要从投标企业的企业管理水平、技术特长、施工装备优势、采购优势、降低工程成本等具体措施方面考察，要以反映企业实际消耗的企业定额为依据考察。在相关建设法律法规、建设担保制度得到健全和完善后，工程量清单即可实现“无标底招标，最低价中标”。

8. 承担风险不同

以预算定额为依据的招标工程，工程风险由招标人承担。以工程量清单招投标的工程，工程风险由招标人和投标人共同承担。

综上所述，工程量清单计价模式是现代市场经济体制一种新型的、先进合理的投标报价模式，是我国工程造价管理的必然产物。

六、工程量清单及计价表格与内容

工程量清单计价表宜采用统一格式，但由于行业、地区的一些特殊情况，赋予了省级或行业建设主管部门可在本规范提供计价格式的基础上予以补充。

工程量清单计价格式是投标人进行工程量清单报价的格式，应随招标文件发至投标人。《计价规范》中计价表格包括以下内容，表格名称及表号统一规定，可根据需要选用。

（一）封面

1. 工程量清单（封-1）

封-1

____________工程

工程量清单

招标人：________ （单位盖章）	工程造价咨询人：________ （单位资质专用章）
法定代表人 或其授权人：________ （签字或盖章）	法定代表人 或其授权人：________ （签字或盖章）
编制人：________ （造价人员签字盖专用章）	复核人：________ （造价工程师签字盖专用章）
编制时间：　年　月　日	复核时间：　年　月　日

2. 招标控制价（封-2）

封-2

________工程

招标控制价

招标控制价(小写)：________

(大写)：________

招标人：________
(单位盖章)

工程造价咨询人：________
(单位资质专用章)

法定代表人
或其授权人：________

法定代表人
或其授权人：________

编制人：________
(造价人员签字盖专用章)

复核人：________
(造价工程师签字盖专用章)

编制时间：　年　月　日　　复核时间：　年　月　日

3. 投标总价（封-3）

封-3

投标总价

招 标 人：________________

工程名称：________________

投标总价(小写)：________________

(大写)：________________

投 标 人：________________

(单位盖章)

法定代表人

或其授权人：________________

(签字或盖章)

编 制 人：________________

(造价人员签字盖专用章)

编制时间： 年 月 日

4. 竣工结算总价（封-4）

封-4

__________工程

竣工结算总价

中标价(小写)：__________　　　　(大写)：__________

结算价(小写)：__________　　　　(大写)：__________

发包人：__________　　承包人：__________　　工程造价咨询人：__________

（单位盖章）　　（单位盖章）　　（单位资质专用章）

法定代表人
或其授权人：
（签字或盖章）

法定代表人
或其授权人：
（签字或盖章）

法定代表人
或其授权人：
（签字或盖章）

编制人：__________　　　　核对人：__________

（造价人员签字盖专用章）　　（造价工程师签字盖专用章）

编制时间：　年　月　日　　　　核对时间：　年　月　日

（二）总说明（表 3 - 1）

表 3 - 1 **总 说 明**

工程名称： 第 页 共 页

（三）汇总表

1. 工程项目招标控制价/投标报价汇总表（表 3 - 2）

表 3 - 2 **工程项目招标控制价/投标报价汇总表**

工程名称： 第 页 共 页

序号	单项工程名称	金额（元）	其中		
			暂估价（元）	安全文明施工费（元）	规费（元）
合计					

注 本表适用于工程项目招标控制价或投标报价的汇总。

2. 单项工程招标控制价/投标报价汇总表（表 3-3）

表 3-3　单项工程招标控制价/投标报价汇总表

工程名称：　　第　页　共　页

序号	单项工程名称	金额（元）	其中		
			暂估价（元）	安全文明施工费（元）	规费（元）
合计					

注　本表适用于单项工程招标控制价或投标报价的汇总。暂估价包括分部分项工程中的暂估价和专业工程暂估价。

3. 单位工程招标控制价/投标报价汇总表（表 3-4）

表 3-4　单位工程招标控制价/投标报价汇总表

工程名称：　　标段：　　第　页　共　页

序号	汇总内容	金额（元）	其中：暂估价（元）
1	分部分项工程		
1.1			
1.2			
1.3			
1.4			
1.5			
…			
2	措施项目		
2.1	安全文明施工费		
…	…		
3	其他项目		
3.1	暂列金额		
3.2	专业工程暂估价		
3.3	计日工		
3.4	总承包服务费		
4	规费		
5	税金		
招标控制价合计=1+2+3+4+5			

注　本表适用于单位工程招标控制价或投标报价的汇总，如无单位工程划分，单项工程也使用本表汇总。

4. 工程项目竣工结算汇总表（表 3-5）

表 3-5　　工程项目竣工结算汇总表

工程名称：　　　　　　　　　　　　　　　　第　页共　页

序号	单项工程名称	金额（元）	其中	
			安全文明施工费（元）	规费（元）
合计				

5. 单项工程竣工结算汇总表（表 3-6）

表 3-6　　单项工程竣工结算汇总表

工程名称：　　　　　　　　　　　　　　　　第　页共　页

序号	单位工程名称	金额（元）	其中	
			安全文明施工费（元）	规费（元）
合计				

6. 单位工程竣工结算汇总表（表 3-7）

表 3-7　　单位工程竣工结算汇总表

工程名称：　　　　　标段：　　　　　第　页共　页

序号	汇总内容	金额（元）
1	分部分项工程	
1.1		
1.2		
1.3		
1.4		
1.5		
…		

续表

序号	汇 总 内 容	金额（元）
2	措施项目	
2.1	安全文明施工费	
…	…	
3	其他项目	
3.1	专业工程结算价	
3.2	计日工	
3.3	总承包服务费	
3.4	索赔与现场签证	
4	规费	
5	税金	
竣工结算总价合计＝1＋2＋3＋4＋5		

注　如无单位工程划分，单项工程也使用本表汇总。

（四）分部分项工程量清单表

1. 分部分项工程量清单与计价表（表 3-8）

表 3-8　　**分部分项工程量清单与计价表**

工程名称：　　　　　　　　　　标段：　　　　　　　　　　第　页共　页

序号	项目编码	项目名称	项目特征描述	计量单位	工程量	金额（元）		
						综合单价	合价	其中：暂估价
本页小计								
合　计								

注　根据建设部、财政部发布的《建筑安装工程费用组成》（建标［2003］206 号）的规定，为计取规费等的使用，可在表中增设其中："直接费"、"人工费"或"人工费＋机械费"。

2. 工程量清单综合单价分析表（表 3-9）

表 3-9　工程量清单综合单价分析表

工程名称：　　　　　　标段：　　　　　　第　页　共　页

<table>
<tr><td colspan="2">项目编码</td><td colspan="2"></td><td colspan="2">项目名称</td><td colspan="2"></td><td colspan="2">计量单位</td><td colspan="2"></td></tr>
<tr><td colspan="12">清单综合单价组成明细</td></tr>
<tr><td rowspan="2">定额编号</td><td rowspan="2">定额名称</td><td rowspan="2">定额单位</td><td rowspan="2">数量</td><td colspan="4">单　价</td><td colspan="4">合　价</td></tr>
<tr><td>人工费</td><td>材料费</td><td>机械费</td><td>管理费和利润</td><td>人工费</td><td>材料费</td><td>机械费</td><td>管理费和利润</td></tr>
<tr><td></td><td></td><td></td><td></td><td></td><td></td><td></td><td></td><td></td><td></td><td></td><td></td></tr>
<tr><td></td><td></td><td></td><td></td><td></td><td></td><td></td><td></td><td></td><td></td><td></td><td></td></tr>
<tr><td></td><td></td><td></td><td></td><td></td><td></td><td></td><td></td><td></td><td></td><td></td><td></td></tr>
<tr><td></td><td></td><td></td><td></td><td></td><td></td><td></td><td></td><td></td><td></td><td></td><td></td></tr>
<tr><td colspan="2">人工单价</td><td colspan="6">小　计</td><td></td><td></td><td></td><td></td></tr>
<tr><td colspan="2">元/工日</td><td colspan="6">未计价材料费</td><td colspan="4"></td></tr>
<tr><td colspan="8">清单项目综合单价</td><td colspan="4"></td></tr>
<tr><td rowspan="8">材料费明细</td><td colspan="5">主要材料名称、规格、型号</td><td>单位</td><td>数量</td><td>单价（元）</td><td>合价（元）</td><td>暂估单价（元）</td><td>暂估合价（元）</td></tr>
<tr><td colspan="5"></td><td></td><td></td><td></td><td></td><td></td><td></td></tr>
<tr><td colspan="5"></td><td></td><td></td><td></td><td></td><td></td><td></td></tr>
<tr><td colspan="5"></td><td></td><td></td><td></td><td></td><td></td><td></td></tr>
<tr><td colspan="5"></td><td></td><td></td><td></td><td></td><td></td><td></td></tr>
<tr><td colspan="5"></td><td></td><td></td><td></td><td></td><td></td><td></td></tr>
<tr><td colspan="7">其他材料费</td><td>—</td><td></td><td>—</td><td></td></tr>
<tr><td colspan="7">材料费小计</td><td>—</td><td></td><td>—</td><td></td></tr>
</table>

注　1. 如不使用省级或行业建设主管部门发布的计价依据，可不填定额项目、编号等。
2. 招标文件提供了暂估单价的材料，按暂估的单价填入表内“暂估单价”栏及“暂估合价”栏。

（五）措施项目清单表

1. 措施项目清单与计价表（一）（表 3-10）

表 3-10　措施项目清单与计价表（一）

工程名称：　　　　　　标段：　　　　　　第　页　共　页

序号	项目名称	计算基础	费率（%）	金额（元）
1	安全文明施工费			
2	夜间施工费			
3	二次搬运费			
4	冬雨季施工			
5	大型机械设备进出场及安拆费			
6	施工排水			
7	施工降水			
8	地上、地下设施、建筑物的临时保护设施			

续表

序号	项目名称	计算基础	费率（%）	金额（元）
9	已完工程及设备保护			
10	各专业工程的措施项目			
…	…			
合　计				

注　1. 本表适用于以“项”计价的措施项目。

2. 根据建设部、财政部发布的《建筑安装工程费用组成》（建标［2003］206 号）的规定，“计算基础”可为“直接费”、“人工费”或“人工费＋机械费”。

2. 措施项目清单与计价表（二）（表 3-11）

表 3-11　措施项目清单与计价表（二）

工程名称：　　　　标段：　　　　第　页　共　页

序号	项目编码	项目名称	项目特征描述	计量单位	工程量	金额（元）	
						综合单价	合价
本页小计							
合　计							

注　本表适用于以综合单价形式计价的措施项目。

（六）其他项目清单表

1. 其他项目清单与计价汇总表（表 3-12）

表 3-12　其他项目清单与计价汇总表

工程名称：　　　　标段：　　　　第　页　共　页

序号	项目名称	计量单位	金额（元）	备注
1	暂列金额			明细详见表 3-13
2	暂估价			
2.1	材料暂估价			明细详见表 3-14
2.2	专业工程暂估价			明细详见表 3-15
3	计日工			明细详见表 3-16
4	总承包服务费			明细详见表 3-17
5				
…				
合　计				

注　材料暂估单价进入清单项目综合单价，此处不汇总。

2. 暂列金额明细表（表3-13）

表3-13 **暂列金额明细表**

工程名称： 标段： 第 页共 页

序号	项目名称	计量单位	暂定金额（元）	备注
1				
2				
3				
4				
5				
…				
合计				

注 此表由招标人填写，如不能详列，也可只列暂定金额总额，投标人应将上述暂列金额计入投标总价中。

3. 材料暂估单价表（表3-14）

表3-14 **材料暂估单价表**

工程名称： 标段： 第 页共 页

序号	材料名称、规格、型号	计量单位	单价（元）	备注

注 1. 此表由招标人填写，并在备注栏说明暂估价的材料拟用在哪些清单项目上，投标人应将上述材料暂估单价计入工程量清单综合单价报价中。

2. 材料包括原材料、燃料、构配件以及按规定应计入建筑安装工程造价的设备。

4. 专业工程暂估价表（表3-15）

表3-15 **专业工程暂估价表**

工程名称： 标段： 第 页共 页

序号	工程名称	工程内容	金额（元）	备注
合计				

注 此表由招标人填写，投标人应将上述专业工程暂估价计入投标总价中。

5. 计日工表（表 3-16）

表 3-16　计 日 工 表

工程名称：　　标段：　　第　页共　页

编号	项目名称	单位	暂定数量	综合单价	合价
	人工				
1					
2					
…					
人工小计					
	材料				
1					
2					
3					
…					
材料小计					
	施工机械				
1					
2					
…					
施工机械小计					
总　计					

注　此表项目名称、数量由招标人填写，编制招标控制价时，单价由招标人按有关计价规定确定；投标时，单价由投标人自主报价，计入投标总价中。

6. 总承包服务费计价表（表 3-17）

表 3-17　总承包服务费计价表

工程名称：　　标段：　　第　页共　页

序号	项目名称	项目价值（元）	服务内容	费率（%）	金额（元）
1	发包人发包专业工程				
2	发包人供应材料				
…					
合　计					

7. 索赔与现场签证计价汇总表（表 3-18）

表 3-18　　索赔与现场签证计价汇总表

工程名称：　　　　标段：　　　　第　页共　页

序号	签证及索赔项目名称	计量单位	数量	单价（元）	合价（元）	索赔及签证依据
本页小计						
合　计						

注　签证及索赔依据是指经双方认可的签证单和索赔依据的编号。

8. 费用索赔申请（核准）表（表 3-19）

表 3-19　　费用索赔申请（核准）表

工程名称：　　　　标段：　　　　编号：

致：＿＿＿＿＿＿＿＿＿＿＿＿＿＿＿＿＿＿（发包人全称）

根据施工合同条款第＿＿＿条的约定，由于＿＿＿＿＿原因，我方要求索赔金额（大写）＿＿＿＿＿元，（小写）＿＿＿＿＿元，请予核准。

附：1. 费用索赔的详细理由和依据：

2. 索赔金额的计算：

3. 证明材料：

承包人（章）

承包人代表＿＿＿＿＿

日　　期＿＿＿＿＿

复核意见： 根据施工合同条款第＿＿＿条的约定，你方提出的费用索赔申请经复核： □不同意此项索赔，具体意见见附件。 □同意此项索赔，索赔金额的计算，由造价工程师复核。 监理工程师＿＿＿＿＿ 日　　期＿＿＿＿＿	复核意见： 根据施工合同条款第＿＿＿条的约定，你方提出的费用索赔申请经复核，索赔金额为（大写）＿＿＿＿＿元，（小写）＿＿＿＿＿元。 造价工程师＿＿＿＿＿ 日　　期＿＿＿＿＿

审核意见：

□不同意此项索赔。

□同意此项索赔，与本期进度款同期支付。

发包人（章）

发包人代表＿＿＿＿＿

日　　期＿＿＿＿＿

注　1. 在选择栏中的“□”内作标识“√”。

2. 本表一式四份，由承包人填报，发包人、监理人、造价咨询人、承包人各存一份。

9. 现场签证表（表 3 - 20）

表 3 - 20　　**现 场 签 证 表**

工程名称：　　标段：　　编号：

施工部位		日期	

致：______________________________（发包人全称）

根据______（指令人姓名）　年　月　日的口头指令或你方__________（或监理人）　年　月　日　的书面通知，我方要求完成此项工作应支付价款金额为（大写）__________元，（小写）__________元，请予核准。

附：1. 签证事由及原因：

2. 附图及计算式：

承包人（章）
承包人代表__________
日　　期__________

复核意见： 你方提出的此项签证申请经复核： □不同意此项签证，具体意见见附件。 □同意此项签证，签证金额的计算，由造价工程师复核。 监理工程师__________ 日　　期__________	复核意见： □此项签证按承包人中标的计价工单价计算，金额为（大写）__________元，（小写）__________元。 □此项签证因无计日工单价，金额为（大写）__________元，（小写）__________元。 造价工程师__________ 日　　期__________

审核意见：

□不同意此项签证。

□同意此项签证，价款与本期进度款同期支付。

发包人（章）
发包人代表__________
日　　期__________

注　1. 在选择栏中的“□”内作标识“√”。

2. 本表一式四份，由承包人在收到发包人（监理人）的口头或书面通知后填写，发包人、监理人、造价咨询人、承包人各存一份。

（七）规费、税金项目清单与计价表（表 3 - 21）

表 3 - 21　　**规费、税金项目清单与计价表**

工程名称：　　标段：　　第　页　共　页

序号	项目名称	计算基础	费率（%）	金额（元）
1	规费			
1.1	工程排污费			
1.2	社会保障费			
(1)	养老保险费			
(2)	失业保险费			
(3)	医疗保险费			
1.3	住房公积金			
1.4	危险作业意外伤害保险			

续表

序号	项目名称	计算基础	费率（%）	金额（元）
1.5	工程定额测定费			
2	税金	分部分项工程费＋措施项目费＋其他项目费＋规费		
合计				

注　根据建设部、财政部发布的《建筑安装工程费用组成》（建标［2003］206号）的规定，“计算基础”可为“直接费”、“人工费”或“人工费＋机械费”。

（八）工程款支付申请（核准）表（表3-22）

表3-22　　工程款支付申请（核准）表

工程名称：　　　　标段：　　　　编号：

致：________________（发包人全称）

我方于______至______期间已完成了______工作，根据施工合同的约定，现申请支付本期的工程款额为（大写）______元，（小写）______元，请予核准。

序号	名称	金额（元）	备注
1	累计已完成的工程价款		
2	累计已实际支付的工程价款		
3	本周期已完成的工程价款		
4	本周期完成的计日工金额		
5	本周期应增加和扣减的变更金额		
6	本周期应增加和扣减的索赔金额		
7	本周期应抵扣的预付款		
8	本周期应扣减的质保金		
9	本周期应增加或扣减的其他金额		
10	本周期实际应支付的工程价款		

承包人（章）
承包人代表______
日　期______

复核意见：	复核意见：
□与实际施工情况不相符，修改意见见附件。 □与实际施工情况相符，具体金额由造价工程师复核。 监理工程师______ 日　期______	你方提出的支付申请经复核，本期间已完成工程款额为（大写）______元，（小写）______元，本期间应支付金额为（大写）______元，（小写）______元。 造价工程师______ 日　期______

审核意见：

□不同意。

□同意，支付时间为本表签发后的15天内。

发包人（章）______
发包人代表______
日　期______

注　1. 在选择栏中的“□”内作标识“√”。

2. 本表一式四份，由承包人填报，发包人、监理人、造价咨询人、承包人各存一份。

第二节　工程量清单的编制

工程量清单是表现拟建工程的分部分项工程项目、措施项目、其他项目、规费项目和税金项目的名称和相应数量等的明细清单，由招标人编制。其中，分部分项工程量清单表明拟建工程的全部分项实体工程名称和相应数量；措施项目清单是为完成工程项目施工，发生于该工程施工期间和施工过程中技术、生活、安全等方面的非工程实体项目的名称和相应数量；其他项目清单主要体现招标人提出的一些与拟建工程有关的特殊要求，这些特殊要求所需要的费用金额计入计价中；规费项目是根据有关权力部门规定必须交纳的，应计入建筑安装工程造价的费用；税金项目是国家税法规定的应计入建筑安装工程造价内的营业税、城市维护建设税及教育费附加。

一、工程量清单编制的一般规定

（1）工程量清单应由具有编制能力的招标人或受其委托，具有相应资质的工程造价咨询人编制。

工程量清单的编制，专业性强，内容复杂，对编制人的业务技术水平要求比较高，能否编制出完整、严谨的工程量清单，直接影响招标的质量，也是招标成败的关键。因此，《计价规范》规定了工程量清单应由具有编制招标文件能力的招标人或具有相应资质的工程造价咨询人进行编制。“具有相应资质的工程造价咨询人”是指具有工程造价咨询资质的工程造价咨询企业。

（2）采用工程量清单方式招标，工程量清单必须作为招标文件的组成部分，其准确性和完整性由招标人负责。

（3）工程量清单是工程量清单计价的基础，应作为编制招标控制价、投标报价、计算工程量、支付工程款、调整合同价款、办理竣工结算以及工程索赔等的依据之一。

（4）工程量清单应由分部分项工程量清单、措施项目清单、其他项目清单、规费项目清单、税金项目清单组成。

二、编制工程量清单的依据

（1）《计价规范》；

（2）国家或省级、行业建设主管部门颁发的计价依据和办法；

（3）建设工程设计文件；

（4）与建设工程项目有关的标准、规范、技术资料；

（5）招标文件及其补充通知、答疑纪要；

（6）施工现场情况、工程特点及常规施工方案；

（7）其他相关资料。

三、工程量清单编制要求

（1）工程量清单是由招标人按照《计价规范》附录中统一的项目编码、项目名称、项目内容、计量单位和工程量计算规则进行编制。工程量清单是把承包合同中规定的准备实现的全部工程项目和内容，按工程部位、性质以及它们的数量、单价、合价等列表表示出来，用于投标计价和中标后计算工程价款的依据，工程量清单是承包合同的重要组成部分。工程量清单，严格地说不单是工程量，工程量清单已超出了施工设计图纸“量”的范围，它是一个反映工程量的清单概念。

(2) 招标人在编制招标文件的同时，编制出拟建工程项目的工程量清单，随招标文件发送给投标人，投标人根据招标人提供的清单项目进行报价。具体到编制人来讲，必须是经过国家注册的造价工程师才有资格进行编制，这一点从工程量清单格式的要求上就可以看出：清单封面上必须要有注册造价工程师签字并盖执业专用章方为有效。

(3) 工程量清单是由业主在招标文件中提供，作为承包商计算报价的依据，尤其是以单价合同为计价方式时，要用严格按照工程量清单中给定的分项工程量计算单价乘以工程量汇总为总价。工程量清单就是对合同规定要实施的工程全部项目和内容按工程部位、性质等列在一系列表格内。每个表格中既有工程部位和该部位需要实施的各个项目，又有每个项目的工程量和计价要求，以及每个项目的报价和每个表格的总计等。工程量清单中的工程量是估算的、临时的，仅作投标报价之用。

(4) 工程量清单的用途包括为投标人提供一个共同的竞争性投标的基础；用于工程实施过程中的结算；在工程变更增加新项目或处理索赔时，可选用或参照工程量清单中的单价来确定新项目的单价和价格。所以编制工程量清单时要注意将不同等级要求的工程区分开；将同一性质但不属于同一部分的工作区分开；将情况不同，可能要进行不同报价的项目分开。

(5) 编制工程量清单时要做到简单明了、善于概括，使清单中所列的项目既具有高度的概括性，条目简明，又不漏掉项目和应该计价的内容。

四、工程量清单编制原则

(1) 必须能满足工程建设施工招投标计价的需要，可对工程造价进行合理确定和有效控制。

(2) 编制实物工程量清单要“四个统一”，即统一工程量计算规则、统一分部分项工程分类、统一计量单位、统一项目编码。其中统一工程量计算规则的制定应遵循：

1) 依据统一的工程量计算规则，计算出的量应该是实际量（或称净量），一般不包括采用施工措施而增加的量或各类损耗，该部分应在单价中予以考虑。例如管子加工工程量中不能包括因切断而增加的量。

2) 规则中要尽量考虑“一量多用”。例如支架工程量以“kg”为计量单位，还可用于除锈刷油工程。

3) 工程量计算规则不应含有施工企业施工方法的条款。例如土方工程中，不应有人工开挖和机械开挖之分。

4) 工程量计算规则不应包括施工措施性内容。例如脚手架、垂直运输机械等。

5) 工程量计算规则中的章节划分要与统一的分部分项工程分类相对应。

(3) 能满足控制实物工程量，实行市场调节价，竞争形成工程造价的价格运行机制的要求。

(4) 能促进企业的经营管理、技术进步，增加施工企业在国际、国内建筑市场的竞争能力。

(5) 有利于规范建筑市场的计价行为。

(6) 适度考虑我国目前工程造价管理工作的现状。因为在我国虽然已经推行工程量清单计价模式，但由于各地实际情况的差异，工程造价计价方式不可避免地会出现双轨并行的局面——工程量清单计价与定额计价同时存在、交叉执行。

五、工程量清单编制的内容

工程量清单作为招标文件的组成部分，其编制使用的表格包括：封-1、表3-1、表3-8、表3-10～表3-17，表3-21。

其主要内容见表3-23。

表3-23　工程量清单编制内容表

序号	组成部分	内　容
1	封面	工程量清单封面上的各项内容均由招标人填写。封面应按规定的内容填写、签字、盖章，造价员编制的工程量清单应有负责审核的造价工程师签字、盖章
2	总说明	（1）工程概况：建设规模、工程特征、计划工期、施工现场实际情况、自然地理条件、环境保护要求等； （2）工程招标和分包范围； （3）工程量清单编制依据； （4）工程质量、材料、施工等的特殊要求； （5）其他需要说明的问题
3	分部分项工程量清单	分部分项工程量清单是计算拟建工程项目工程数量的表格，由项目编码、项目名称、项目特征、计量单位和工程量五项内容构成，这五部分内容在分部分项工程量清单的组成中缺一不可。招标人必须按规定的“四个统一”编写，不得随意变动，这是《计价规范》的强制规定，必须严格执行
4	措施项目清单	在编制此项费用清单时，应结合工程的水文、气象、环境、安全等实际情况和施工企业的实际情况参照《计价规范》，结合具体情况编列。对于规范中未列的项目，工程量清单编制人可作补充，并在措施项目清单“序号”栏中以“补”示之
5	其他措施项目清单	此项清单是指除“分部分项工程量清单”和“措施项目清单”以外，该工程项目施工中可能发生的有关费用。《计价规范》仅列出了暂列金额、暂估价（包括材料暂估单价、专业工程暂估价）、计日工、总承包服务费这四项供编制“其他项目清单”时参考，不足部分，清单编制人可作补充，补充项目应列在清单项目最后，并以“补”字在“序号”栏中示之
6	规费、税金项目清单	规费是政府和有关权力部门规定必须缴纳的费用。税金是我国税法规定应计入建筑安装工程造价的税种金额

六、工程量清单编制的步骤

（一）熟悉施工图说

施工图说是计算工程量的主要依据，必须要熟练掌握施工图的表达方式和工程内容，才能做好工程量清单的编制和计价工作。

（二）熟悉计价规范、有关定额及相关的施工资料

《计价规范》对工程量清单编制的内容、格式及项目的设置、项目编码、计量单位和工程量计算规则作了明确的规定，是编制工程量清单的重要依据。

有关的定额包括两种，一是建设行政主管部门发布的预算定额（消耗量定额），二是企业定额。预算定额反映的是社会平均生产和管理水平，企业定额反映的是各企业内部的平均生产和管理水平。企业在没有编制企业定额的情况下，投标报价的依据仍然是当地政府主管

部门发布的预算定额，或在预算定额的基础上作适当的调整。

除了熟悉计价规范、有关定额外，编制人员还应熟悉招标文件、国家标准图集及有关施工验收规范、施工组织设计或施工方案等。

（三）编制分部分项工程量清单

1. 明确项目名称

工程量清单编制时，清单项目名称应结合拟建工程的实际，按《计价规范》中的相应项目名称抄录，并应坚持“一个依据、两个结合”。所谓一个依据，即分部分项工程量清单项目名称是依据《计价规范》相应项目名称确定的；而两个结合，一是与现行全国统一预算定额相结合，二是与拟建工程实际相结合，使工程量清单项目设置直观、简单。项目名称原则上以形成工程实体而命名。对附属或次要部分不单独设置项目名称。

例如，编码 030801002 钢管安装工程项目，实体部分指管道，完成这个项目还包括除锈、刷油防腐等，虽然刷油也是实体，但对钢管来说，刷油则为附属项目。

随着工程建设中新材料、新技术、新工艺等的不断涌现，《计价规范》附录所列的工程量清单项目不可能包含所有项目。在编制工程量清单时，当出现规范附录中未包括的清单项目时，编制人应作补充。在编制补充项目时应注意以下三个方面：

（1）补充项目的编码应按本规范的规定确定。

（2）在工程量清单中应附补充项目的项目名称、项目特征、计量单位、工程量计算规则和工作内容。

（3）应将编制的补充项目报省级或行业工程造价管理机构备案。

2. 明确项目特征

在确定项目名称后，应将拟建工程该分项工程具体特征，按规范要求填写。

工程量清单的项目特征是确定一个清单项目综合单价不可缺少的重要依据，在编制工程量清单时，必须对项目特征进行准确和全面的描述。但有些项目特征往往难以用文字准确和全面的描述清楚。为达到规范、简捷、准确、全面描述项目特征的要求，在描述工程量清单项目特征时应按以下执行：

（1）项目特征描述的内容应按附录中的规定，结合拟建工程的实际，能满足确定综合单价的需要。

（2）若采用标准图集或施工图纸能够全部或部分满足项目特征描述的要求，项目特征描述可直接采用详见××图集或××图号的方式。对不能满足项目特征描述要求的部分，仍应用文字描述。

（3）项目特征应按不同的工程部位、施工工艺或材料品种、规格等分别列项。例如同样是 $DN32$ 的镀锌钢管安装，一部分为室内安装，一部分为室外安装，这时要分别列为两个项目名称。

（4）凡项目特征中未描述到的其他独有特征，由清单编制人视项目具体情况确定，以准确描述清单项目为准。

3. 设置项目编码

分部分项工程量清单的项目编码，应采用十二位阿拉伯数字表示。一至九位应按附录的规定设置。十至十二位应根据拟建工程的工程量清单项目名称顺序设置，同一招标工程的项目编码不得有重码。

十二位数字的含义是：

(1) 一、二位为工程分类顺序码，例如：建筑工程为01、装饰装修工程为02、安装工程为03等；

(2) 三、四位为专业工程顺序码；

(3) 五、六位为分部工程顺序码；

(4) 七、八、九位为分项工程项目名称顺序码；

(5) 十至十二位为清单项目名称顺序码。

前九位码不能随意变动，后三位码可由清单编制人根据项目设置的清单项目编制，并应自001起顺序编制。

例如编码030801001，表示“安装工程”中“给排水、采暖、燃气工程”的“给排水、采暖管道”第一项工程“镀锌钢管”项目。如果实际工程中有*DN*15.*DN*20、*DN*25三种规格的镀锌钢管出现，则清单编制人对其后三位依次编码为001、002、003，完整的项目编码分别为030801001001、030801001002、030801001003。

补充项目的编码由附录的顺序码与B和三位阿拉伯数字组成，并应从×B001起顺序编制，同一招标工程的项目不得重码。工程量清单中需附有补充项目的名称、项目特征、计量单位、工程量计算规则、工程内容。

4. 确定计量单位

计量单位应采用基本单位，除各专业另有特殊规定外，均按以下单位计量：

以重量计算的项目，单位为吨或千克（t或kg）；以体积计算的项目，单位为立方米（m^3）；以面积计算的项目，单位为平方米（m^2）；以长度计算的项目，单位为米（m）；以自然计量单位计算的项目，单位为个、套、只、块、组、台等；没有具体数量的项目，可以系统、项等为单位。

5. 计算工程数量

工程数量应按《计价规范》中“工程量计算规则”栏内规定的计算方法确定。应注意，现行“全国统一预算定额”其项目是按施工工序进行划分的，包括的工程内容一般是单一的，据此规定了相应的工程量计算规则，以该工程量计算规则计算出的工程数量，一般是施工中实际发生的数量。工程量清单项目的划分，一般是以一个“综合实体”考虑的，且包括多项工程内容，据此规定了相应的工程量计算规则，以该工程量计算规则计算出的工程数量，是完成后的净值，不一定是施工中实际发生的数量，应注意二者的工程量计算规则是有区别的。投标人投标报价时，应在单价中考虑施工中的各种损耗和需要增加的工程量。

工程量计算时应列式清晰，层次分明，标注计算部位、轴线符号、图号及增减数量的换算依据，按通用的工程量计算表进行记录，这样既方便汇总又方便复核。

6. 明确工程内容，形成分部分项工程量清单

(1) 明确工程内容。工程内容是指完成该清单项目发生的具体工程内容，可供招标人确定清单项目和投标人投标报价参考。应根据《计价规范》中列出的工程内容，分别组合各分部分项工程清单的工程内容。

例如，室外直埋敷设的钢管安装，编码应为030801002“钢管安装”，按规范应包括钢套管、除锈、刷油防腐等工作内容，就需要在清单中明确上述内容，以便于清单计价。因为

根据《全国统一预算定额》工程量计算规则，此项目内容除了钢管安装外，还要考虑钢套管安装、除锈、刷油防腐等内容。凡规范工程内容中未列全的其他具体工程，由投标人按招标文件或图纸要求编制，以完成清单项目为准，综合考虑到报价中。

(2) 形成分部分项工程量清单。形成的分部分项工程量清单形式，可参见×××住宅给排水工程工程量清单举例，见表3-24。

表3-24　　分部分项工程量清单表

工程名称：×××住宅给排水工程　　标段：××　　第1页共1页

序号	项目编码	项目名称	项目特征描述	计量单位	工程量	金额（元）		
						综合单价	合价	其中：暂估价
1	030801001001	镀锌钢管	室内给水；$DN40$；螺纹连接；沥青一道防腐	m	50			
2	030801005001	PPR塑料管	室内给水；$De20$；热熔	m	20			
3	030801005002	PPR塑料管	室内给水；$De25$；热熔	m	10			
4	030801005003	PVC塑料管	室内排水；$De110$；粘接	m	40			
…	…	…	…					
本页小计								
合　计								

（四）编制措施项目清单

《计价规范》将实体性项目划分为分部分项工程量清单，非实体性项目划分为措施项目。所谓非实体性项目，一般来说，其费用的发生和金额的大小与使用时间、施工方法或者两个以上工序相关，与实际完成的实体工程量的多少关系不大，典型的是大中型施工机械、文明施工和安全防护、临时设施等。

《计价规范》中将措施项目分为通用措施项目和专业工程的措施项目。通用措施项目可按表3-25选择列项；对于安装工程，其专业工程措施项目可按表3-26选择列项。若出现规范未列的项目，可根据工程实际情况补充，补充项目应列在该清单项目最后，并在“序号”栏中以“补”字示之。

表3-25　　通用措施项目一览表

序号	项目名称
1	安全文明施工（含环境保护、文明施工、安全施工、临时设施）
2	夜间施工
3	二次搬运

续表

序 号	项 目 名 称
4	冬雨季施工
5	大型机械设备进出场及安拆
6	施工排水
7	施工降水
8	地上、地下设施，建筑物的临时保护设施
9	已完工程及设备保护

表 3-26　　安装工程措施项目一览表

序 号	项 目 名 称
3.1	组装平台
3.2	设备、管道施工的防冻和焊接保护措施
3.3	压力容器和高压管道的检验
3.4	焦炉施工大棚
3.5	焦炉烘炉、热态工程
3.6	管道安装后的充气保护措施
3.7	隧道内施工的通风、供水、供气、供电、照明及通信设施
3.8	施工现场围栏
3.9	长输管道临时水工保护措施
3.10	长输管道施工便道
3.11	长输管道跨越或穿越施工措施
3.12	长输管道地下穿越地上建筑物的保护措施
3.13	长输管道工程施工队伍调遣
3.14	格架式抱杆

措施项目中可以计算工程量的项目清单宜采用分部分项工程量清单的方式编制，列出项目编码、项目名称、项目特征、计量单位和工程量计算规则；不能计算工程量的项目清单，以“项”为计量单位，相应数量为“1”。

（五）编制其他项目清单

其他项目清单是指分部分项工程项目、措施项目以外，因招标人的要求而发生的与拟建工程有关的其他费用项目和相应数量的清单。工程建设标准的高低、工程的复杂程度、工程的工期长短、工程的组成内容、发包人对工程管理要求等都直接影响其他项目清单的具体内容。

《计价规范》中其他项目清单包括暂列金额、暂估价（包括材料暂估单价、专业工程暂估价)、计日工和总承包服务费四项内容，其他不足部分可根据工程的具体情况进行补充。

(1) 暂列金额是招标人暂定并包括在合同中的一笔款项。不管采用何种合同形式，其理想的标准是，一份合同的价格即为其最终的竣工结算价格，至少两者应尽可能接近。我国规定对政府投资工程实行概算管理，经项目审批部门批复的设计概算是工程投资控的刚性指标，即使商业性开发项目也存在成本的预先控制问题，否则将无法相对准确预测投资的收益并科学合理地进行投资控制。但工程建设自身的特性决定了工程的设计需要根据工程进展不断地进行优化调整，业主需求可能会随工程建设进展发生变化，工程建设过程还会存在一些不可预见、不能确定的因素。消化这些因素必然会影响合同价格的调整，暂列金额正是为这类不可避免的价格调整而设立，以便达到合理确定和有效控制工程造价的目标。

(2) 暂估价是指招标阶段直至签订合同协议时，招标人在招标文件中提供的用于支付必然要发生但暂时不能确定价格的材料以及专业工程的金额。暂估价类似于 FIDIC 合同条款中的 Prime Cost Items，在招标阶段预见肯定要发生，只是因为标准不明确或者需要由专业承包人完成，暂时无法确定价格。暂估价数量和拟用项目应当结合工程量清单中的“暂估价表”予以补充说明。

为方便合同管理，需要纳入分部分项工程量清单项目综合单价中的暂估价应只是材料费，以方便投标人组价。

专业工程的暂估价一般应是综合暂估价，应当包括除规费和税金以外的管理费、利润等取费。总承包招标时，专业工程设计深度往往是不够的，一般需要交由专业设计人员设计，国际上，出于提高可建造性考虑，一般由专业承包人负责设计，以发挥其专业技能和专业施工经验的优势。这类专业工程交由专业分包人完成已经过国际工程的良好实践，目前在我国工程建设领域也已较为普遍。公开透明地合理确定这类暂估价的实际开支金额的最佳途径，是通过施工总承包人与工程建设项目招标人共同组织的招标。

(3) 计日工是为了解决现场发生的零星工作的计价而设立的。国际上常见的标准合同条款中，大多数都设立了计日工（Daywork）计价机制。计日工对完成零星工作所消耗的人工工时、材料数量、施工机械台班进行计量，并按照计日工表中填报的适用项目的单价进行计价支付。计日工适用的所谓零星工作一般是指合同约定之外的或者因变更而产生的、工程量清单中没有相应项目的额外工作，尤其是那些时间不允许事先商定价格的额外工作。

(4) 总承包服务费是为了解决招标人在法律、法规允许的条件下进行专业工程发包，以及自行供应材料、设备，并需要总承包人对发包的专业工程提供协调和配合服务，对供应的材料、设备提供收、发和保管服务以及进行施工现场管理时发生，并向总承包人支付的费用。招标人应预计该项费用并按投标人的投标报价向投标人支付该项费用。

（六）编制规费、税金项目清单

根据建设部、财政部“关于印发《建筑安装工程费用项目组成》的通知”（建标［2003］206 号）的规定，规费包括工程排污费、工程定额测定费、社会保障费（养老保险、失业保险、医疗保险）、住房公积金、危险作业意外伤害保险。规费是政府和有关权力部门规定必须缴纳的费用，编制人对《建筑安装工程费用项目组成》中未包括的规费项目，在编制规费项目清单时应根据省级政府或省级有关权力部门的规定列项。

税金是我国税法规定应计入建筑安装工程造价的税种，包括营业税、城市维护建设税及教育费附加。如国家税法发生变化，税务部门依据职权增加了税种，应对税金项目清单进行补充。

第三节　工程量清单计价

工程量清单计价分为招标控制价、投标价及竣工结算。招标控制价由具有编制能力的招标人或受其委托具有相应资质的工程造价咨询人编制；投标价由投标人具有注册工程造价资格的造价人员编制；竣工结算由承包人编制，发包人或发包人委托的工程造价咨询人核定。

工程量清单计价的基本特征是：在计价依据上实行“量价”分离原则；在管理方式上实行“控制量、指导价、竞争费”模式；即统一工程量计算规则，政府间接调控，市场形成价格。

一、工程量清单计价的一般规定

（1）采用工程量清单计价，建设工程造价由分部分项工程费、措施项目费、其他项目费、规费和税金组成。除《计价规范》强制性规定外，投标价由投标人自主确定，但不得低于成本。

（2）分部分项工程量清单应采用综合单价计价。投标人应按招标人提供的工程量清单填报价格。填写的项目编码、项目名称、项目特征、计量单位、工程量必须与招标人提供的一致。

（3）招标文件中的工程量清单标明的工程量是投标人投标报价的共同基础，竣工结算的工程量按发、承包双方在合同中约定应予计量且实际完成的工程量确定。

（4）措施项目清单计价应根据拟建工程的施工组织设计，可以计算工程量的措施项目，应按分部分项工程量清单的方式采用综合单价计价；其余的措施项目可采取以“项”为单位的方式计价，应包括除规费、税金外的全部费用。

（5）措施项目清单中的安全文明施工费（环境保护费、文明施工费、临时设施费、安全施工费），应按照国家或省级、行业建设主管部门的规定计价，不得作为竞争性费用。

根据《中华人民共和国安全生产法》、《中华人民共和国建筑法》、《建设工程安全生产管理条例》、《安全生产许可证条例》等法律、法规的规定，建设部办公厅印发了《建筑工程安全防护、文明施工措施费及使用管理规定》（建办［2005］189号），将安全文明施工费纳入国家强制性标准管理范围，其费用标准不予竞争。《计价规范》规定措施项目清单中的安全文明施工费应按国家或省级、行业建设主管部门的规定费用标准计价，招标人不得要求投标人对该项费用进行优惠，投标人也不得将该项费用参与市场竞争。

（6）规费和税金应按国家或省级、行业建设主管部门的规定计算，不得作为竞争性费用。

（7）采用工程量清单计价的工程，应在招标文件或合同中明确风险内容及其范围（幅度），不得采用无限风险、所有风险或类似语句规定风险内容及其范围（幅度）。

根据我国工程建设特点，投标人应完全承担的风险是技术风险和管理风险，如企业管理费和利润；应有限度承担的是市场风险，如材料价格、施工机械使用费等的风险；应完全不承担的是法律、法规、规章和政策变化的风险。

《计价规范》定义的风险是综合单价包含的内容。根据我国目前工程建设的实际情况，各省、自治区、直辖市建设行政主管部门均根据当地劳动行政主管部门的有关规定发布人工成本信息，对此关系职工切身利益的人工费不宜纳入风险，材料价格的风险宜控制在5%以内，施工机械使用费的风险可控制在10%以内，超过者予以调整，管理费和利润的风险由投标人全部承担。

二、工程量清单计价依据

工程量清单计价应根据下列依据编制：

(1)《计价规范》；

(2) 国家或省级、行业建设主管部门颁发的计价办法；

(3) 企业定额，国家或省级、行业建设主管部门颁发的“计价定额”和费用标准；

(4) 建设工程设计文件及相关资料；

(5) 招标文件、工程量清单及其补充通知、答疑纪要；

(6) 施工现场情况、工程特点及拟定的投标施工组织设计或施工方案；

(7) 与建设项目相关的标准、规范、技术资料；

(8) 工程造价管理机构发布的工程造价信息，如材料单价；工程造价信息没有发布的参照市场价；

(9) 其他的相关资料。

三、工程量清单计价的格式及要求

招标控制价、投标报价及竣工结算编制使用的表格及要求，应符合下列规定：

1. 使用表格

(1) 招标控制价使用表格包括：封-2、表3-1～表3-4、表3-8～表3-17、表3-21。

(2) 投标报价使用的表格包括：封-3、表3-1～表3-4、表3-8～表3-17、表3-21。

(3) 竣工结算使用的表格包括：封-4、表3-1、表3-5～表3-22。

2. 封面

封面应按规定的内容填写、签字、盖章，除承包人自行编制的投标报价和竣工结算外，受委托编制的招标控制价、投标报价、竣工结算若为造价员编制的，应有负责审核的造价工程师签字、盖章以及工程造价咨询人盖章。

3. 总说明

总说明应按下列内容填写：

(1) 工程概况：建设规模、工程特征、计划工期、合同工期、实际工期、施工现场及变化情况、施工组织设计的特点、自然地理条件、环境保护要求等。

(2) 编制依据等。

4. 附表

投标人应按招标文件的要求，附工程量清单综合单价分析表。

5. 计价

工程量清单与计价表中列明的所有需要填写的单价和合价，投标人均应填写，未填写的单价和合价，则视为此项费用已包含在工程量清单的其他单价和合价中。

四、工程量清单计价编制的步骤

（一）熟悉施工图说、计价规范、定额及其他相关资料

正确全面阅读施工图说，熟悉本工程安装的内容，安装施工要求及特点、选用的标准图、大样图等，了解本专业施工与其他专业施工工序之间的关系。

应熟悉《计价规范》及相关的定额。对《计价规范》工程量计算规则的熟悉和掌握，是快速、准确地进行单价分析的重要保证。

施工组织设计或施工方案是施工单位针对具体工程编制的施工作业的指导性文件，在工程计价中应注意其中采取的施工技术措施、安全措施、施工机械配置、是否增加辅助项目等。施工组织设计所涉及的图纸以外的费用主要属于措施项目费。

在招标文件及合同内容中，对有关承发包工程范围、内容、期限、工程材料、设备采购供应办法等都有具体规定，在计价时必须按规定进行，才能保证计价的有效及准确性。

（二）熟悉工程量清单内容，核算工程量

工程量清单是工程量清单计价的最重要的依据，在计价时必须全面了解每一个清单项目的特征描述，熟悉其所包括的工程内容，以便在计价时不漏项，不重复计算。

在工程造价文件的编制工作中，工程量的核算工作量最大，计算繁琐。一般招标文件上要求投标单位核查工程量清单，如果投标单位不核算，则不能发现清单编制中存在的问题，也就不能充分利用招标单位给予投标单位澄清问题的机会，则由此产生的后果由投标单位自行负责。

另外，清单计价是辅助项目随主项计算，将不同的工程内容组合在一起，计算出清单项目的综合单价。所以，还要计算每一个清单项目所组合的工程项目（子项）的工程量，以便进行单价分析。

（三）确定分部分项工程费

分部分项工程费应依据综合单价的组成内容，按招标文件中分部分项工程量清单项目的特征描述确定综合单价，再乘以清单数量汇总。其中，招标文件中提供了暂估单价的材料，按暂估的单价计入综合单价。

综合单价由人工费、材料费、施工机械费、企业管理费、利润和一定范围的风险费用构成。其中，人工费、材料费、施工机械费、以市场单价为基础；企业管理费、利润由企业结合自身实力确定；一定范围的风险费用应按招标文件中要求投标人承担的风险费用考虑。

综合单价一般是根据工程量清单的内容，采用企业定额或预算定额组价。

1. 确定综合单价的要求

综合单价就是完成每个分部分项工程每计量单位合格建筑安装产品所需的全部费用。“全部费用”的含义，应从以下三方面理解。

（1）考虑到我国的现实情况，综合单价包括除规费、税金以外的全部费用。

（2）综合单价不但适用于分部分项工程量清单，也适用于措施项目清单、其他项目清单。

（3）综合单价还应包含：

1）完成每分项工程所含全部工程内容的费用。

2）工程量清单项目中没有体现的，施工中又必然发生的工程内容所需的费用。

3）因招标人的特殊要求而发生的费用。

4）考虑风险因素而增加的费用。

（4）综合单价在使用定额组价时，分部分项工程量清单综合计价分析表内的数量和单位，是以预算定额的计量单位和对应的数量为准，与工程量清单中数量和单位不同。在进行分部分项工程综合单价的分析计算时，工程量应按实际的施工量计算，工程数量有时会与清单的工程数量不同。但在报价时，应将其价值按清单工程量分摊，计入综合单价中。这种现象常发生在以物理计量单位计算的工程项目中，以自然计量单位计算的工程项目不会出现这种情况。

（5）综合单价不应包括招标人自行采购材料的价款，否则是重复计价。该部分价款已由招标人预估，并在清单“暂列金额”中注明金额，按规定，投标人在报价时，应把招标人预估的金额，记入“其他项目清单”报价款中。

2. 综合单价组价方法

综合单价组价的方法一般可按下列步骤进行：

（1）明确工程内容。根据工程量清单项目名称及项目特征，结合拟建工程的实际，确定该清单项目主项工程内容及辅助工程内容。例如编码030801002钢管安装工程项目，主项工程内容指管道安装，辅助工程内容包括除锈、刷油防腐等。

（2）计算工程数量。以现行的预算定额（或消耗量定额）工程量计算规则，分别核算清单项目所包含的每项工程内容（主项工程内容及辅助工程内容）的工程数量。

（3）选择定额。根据“步骤（1）”确定的工程内容，选用企业定额或参照预算定额表中定额名称及其编号，分别选定定额，确定人工、材料、机械台班消耗量。

（4）选定单价。根据企业定额、预算定额价目表或参照工程造价主管部门发布的人工、材料、机械台班信息价格，确定相应单价。

（5）确定管理及利润费率。参照工程造价主管部门发布的相关费率，并结合本企业和市场的情况，确定管理费率、利润率。

（6）确定“工程内容”的人、材、机、管理及利润价款。将各“工程内容”的工程数量，分别乘以相应的人、材、机单价及管理及利润费率。

（7）计算应计入综合单价内的有关费用，如超高增加费、高层建筑增加费等。

（8）计算清单项目人、材、机、管理及利润价款。将各“工程内容”的人、材、机、管理及利润价款等汇总。

（9）确定综合单价。将上述确定的清单项目价款除以相应清单项目工程数量。

计算方法可详见［例3-1］及第四章有关例题。

（四）措施项目清单计价

由于各投标人拥有的施工装备、技术水平和采用的施工方法有所差异，招标人提出的措施项目清单是根据一般情况确定的，没有考虑不同投标人的“个性”，投标人投标时应根据自身编制的投标施工组织设计或施工方案确定措施项目，对招标人提供的措施项目进行调整。投标人根据投标施工组织设计或施工方案调整和确定的措施项目应通过评标委员会的评审。

1. 措施项目费的计算要求

（1）措施项目的内容应依据招标人提供的措施项目清单和投标人投标时拟定的施工组织设计或施工方案。

（2）措施项目费的计价方式应根据招标文件的规定，可以计算工程量的措施清单项目采用综合单价方式报价，其余的措施清单项目采用以“项”为计量单位的方式报价。

（3）措施项目费由投标人自主确定，但其中安全文明施工费应按国家或省级、行业建设主管部门的规定确定。

（4）措施项目清单计价中的序号、项目名称应按招标人提供的措施项目清单的相应内容填写，不得减少、不得修改，但根据拟建工程的实际，可增加措施项目并报价。

2. 措施项目费的计算方法

措施项目清单计价表中的金额，一般有两种计算方法：

（1）以定额为依据报价，一般应按下列顺序进行：

1）应根据措施项目清单和拟建工程的施工组织设计，确定措施项目。

2）确定该措施项目所包含的工程内容。

3）以现行的工程量计算规则（与全国统一预算定额配套的），分别计算该措施项目所含每项工程内容的工程量。

4）根据“2)”确定的工程内容，参照《全国统一预算定额》，确定人工、材料、机械台班消耗量。

5）应根据规定的费用组成，参照其计算方法，或参照工程造价主管部门发布的信息价格，确定相应单价。

6）计算措施项目所含某项工程内容的人工、材料、机械台班的价款，即

$$6) = \sum[4) \times 5)] \times 3)$$

7）措施项目人工、材料、机械台班价款

$$7) = \sum 6)$$

8）应根据规定的费用项目组成，参照其计算方法，或参照工程造价主管部门发布的相关费率，结合本企业和市场的情况，确定管理费率、利润率。

9）金额

$$9) = 7) + 7)\text{中人工费} \times (\text{管理费率} + \text{利润率})$$

（2）以工程造价管理机构发布的措施项目费费率为依据报价。措施项目费（包括人工、材料、机械台班和管理费、利润）计算如下

$$\text{措施项目费} = \text{分部分项工程费的人工费} \times \text{相应措施项目费率}$$

这种措施项目费计价方式简单明了，企业自主性强，应用较为广泛。

（五）其他项目清单计价

其他项目清单计价表中的序号、项目名称应按其他项目清单中的相应内容填写，不得增加、不得减少、不得修改。

（1）暂列金额。暂列金额由招标人根据工程特点，按有关计价规定进行估算确定，一般可以分部分项工程量清单费的10%～15%为参考。

（2）暂估价。暂估价中的材料单价应按照工程造价管理机构发布的工程造价信息或参考市场价格确定；暂估价中的专业工程暂估价应分不同专业，按有关计价规定估算。

（3）计日工。招标人应根据工程特点，按照列出的计日工项目和有关计价依据计算。

（4）总承包服务费。招标人应根据招标文件中列出的内容和向总承包人提出的要求，参照下列标准计算：

1）招标人仅要求对分包的专业工程进行总承包管理和协调时，按分包的专业工程估算造价的1.5%计算；

2）招标人要求对分包的专业工程进行总承包管理和协调，并同时要求提供配合服务时，根据招标文件中列出的配合服务内容和提出的要求，按分包的专业工程估算造价的3%～5%计算；

3）招标人自行供应材料的，按招标人供应材料价值的1%计算。

（六）规费和税金清单计价

规费和税金的计取标准是依据有关法律、法规和政策规定制定的，具有强制性。投标人是法律、法规和政策的执行者，必须按照法律、法规、政策的有关规定执行。因此《计价规范》规定投标人在投标报价时必须按照国家或省级、行业建设主管部门的有关规定计算规费和税金。

（七）报价款组成

报价款包括分部分项工程量清单报价款、措施项目清单报价款、其他项目清单报价款、规费、税金等，是投标人响应招标人的要求完成拟建工程的全部费用。

需要说明的是，对于工程量清单计价格式的内容，如封面、投标总价、单位工程费汇总表、分部分项工程量清单计价表、措施项目清单计价表、规费与税金项目计价表等是招标投标实行工程量清单计价必然发生的。其他如单项工程报价汇总表、其他项目清单计价表等，视工程发包方式不同和拟建工程的具体情况不同，由招标人决定是否发至投标人。

【例3-1】 以表3-27所列×××住宅给排水工程，室内给水管道*DN*40镀锌钢管清单为例，试进行安装工程量清单综合单价的确定。建筑物为框架结构，层数为8层，面积6000平方米。

表3-27　　分部分项工程量清单

工程名称：×××住宅给排水工程　　标段：××　　第1页　共1页

序号	项目编码	项目名称	项目特征描述	计量单位	工程量	金额（元）		
						综合单价	合价	其中：暂估价
1	030801001001	镀锌钢管	室内给水；*DN*40；螺纹连接；沥青一道防腐	m	50			

解 （1）根据清单内容及《山东省安装工程价目表》第八册工程量计算规则，该清单项目的内容除镀锌钢管安装外，还包含沥青防腐这一项辅助项目，在组价时应当将其计入。另

外，定额中将镀锌钢管作为主要材料，未计入定额中，所以还要计算其主材费。

（2）清单项目中“项目内容”的计算：

1）查价目表第八册，室内镀锌钢管（螺纹连接）*DN*40，定额编号为8-291，定额单位10m，工程量为50。按照常规，查得每10m需要的人工费、材料费（不包括主材）、机械费后，分别乘以工程量，填入综合单价分析（表3-28）即可。另外，山东省安装工程费用计算规则规定：管理费、利润是按不同的工程类别，以人工费为计价基础得出的。查阅第二章第二节相关内容可知：此工程属于Ⅲ类工程，相应的管理费率为42%，利润率为20%。

人工费 = 人工费单价 × 工程量 = 63.10 × 5 = 315.50 元

材料费 = 材料费单价 × 工程量 = 42.92 × 5 = 214.60 元

机械费 = 机械费单价 × 工程量 = 11.58 × 5 = 57.90 元

管理费 = 人工费 × 管理费率 = 315.50 × 42% = 132.51 元

利润 = 人工费 × 利润率 = 315.50 × 20% = 63.10 元

小计:783.61 元

2）查价目表第十一册，管道沥青一道防腐，定额编号为11-67，定额单位10m^2，定额附录中 *DN*40 钢管防腐工程量为 15.07m^2/100m，则此项目工程量 = 50/100 × 15.07=7.54m^2。

人工费 = 人工费单价 × 工程量 = 5.85 × 0.75 = 4.39 元

材料费 = 材料费单价 × 工程量 = 25.08 × 0.75 = 18.81 元

管理费 = 人工费 × 管理费率 = 4.39 × 42% = 1.84 元

利润 = 人工费 × 利润率 = 4.39 × 20% = 0.88 元

小计:25.92 元

（3）高层建筑增加费计算：山东省安装工程定额计价中规定的高层建筑（指高度在6层或20m以上的工业与民用建筑）增加费。其中9层以下的高层建筑增加费费率为17%，其中人工工资占70%，机械费30%。

高层建筑增加费=人工费×高层建筑增加费率=（315.50+4.39）×17%=54.38 元

其中:人工工资 = 54.38 × 70% = 38.07 元

机械费 = 54.38 × 30% = 16.31 元

管理费 = 人工费 × 管理费率 = 38.07 × 42% = 15.99 元

利润 = 人工费 × 利润率 = 38.07 × 20% = 7.61 元

小计:77.98 元

（4）主材费的计算：计价表中未包括镀锌钢管主材，这里要进行单独计算，计入综合单价计算表中。*DN*40 镀锌钢管市场指导价按22元/m计，则10m的主材费为：

主材费 = 市场指导价 × 定额含量 × 工程量 = 22 × 10.20 × 5 = 1122.00 元

（5）确定综合单价：将上述各费用汇总后，除以清单数量即得到此清单项目综合单价。

综合单价 = (783.61 + 25.92 + 77.98 + 1122.00)/50 = 40.19 元 /m

此例工程量清单综合单价的确定，详见表3-28。

表 3-28 **工程量清单综合单价分析表**

工程名称：××住宅楼给排水工程　　标段：　　第1页　共1页

项目编码	030801001001		项目名称		镀锌钢管 $DN40$						计量单位		m
清单综合单价组成明细													
定额编号	定额名称	定额单位	数量	单价					合价				
				人工费	材料费	机械费	管理费	利润	人工费	材料费	机械费	管理费	利润
8—291	镀锌钢管 $DN40$	10m	5.00	63.1	42.92	11.58	26.50	12.62	315.50	214.60	57.90	132.51	63.10
11—67	镀锌钢管刷沥青一度	$10m^2$	0.75	5.85	25.08	0	2.46	1.17	4.39	18.81	0.00	1.84	0.88
	高层建筑增加费	元							38.07		16.31	15.99	7.61
人工单价		小计							357.95	233.41	74.21	150.34	71.59
28元/工日		未计价材料费							1122.00				
清单项目综合单价									40.19				
材料费明细	主要材料名称、规格、型号					单位	数量		单价(元)	合价(元)	暂估单价(元)	暂估合价(元)	
	镀锌钢管 $DN40$					m	51.00				22.00	1122.00	
	其他材料费											0.00	
	材料费小计											1122.00	

注　高层建筑增加费按人工费的17%计，其中人工费占70%，机械费占30%。

第四节　工 程 竣 工 结 算

工程完工后，发、承包双方应在合同约定时间内办理工程竣工结算。清单计价模式下，工程竣工结算由承包人或受其委托具有相应资质的工程造价咨询人编制，由发包人或受其委托具有相应资质的工程造价咨询人核对。

一、竣工结算的依据

（1）《计价规范》；

（2）施工合同；

（3）工程竣工图纸及资料；

（4）双方确认的工程量；

（5）双方确认追加（减）的工程价款；

（6）双方确认的索赔、现场签证事项及价款；

（7）投标文件；

（8）招标文件；

（9）其他依据。

二、竣工结算的要求

（1）分部分项工程费应依据双方确认的工程量、合同约定的综合单价计算；如发生调整的，以发、承包双方确认调整的综合单价计算。

（2）措施项目费应依据合同约定的项目和金额计算；如发生调整的，以发、承包双方确认调整的金额计算，其中安全文明施工费应按《计价规范》的规定计算。

（3）其他项目费用应按下列规定计算：

1）计日工应按发包人实际签证确认的事项计算；

2）暂估价中的材料单价应按发、承包双方最终确认价在综合单价中调整；专业工程暂估价应按中标价或发包人、承包人与分包人最终确认价计算；

3）总承包服务费应依据合同约定金额计算，如发生调整的，以发、承包双方确认调整的金额计算；

4）索赔费用应依据发、承包双方确认的索赔事项和金额计算；

5）现场签证费用应依据发、承包双方签证资料确认的金额计算；

6）暂列金额应减去工程价款调整与索赔、现场签证金额计算，如有余额应归发包人。

（4）规费和税金应按《计价规范》的规定计算。

（5）承包人应在合同约定时间内编制完成竣工结算书，并在提交竣工验收报告的同时递交给发包人。承包人未在合同约定时间内递交竣工结算书，经发包人催促后仍未提供或没有明确答复的，发包人可以根据已有资料办理结算。

（6）发包人在收到承包人递交的竣工结算书后，应按合同约定时间核对。同一工程竣工结算核对完成，发、承包双方签字确认后，禁止发包人又要求承包人与另一个或多个工程造价咨询人重复核对竣工结算。

（7）发包人或受其委托的工程造价咨询人收到承包人递交的竣工结算书后，在合同约定时间内，不核对竣工结算或未提出核对意见的，视为承包人递交的竣工结算书已经认可，发包人应向承包人支付工程结算价款。承包人在接到发包人提出的核对意见后，在合同约定时间内，不确认也未提出异议的，视为发包人提出的核对意见已经认可，竣工结算办理完毕。

(8) 发包人应对承包人递交的竣工结算书签收，拒不签收的，承包人可以不交付竣工工程。承包人未在合同约定时间内递交竣工结算书的，发包人要求交付竣工工程，承包人应当交付。

(9) 竣工结算办理完毕，发包人应将竣工结算书报送工程所在地工程造价管理机构备案。竣工结算书作为工程竣工验收备案、交付使用的必备文件。

(10) 竣工结算办理完毕，发包人应根据确认的竣工结算书在合同约定时间内向承包人支付工程竣工结算价款。

(11) 发包人未在合同约定时间内向承包人支付工程结算价款的，承包人可催告发包人支付结算价款。如达成延期支付协议的，发包人应按同期银行同类贷款利率支付拖欠工程价款的利息。如未达成延期支付协议，承包人可以与发包人协商将该工程折价，或申请人民法院将该工程依法拍卖，承包人就该工程折价或者拍卖的价款优先受偿。

三、工程计价争议处理

在工程计价中，如果发、承包双方出现工程造价方面的争议，可根据以下内容处理：

(1) 在工程计价中，对工程造价计价依据、办法以及相关政策规定发生争议事项的，由工程造价管理机构负责解释。

(2) 发包人以对工程质量有异议，拒绝办理工程竣工结算的，已竣工验收或已竣工未验收但实际投入使用的工程，其质量争议按该工程保修合同执行，竣工结算按合同约定办理；已竣工未验收且未实际投入使用的工程以及停工、停建工程的质量争议，双方应就有争议的部分委托有资质的检测鉴定机构进行检测，根据检测结果确定解决方案，或按工程质量监督机构的处理决定执行后办理竣工结算，无争议部分的竣工结算按合同约定办理。

(3) 发、承包双方发生工程造价合同纠纷时，应通过下列办法解决：

1) 双方协商；

2) 提请调解，工程造价管理机构负责调解工程造价问题；

3) 按合同约定向仲裁机构申请仲裁或向人民法院起诉。

(4) 在合同纠纷案件处理中，需进行工程造价鉴定的，应委托具有相应资质的工程造价咨询人进行。

复习思考题

1. 简述工程量清单及清单计价的概念。

2. 简述工程量清单计价与定额计价的区别。

3. 简述工程量清单的编制原则。

4. 简述工程量清单的编制步骤。

5. 简述工程量清单计价的编制步骤。

6. 已知某住宅楼采暖工程项目清单（表 3 - 29），试进行工程量清单综合单价的确定。住宅楼为砖混结构，层数为 6 层，面积 5000 平方米。

表 3-29　　**分部分项工程量清单**

工程名称：住宅楼采暖工程　　标段：　　第 1 页　共 1 页

序号	项目编码	项目名称	项目特征描述	计量单位	工程量	金额（元）		
						综合单价	合价	其中：暂估价
1	030801002001	焊接钢管	室内采暖；*DN*50；焊接；除锈后刷防锈漆一度，银粉二度	m	30			

第四章　安装工程计量计价的应用

第一节　电气设备安装工程计量计价与应用

一、电气设备安装工程定额计价工程量计算规则

与电气设备安装工程施工图预算编制有关的是《全国统一安装工程预算定额》第二册"电气设备安装工程"。

"电气设备安装工程"适用于10kV以下变配电设备及线路的安装工程。

（一）变压器

(1) 变压器、消弧线圈、组合型成套箱式变电站安装，按不同容量以"台"为计量单位。

(2) 干式变压器如果带有保护罩时，其定额人工和机械乘以系数1.2。

(3) 变压器通过试验，判定绝缘受潮需进行干燥时，可以"台"为单位计算变压器干燥工程量。

(4) 消弧线圈的干燥按同容量电力变压器干燥定额执行，以"台"为计量单位。

(5) 变压器安装定额未包括绝缘油的过滤，发生时可另计油过滤工程量，不论过滤次数多少，均按制造厂规定的油量以"t"为单位计算。

(6) 油断路器及其他充油设备的绝缘油过滤，可按制造厂规定的充油量计算。

（二）配电装置

(1) 断路器、电流互感器、电压互感器、油浸电抗器、电力电容器及电容器柜的安装以"台（个）"为计量单位。

(2) 隔离开关、负荷开关、熔断器、避雷器、干式电抗器的安装以"组"为计量单位，每组按三相计算。

(3) 交流滤波装置的安装以"台"为计量单位。每套滤波装置包括三台组架安装，不包括设备本身及铜母线的安装，其工程量应按本册相应定额另行计算。

(4) 高压设备安装定额内均不包括绝缘台的安装，其工程量应按施工图设计执行相应定额。

(5) 高压成套配电柜安装以"台"为计量单位，未包括基础槽钢、母线及引下线的配置安装。

(6) 配电设备安装的支架、抱箍及延长轴、轴套、间隔板等，按施工图设计的需要量计算，执行本册铁构件制作安装定额，属供应成品的只计安装及成品价。

(7) 绝缘油、六氟化硫气体、液压油等均按设备带有考虑；电气设备以外的加压设备和附属管道的安装应按相应定额另行计算。

(8) 配电设备的端子板外部接线，应按本册相应定额另行计算。

（三）母线、绝缘子

(1) 悬垂绝缘子串安装，指垂直或V形安装的提挂导线、跳线、引下线、设备连接线或设备等所用的绝缘子串安装，按单串以"串"为计量单位。耐张绝缘子串的安装，已包括

在软母线安装定额内。

(2) 支持绝缘子安装分别按安装在户内、户外、单孔、双孔、四孔固定，以“个”为计量单位。

(3) 穿墙套管安装不分水平、垂直安装，均以“个”为计量单位。

(4) 软母线安装，指直接由耐张绝缘子串悬挂部分，按软母线截面大小分别以“跨/三相”为计量单位。导线、绝缘子、线夹、弛度调节金具等均按施工图设计用量加定额规定的损耗率计算。

(5) 软母线引下线，指由T形线夹或并沟线夹从软母线引向设备的连接线，以“组/三相”为计量单位；软母线经终端耐张线夹引下（不经T形线夹或并沟线夹引下）与设备连接的部分均执行引下线定额。

(6) 两跨软母线间的跳引线安装，以“组/三相”为计量单位。不论两端的耐张线夹是螺栓式或压接式，均执行软母线跳线定额。

(7) 设备连接线安装，指两设备间的连接部分。不论引下线、跳线、设备连接线，均应分别按导线截面、三相为一组计算工程量。

(8) 组合软母线安装，按三相为一组计算。跨距（包括水平悬挂部分和两端引下部分之和）按45m以内考虑。导线、绝缘子、线夹、金具按施工图设计用量加定额规定的损耗率计算。

(9) 软母线安装预留长度按表4-1计算。

表4-1　**软母线安装预留长度**　单位：m/根

项　目	耐　张	跳　线	引下线、设备连接线
预留长度	2.5	0.8	0.6

(10) 带形母线安装及带形母线引下线安装包括铜排、铝排，分别以不同截面和片数以“10m/单相”为计量单位。母线和固定母线的金具均按设计用量加损耗率计算。

(11) 钢带形母线安装，按同规格的铜母线定额执行。

(12) 母线伸缩接头及铜过渡板安装均以“个”为计量单位。

(13) 槽形母线安装以“10m/单相”为计量单位。槽形母线与设备连接分别按连接不同的设备以“台”或“组”为计量单位。槽形母线及固定槽形母线的金具按设计用量加损耗率计算。共箱母线安装区分箱体和导体规格以“10m”为计量单位，长度按设计共箱母线的轴线长度计算。

(14) 低压（指380V以下）封闭式插接母线槽安装分别按导体的额定电流大小以“10m”为计量单位，长度按设计母线的轴线长度计算，分线箱以“台”为计量单位，分别以电流大小按设计数量计算。

(15) 重型母线安装包括铜母线、铝母线，分别按截面大小以母线的成品重量“t”为计量单位。

(16) 重型母线伸缩器分别以不同截面积按“个”为计量单位，导板制作安装分材质及阳极、阴极以“束”为计量单位。

(17) 重型母线接触面加工指铸造件加工接触面，按其接触面大小，分别以“片/单相”为计量单位。

（18）硬母线配置安装预留长度按表4-2的规定计算。

表4-2 硬母线配置安装预留长度 单位：m/根

序号	项目	预留长度	说明
1	带形、槽形母线终端	0.3	从最后一个支持点算起
2	带形、槽形母线与分支线连接	0.5	分支线预留
3	带形母线与设备连接	0.5	从设备端子接口算起
4	多片重形母线与设备连接	1.0	从设备端子接口算起
5	槽形母线与设备连接	0.5	从设备端子接口算起

（19）带形母线、槽形母线安装均不包括支持瓷瓶安装和钢构件配置安装，其工程量应分别按设计成品数量执行相应定额。

（四）控制设备及低压电器

（1）控制设备及低压电器安装均以“台”或“个”为计量单位，未包括基础槽钢、角钢的制作安装，其工程量应按相应定额另行计算。自动空气开关区分单极、2～4极按其额定电流值以“个”计算。

（2）集装箱式配电室安装以“10t”为计量单位。

（3）铁构件制作安装均按施工图设计尺寸，以成品重量“100kg”为计量单位。

（4）网门、保护网制作安装，按网门或保护网设计图示的框外围尺寸，以“m^2”为计量单位。

（5）盘柜配线分不同规格，以“10m”为计量单位。

（6）盘、箱、柜的外部进出线预留长度按表4-3计算。

表4-3 盘、箱、柜的外部进出线预留长度 单位：m/根

序号	项目	预留长度	说明
1	各种箱、柜、盘、板、盒	高+宽	盘面尺寸
2	单独安装的铁壳开关、自动开关、刀开关、启动器、箱式电阻器、变阻器	0.5	从安装对象中心算起
3	继电器、控制开关、信号灯、按钮、熔断器等小电器	0.3	从安装对象中心算起
4	分支接头	0.2	分支线预留

（7）配电板制作安装及包铁皮，按配电板图示外形尺寸，以“m^2”为计量单位。

（8）焊（压）接线端子定额只适用于导线。电缆终端头制作安装定额中已包括压接线端子，不得重复计算。

（9）端子板外部接线按设备盘、箱、柜、台的外部接线图计算，以“10个”为计量单位。

（10）盘、柜配线定额只适用于盘上小设备元件的少量现场配线，不适用于工厂的设备修、配、改工程。

（五）蓄电池

（1）铅酸蓄电池和碱性蓄电池的安装，分别按容量大小以单体蓄电池“个”为计量单

位，按施工图设计的数量计算工程量。铅酸蓄电池定额内已包括了电解液的材料消耗量。

(2) 免维护蓄电池安装以“组件”为计量单位，其具体计算如下例：

某项工程设计一组蓄电池为220V/500A·h，由18个12V的组件组成，应套用12V/500A·h的定额18组件。

(3) 蓄电池充放电按不同容量以“组”为计量单位。

(六) 电机

(1) 发电机、调相机、电动机、风机盘管、户用锅炉电气装置的电气检查接线，均以“台”为计算单位。直流发电机组和多台一串的机组，按单台电机分别执行定额。

(2) 电气安装规范要求每台电机接线均需配金属软管，设计中有规定的按设计规格和数量计算；设计没有规定的，可按平均每台电机配相应规格的金属软管1.25m和与之配套的金属软管专用活接头计算。

(3) 电机检查接线定额，除发电机和调相机外，均不包括电机干燥，发生时其工程量应按电机干燥定额另行计算。电机干燥定额系按一次干燥所需的工、料、机消耗量考虑的，在特别潮湿的地方，电机需要进行多次干燥，应按实际干燥次数计算。在气候干燥、电机绝缘性能良好、符合技术标准而不需要干燥时，则不计算干燥费用。实行包干的工程，可参照以下比例，由相关各方协商而定。

1) 低压小型电机3kW以下按25%的比例考虑干燥。

2) 低压小型电机3kW以上至220kW按30%～50%考虑干燥。

3) 大中型电机按100%考虑一次干燥。

(4) 电机类型的界线划分：单台电机重量在3t以下的为小型电机；单台电机重量在3～30t以下的为中型电机；单台电机重量在30t以上的为大型电机。

(5) 电机检查接线：小型电机按电机类别和功率大小执行相应定额，大、中型电机不分类别一律按电机重量执行相应定额。

(6) 电机安装执行第一册《机械设备安装工程》中的电机安装定额及有关规定。

(七) 起重设备电气装置

(1) 成套起重设备电气安装，按起重量以“台”计算，非成套供应的起重机上的电气设备、照明装置和电缆管线等安装均执行相应定额。

(2) 滑触线安装以“100m/单相”为计量单位，其附加和预留长度按表4-4的规定计算。

表4-4　　滑触线安装附加和预留长度　　单位：m/根

序号	项目	预留长度	说明
1	圆钢、铜母线与设备连接	0.2	从设备接线端子接口算起
2	圆钢、铜滑触线终端	0.5	从最后一个固定点算起
3	角钢滑触线终端	1.0	从最后一个支持点算起
4	扁钢滑触线终端	1.3	从最后一个固定点算起
5	扁钢母线分支	0.5	分支线预留
6	扁钢母线与设备连接	0.5	从设备接线端子接口算起
7	轻轨滑触线终端	0.8	从最后一个支持点算起
8	安全节能及其他滑触线终端	0.5	从最后一个固定点算起

(3) 安全节能滑触线安装，按载流量以“100m/单相”为计量单位，三相组合为一根的滑触线，按单相滑触线定额乘以系数2.0。其固定支架执行一般铁构件制作、安装子目。

(4) 圆钢、扁钢滑触线安装，其拉紧装置应另套相应项目。

(5) 移动软电缆安装区分敷设方式，按每根电缆的长度或截面积以“套”或“100m”为计量单位。

(八) 电缆

(1) 直埋电缆的挖、填土（石）方，除特殊要求外，可按表4-5计算土方量。

表4-5　　直埋电缆的挖、填土（石）方量

项　目	电缆根数	
	1～2	每增一根
每米沟长挖方量（m^3）	0.45	0.153

注 1. 两根以内的电缆沟，系按上口宽度600mm、下口宽度400mm、深度900mm计算的常规土方量（深度按规范的最低标准）；
2. 每增加一根电缆，其宽度增加170mm；
3. 以上土方量系按埋深从自然地坪算起，如设计埋深超过900mm时，多挖的土方量应另行计算。

(2) 电缆沟盖板揭、盖定额，按每揭或每盖一次以延长米计算，如又揭又盖，则按两次计算。

(3) 电缆保护管长度，除按设计规定长度计算外，遇有下列情况，应按以下规定增加保护管长度：

1) 横穿道路时，按路基宽度两端各增加2m；

2) 垂直敷设时，管口距地面增加2m；

3) 穿过建筑物外墙时，按基础外缘以外增加1m；

4) 穿过排水沟时，按沟壁外缘以外增加1m。

(4) 电缆保护管埋地敷设，其土方量凡施工图有注明的，按施工图计算；无施工图的，一般按沟深0.9m、沟宽按最外边的保护管两侧边缘外各增加0.3m工作面计算。

(5) 电缆敷设按单根以延长米计算，一个沟内（或架上）敷设三根各长100m的电缆，应按300m计算，依此类推。

(6) 电缆敷设长度应根据敷设路径的水平和垂直敷设长度，按表4-6规定增加附加长度。

表4-6　　电缆敷设的附加长度

序号	项　目	预留长度（附加）	说　明
1	电缆敷设弛度、波形弯度、交叉	2.5%	按电缆全长计算
2	电缆进入建筑物	2.0m	规范规定最小值
3	电缆进入沟内或吊架时引上（下）预留	1.5m	规范规定最小值
4	变电所进线、出线	1.5m	规范规定最小值
5	电力电缆终端头	1.5m	检修余量最小值
6	电缆中间接头盒	两端各留2.0m	检修余量最小值

续表

序　号	项　　目	预留长度（附加）	说　　明
7	电缆进控制、保护屏及模拟盘等	高＋宽	按盘面尺寸
8	高压开关柜及低压配电盘、箱	2.0m	盘下进出线
9	电缆至电动机	0.5m	从电机接线盒算起
10	厂用变压器	3.0m	从地坪算起
11	电缆绕过梁柱等增加长度	按实计算	按被绕物的断面情况计算增加长度
12	电梯电缆与电缆架固定点	每处 0.5m	规范最小值

注　电缆附加及预留的长度是电缆敷设长度的组成部分，应计入电缆长度工程量之内。

(7) 电缆终端头及中间头均以“个”为计量单位。电力电缆和控制电缆均按一根电缆有两个终端头考虑。中间电缆头在设计中有图示的，按设计确定；设计没有规定的，按实际情况计算（或按平均 250m 一个中间头考虑）。

(8) 桥架安装，以“10m”为计量单位，不扣除弯头、三通、四通等所占长度。

(9) 组合桥架以每片长度 2m 作为一个基型片，已综合了宽为 100、150、200mm 三种规格，工程量计算以“片”为计量单位。

(10) 吊电缆的钢索及拉紧装置，应按相应定额另行计算。

(11) 钢索的计算长度以两端固定点距离为准，不扣除拉紧装置的长度。

(12) 电缆敷设及桥架安装，应按定额说明的综合内容范围计算。

（九）防雷及接地装置

(1) 接地极制作安装以“根”为计量单位，其长度按设计长度计算，设计无规定时，每根长度按 2.5m 计算。若设计有管帽时，管帽另按加工件计算。

(2) 接地母线敷设，按设计长度以“10m”为计量单位计算工程量。接地母线、避雷网敷设，均按延长米计算，其长度按施工图设计水平和垂直规定长度另加 3.9％的附加长度（包括转弯、上下波动、避绕障碍物、搭接头所占长度）计算。计算主材消耗量时应增加规定的损耗率。

(3) 接地跨接线以“处”为计量单位，按规程规定凡需作接地跨接线的工程内容，每跨接一次按一处计算，户外配电装置构架均需接地，每副构架按“一处”计算。

(4) 避雷针的加工、制作、安装，以“根”为计量单位，独立避雷针安装以“基”为计量单位。长度、高度、数量均按设计规定。独立避雷针的加工制作应执行“一般铁件”制作定额或按成品计算。

(5) 半导体少长针消雷装置安装以“套”为计量单位，按设计安装高度分别执行相应定额。装置本身由设备制造厂成套供货。

(6) 利用建筑物内主筋作接地引下线安装以“10m”为计量单位，每一根柱子内按焊接两根主筋考虑，如果焊接主筋数超过两根时，可按比例调整。

(7) 断接卡子制作安装以“10 套”为计量单位，按设计规定装设的断接卡子数量计算，接地检查井内的断接卡子安装按每井一套计算。断接卡子箱以“个”为计量单位。

(8) 高层建筑屋顶的防雷接地装置应执行避雷网安装定额，电缆支架的接地线安装应执行沿电缆沟内支架、桥架敷设定额。

(9) 均压环敷设以“10m”为单位计算，主要考虑利用圈梁内主筋作均压环接地连线，焊接按两根主筋考虑，超过两根时，可按比例调整。长度按设计需要计算均压接地的圈梁中心线长度，以延长米为单位。

(10) 钢、铝窗接地以“10处”为计量单位（高层建筑六层以上的金属窗设计一般要求接地），按设计规定接地的金属窗数进行计算。

(11) 柱子主筋与圈梁连接以“10处”为计量单位，每处按两根主筋与两根圈梁钢筋分别焊接连接考虑。如果焊接主筋与圈梁钢筋超过两根时，可按比例调整，需要连接的柱子主筋与圈梁钢筋“处”数按设计规定计算。

（十）10kV以下架空配电线路

(1) 工地运输，是指定额内主要材料从集中材料堆放点或工地仓库运至杆位上的工程运输，分人力运输和汽车运输，以“10t·km”为计量单位。

(2) 电杆坑的马道土、石方量按每坑0.2m^3计算。

(3) 施工操作裕度按底拉盘底宽每边增加0.1m。

(4) 各类土质的放坡系数按表4-7计算。

表4-7　各类土质的放坡系数

土　质	普通土、水坑	坚　土	松 砂 石	泥水、流砂、岩石
放坡系数	1∶0.3	1∶0.25	1∶0.2	不放坡

(5) 杆坑土质按一个坑的主要土质确定，如一个坑大部分为普通土，少量为坚土，则该坑应全部按普通土计算。

(6) 带卡盘的电杆坑，如原计算的尺寸不能满足卡盘安装时，因卡盘超长而增加的土（石）方量另计。

(7) 底盘、卡盘、拉线盘按设计用量以“块”为计量单位。

(8) 杆塔组立，分杆塔形式和高度按设计数量以“根”为计量单位。

(9) 拉线制作安装按施工图设计规定，按不同形式，以“根”为计量单位。定额按单根拉线考虑，若安装V形、Y形或双拼形拉线时，按2根计算，拉线长度按设计全根长度计算。

(10) 横担安装按施工图设计规定，按不同形式以“组”或“根”为计量单位。

(11) 导线架设，根据导线类型和不同截面以“km/单线”为计量单位计算，导线预留长度按表4-8的规定计算。导线长度按线路总长度和预留长度之和计算。计算主材消耗量时应另增加规定的损耗率。

(12) 导线跨越架设，包括越线架的搭、拆和运输以及因跨越障碍使施工难度增加而增加的工作量，以“处”为计量单位。每个跨越间距按50m以内考虑，大于50m而小于100m时按2处计算，依此类推。在计算架线工程量时，不扣除跨越档的长度。

表4-8　导线预留长度　单位：m/根

项目名称		长度
高压	转角	2.5
	分支、终端	2.0
低压	分支、终端	0.5
	交叉跳线转角	1.5
与设备连线		0.5
进户线		2.5

(13) 杆上变配电设备安装以"台"或"组"为计量单位，定额内包括杆上钢支架及设备的安装工作，但钢支架、连引线、线夹、金具等主材应按设计规定另行计算，设备的接地装置安装和调试应按相应定额另行计算。

(十一) 电气调整试验

(1) 电气调试系统的划分以电气原理系统图为依据。电气设备元件的本体试验已包括在相应的系统调试定额之内，不得重复计算。绝缘子和电缆等单体试验，只在单独试验时使用。在系统调试定额中各工序的调试工作量如需单独计算时，可按表4-9所列比例计算。

表4-9　电气系统调试各工序比例　(%)

工序＼项目	发电机调相机系统	变压器系统	送配电设备系统	电动机系统
一次设备本体试验	30	30	40	30
附属高压二次设备试验	20	30	20	30
一次电流及二次回路检查	20	20	20	20
继电器及仪表试验	30	20	20	20

(2) 电气调试所需的电力消耗已包括在定额内，一般不另计算。但10kW以上电机及发电机的启动调试用的蒸汽、电力和其他动力能源消耗及变压器空载试运转的电力消耗，另行计算。

(3) 供电桥同路的断路器、母线分段断路器，均按独立的送配电设备系统计算调试工程量。

(4) 送配电设备系统调试，按一侧有一台断路器考虑；若两侧均有断路器时，则应按两个系统计算。

(5) 送配电设备系统调试，适用于各种供电回路（包括照明供电回路）的系统调试。凡供电回路中带有仪表、继电器、电磁开关等调试元件的（不包括闸刀开关、保险器），均按调试系统计算。移动式电器和以插座连接的家电类设备等已经厂家调试合格、不需要用户自调的设备均不应计算调试工程量。

(6) 变压器系统调试，以每个电压侧有一台断路器为准。多于一个断路器的按相应电压等级送配电设备系统调试的相应定额另行计算。

(7) 干式变压器调试，执行相应容量变压器调试定额乘以系数0.8。

(8) 接地网接地电阻的测定。一般的发电厂或变电站连为一体的母网按一个系统计算；自成母网不与厂区母网相连的独立接地网，另按一个系统计算。大型建筑群各有自己的接地网（接地电阻值由设计要求），虽然在最后也将各接地网互相连接在一起，但应按各自的接地网计算，不能作为一个网，具体应按接地网的试验情况而定。

(9) 避雷针接地电阻的测定。每一避雷针均有单独接地网（包括独立的避雷针、烟囱避雷针等）时，均按一组计算。

(10) 独立的接地装置按组计算。如一台柱上变压器有一个独立的接地装置，即按一组计算。

(11) 避雷器、电容器的调试，按每三相为一组计算；单个装设的亦按一组计算，上述设备如设置在发电机、变压器、输、配电线路的系统或回路内，仍应按相应定额另外计算调试费用。

(12) 普通电动机的调试，分别按电机的控制方式、功率、电压等级，以"台"为计量单位。

(13) 一般的住宅、学校、办公楼、旅馆、商店等民用电气工程的供电调试应按下列规定：

1）配电室内带有调试元件的盘、箱、柜和带有调试元件的照明主配电箱，应按供电方式执行相应的“配电设备系统调试”定额。

2）每个用户房间的配电箱（板）上虽装有电磁开关等调试元件，但如果生产厂家已按固定的常规参数调整好，不需要安装单位进行调试就可直接投入使用的，不应计算调试工程量。

3）民用电度表的调整校验属于供电部门的专业管理，一般皆由用户向供电局订购调试完毕的电度表，不应另外计算调试工程量。

（14）高标准的高层建筑、高级宾馆、大会堂、体育馆等具有较高控制技术的电气工程（包括照明工程中由程控调光控制的装饰灯具），应按控制方式执行相应的电气调试定额。

（十二）配管、配线

（1）各种配管应区别不同敷设方式、敷设位置、管材材质、规格，以“延长米”为计量单位，不扣除管路中间的接线箱（盒）、灯头盒、开关盒所占长度。

（2）定额中未包括钢索架设及拉紧装置、接线箱（盒）、支架的制作安装，其工程量应另行计算。

（3）管内穿线的工程量，应区别线路性质、导线材质、导线截面，以单线“延长米”为计量单位计算。线路分支接头线的长度已综合考虑在定额中，不得另行计算。照明线路中的导线截面大于或等于 6mm^2 时，应执行动力线路穿线相应项目。

（4）绝缘子配线工程量，应区别绝缘子形式（针式、鼓形、蝶式）、绝缘子配线位置（沿屋架、梁、柱、墙，跨屋架、梁、柱，木结构、顶棚内、砖、混凝土结构，沿钢结构及钢索）、导线截面积，以“100m 单线”为计量单位计算。引下线按线路支持点至天棚下缘距离的长度计算。

（5）塑料槽板配线工程量，应区别配线位置（木结构、砖、混凝土）、导线截面、线式（二线、三线），以线路“100m”为计量单位计算。木质槽板执行塑料槽板配线定额。

（6）塑料护套线明敷工程量，应区别导线截面、导线芯数（二芯、三芯）、敷设位置（木结构、砖混凝土结构、沿钢索）。按每束延长米以“100m”为计量单位计算。

（7）金属线槽安装区分不同的宽度以“100m”为计量单位计算，线槽配线工程量，应区别导线截面，以单根线路“100m”为计量单位计算。

（8）钢索架设工程量，应按圆钢、钢索直径（ϕ6、ϕ9），计算图示墙（柱）内缘距离，以“100m”为计量单位计算，不扣除拉紧装置所占长度。

（9）母线拉紧装置及钢索拉紧装置制作安装工程量应分别按母线截面、花篮螺栓直径（12、16、20mm）以“10 套”为计量单位计算。

（10）车间带形母线安装工程量，应区别母线材质（铝、钢）、母线截面、安装位置（沿屋架、梁、柱、墙、跨屋架、梁、柱）以“100m”为计量单位计算。

（11）动力配管混凝土地面刨沟、墙体剔槽工程量区别管直径，以“10m”为计量单位计算。

（12）接线箱安装工程量，应分别按安装形式（明装，暗装）和接线箱半周长，以“10 个”为计量单位计算。

（13）接线盒安装工程量，应区别安装形式（明装、暗装、钢索上）以及接线盒类型，以“10 个”为计量单位计算。

（14）灯具、明、暗开关、插座及按钮等预留线，已分别综合在相应定额内，不另行计算。配线进入开关箱、柜、板的预留线，按表 4-10 规定的长度，分别计入相应的工程量。

表 4-10　配线进入开关箱、柜、板的预留线（每一根线）

序　号	项　　目	预留长度	说　　明
1	各种开关、柜、板	宽+高	盘面尺寸
2	单独安装（无箱、盘）的铁壳开关、闸刀开关、启动器、线槽进出线盒等	0.3m	从安装对象中心算起
3	由地面管子出口引至动力接线箱	1.0m	从管口计算
4	电源与管内导线连接（管内穿线与软、硬母线接点）	1.5m	从管口计算
5	出户线	1.5m	从管口计算

（十三）照明器具

（1）普通灯具安装的工程量，应区别灯具的种类、型号、规格以“10套”为计量单位计算。

（2）吊式艺术装饰灯具安装的工程量，应分别按不同装饰物以及灯体直径和灯体垂吊长度，以“10套”为计量单位计算。灯体直径为装饰物的最大外缘直径，灯体垂吊长度为灯座底部到灯梢之间的总长度。

（3）吸顶式艺术装饰灯具安装的工程量，应分别按不同装饰物、吸盘的几何形状、灯体直径、灯体周长和灯体垂吊长度，以“10套”为计量单位计算。灯体直径为吸盘最大外缘直径；灯体半周长为矩形吸盘的半周长；吸顶式艺术装饰灯具的灯体垂吊长度为吸盘到灯梢之间的总长度。

（4）荧光艺术装饰灯具安装的工程量，应分别按不同安装形式和计量单位计算。

1）组合荧光灯光带安装的工程量，应分别按安装形式、灯管数量，按延长米以“10m”为计量单位计算。灯具的设计数量与定额不符时可以按设计数量加损耗量调整主材。

2）内藏组合式灯安装的工程量，应分别按灯具组合形式，以“10m”为计量单位。灯具的设计数量与定额不符时，可根据设计数量加损耗量调整主材。

3）发光棚安装的工程量，以“10m ”为计量单位，发光棚灯具按设计用量加损耗量计算。

4）立体广告灯箱、荧光灯光沿的工程量，按延长米以“10m”为计量单位。灯具设计数量与定额不符时，可根据设计数量加损耗量调整主材。

（5）开关、按钮安装的工程量，应区别开关、按钮安装形式，开关、按钮种类，开关极数以及单控与双控，以“10套”为计量单位计算。

（6）插座安装的工程量，应分别按电源相数、额定电流、插座安装形式、插座插孔个数，以“10套”为计量单位计算。

（7）风扇安装的工程量，应分别按风扇种类，以“台”为计量单位计算。

（8）盘管风机三速开关、请勿打扰灯、须刨插座、钥匙取电器、自动干手装置、卫生洁具自动感应器安装的工程量，均以“10套”为计量单位计算。

（十四）相关内容

下列内容是按相应定额消耗量为基础计价后进行测算综合取定，其计算方法规定如下：

（1）高层建筑（指高度在6层或20m以上的工业与民用建筑）增加费，可按定额附表计算（其中人工工资占70%，其余为机械费）。

（2）脚手架搭拆费（10kV以下架空线路除外），可按定额人工费的4%计算，其中人工工资占25%。

二、电气设备安装工程施工图预算编制实例

【例4-1】 某餐厅电气照明工程施工图（图4-1）预算编制。

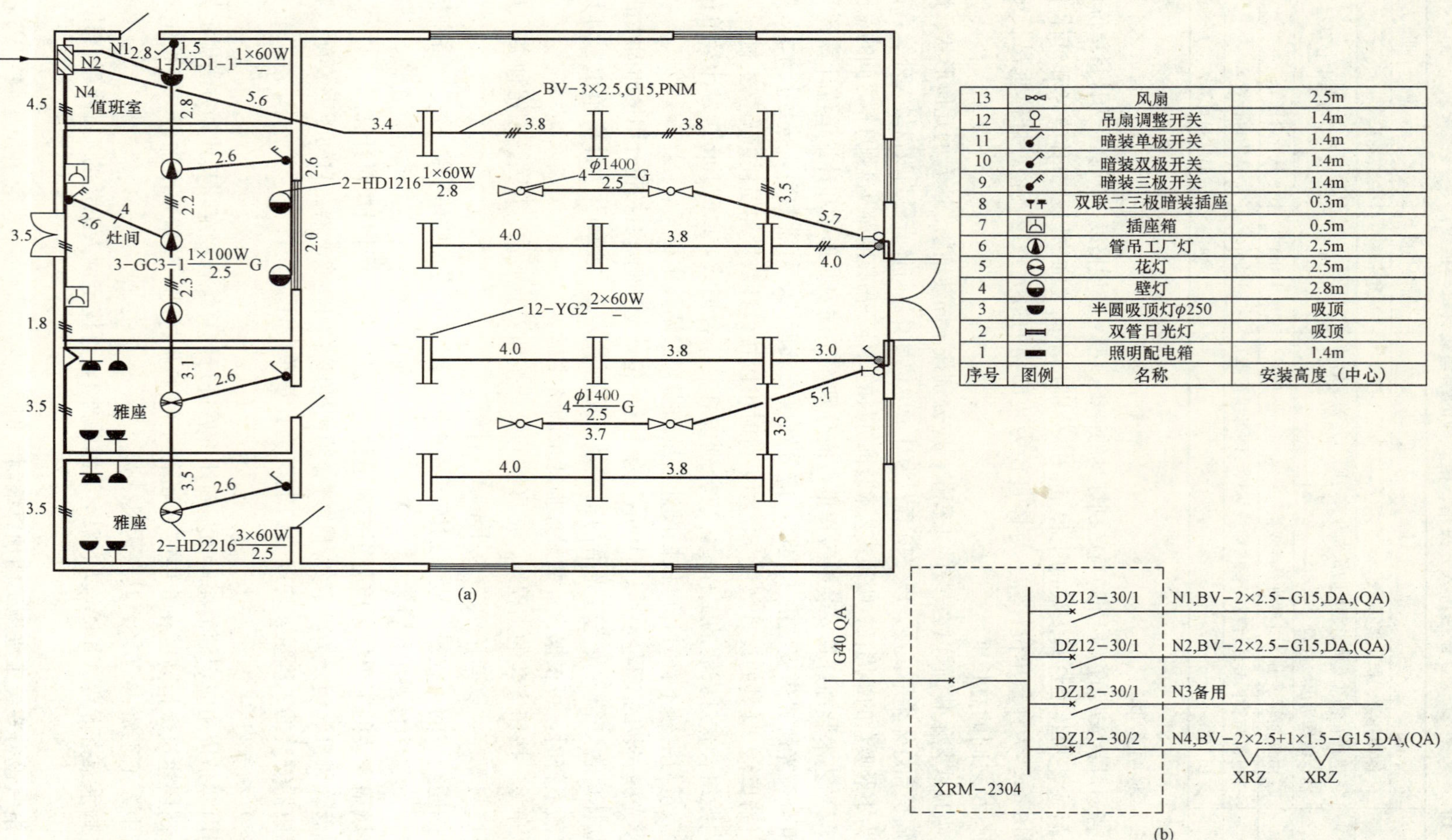

序号	图例	名称	安装高度（中心）
13		风扇	2.5m
12		吊扇调整开关	1.4m
11		暗装单极开关	1.4m
10		暗装双极开关	1.4m
9		暗装三极开关	1.4m
8		双联二三极暗装插座	0.3m
7		插座箱	0.5m
6		管吊工厂灯	2.5m
5		花灯	2.5m
4		壁灯	2.8m
3		半圆吸顶灯φ250	吸顶
2		双管日光灯	吸顶
1		照明配电箱	1.4m

图 4-1 某餐厅电气照明工程

（a）某餐厅电气照明工程平面图；（b）某餐厅电气照明工程系统图

（一）设计说明书

(1) 大厅层高 4m，吊顶高度 3m，其余房间高度均为 3m，混凝土现浇板厚 100mm，室内外高差为零。

(2) 采用三相四线制架空进线，进户横担选用∠50×5；进线高度距地坪 3m，只预埋横担和进户管。

(3) 管线除注明外一律采用 BV-2.5mm^2 导线穿管敷设，2～3 根导线采用焊接钢管 *DN*15，4 根以上导线采用 *DN*20。大厅沿吊顶内敷设，其余沿楼板内暗敷设。

(4) 埋地管埋深 0.2m，外墙厚 400mm，进户管距外墙 0.5m。

(5) 未计价主要材料（主材）价格按表 4-11 执行。

表 4-11　　主要材料（主材）价格

序号	名　称	规格型号	单位	单价（元）	序号	名　称	规格型号	单位	单价（元）
1	配电箱	600×300	台	500.00	11	双管日光灯	2×40W	套	220.00
2	插座箱	200×300	台	100.00	12	吊风扇	ϕ1400	套	120.00
3	半圆吸顶灯	ϕ250，60W	套	50.00	13	花灯	3×60W	套	300.00
4	吊管工厂灯	100W	套	25.00	14	壁灯	60W	套	60.00
5	焊管	*DN*15	m	4.00	15	单联开关		套	10.00
6	焊管	*DN*20	m	5.00	16	双联开关		套	15.00
7	焊管	*DN*40	m	15.00	17	三联开关		套	20.00
8	绝缘线	BV-2.5	m	3.00	18	五孔插座		套	15.00
9	绝缘线	BV-1.5	m	2.00	19	进户横担四线		根	50.00
10	接线盒、灯头盒	86 系列	个	2.00					

（二）工程量计算（见表 4-12）

表 4-12　　工 程 量 计 算 书

序号	项 目 名 称	单位	计 算 公 式	数量
1	照明配电箱	台		1
2	插座箱	台		2
3	半圆吸顶灯 ϕ250，60W	套		1
4	吊管工厂灯 100W	套		3
5	双管吸顶日光灯 2×40W	套		12
6	花灯 3×60W	套		2
7	壁灯 60 W	套		2
8	吊风扇 ϕ1400	台		4
9	单联开关	个		5
10	双联开关	个		1
11	三联开关	个		1
12	五孔插座	个		4
13	接线盒	个		28
14	开关盒	个		7
15	进户横担 四线	根		1
16	送配电系统调试	系统		1

续表

序号	项目名称	单位	计算公式	数量
17	入户管，*DN*40（A）	m	$0.5+0.4+\underline{3-1.4}$	2.5
18	N1，钢管 *DN*15（A），2 线	m	$2.8+1.5+2.8+2.6\times3+3.1+3.5+2.0+\underline{(3-1.4)\times4}+\underline{(3-2.8)\times2}$	30.3
19	N1，钢管 *DN*15（A），3 线	m	$2.2+2.3+2.6+\underline{3-1.4}+\underline{3-2.8}$	8.9
20	N1，钢管 *DN*20（A），4 线	m	$2.6+\underline{3-1.4}$	4.2
21	N2，钢管 *DN*15（A），2 线	m	$5.6+\underline{(3-1.4)\times4}$	12
22	N2，钢管 *DN*15（A），3 线	m	$\underline{3-1.4}$	1.6
23	N2，钢管 *DN*15（M），2 线	m	$3.4+5.7+3.7\times2+4\times3+3.8\times3+5.7+3.5+3.0$	52.1
24	N2，钢管 *DN*15（M），3 线	m	$3.8+4+3.5+4.0$	15.3
25	N4，钢管 *DN*15（A），3 线	m	$4.5+3.5+1.8+3.5+3.5+\underline{1.4}+\underline{0.2}+\underline{0.5\times4}+\underline{0.3\times5}$	21.9
26	管内穿线 BV-2.5 mm^2	m	$30.3\times2+8.9\times3+4.2\times4+12\times2+1.6\times3+52.1\times2+15.3\times3+21.9\times2+(0.3+0.6)\times6$	332.2
27	管内穿线 BV-1.5mm^2	m	$21.9\times1+(0.3+0.6)\times1$	22.8
28	墙体剔槽 20 以内	m	$1.6\times11+0.2\times3+1.4+0.2+2+1.5$	23.3
29	墙体剔槽 40 以内	m	$3-1.4$	1.6
30	端子板外部接线 2.5mm^2	个	$2+2+3\times5$	19

注 带下画线的数值为需墙体剔槽的数量。

（三）计算直接工程费（见表 4-13）

表 4-13 **安装工程预（结）算书**

工程名称：某餐厅电气照明工程　　施工单位：　　共　页　第　页　　年　月　日

定额编号	项目名称	单位	数量	单价			合价		
				基价	人工费	主材费	合价	人工费	主材费
2-264	配电箱半周长 1.0m 以内	台	1.00	60.77	37.62	500.00	60.77	37.62	500.00
2-263	插座箱	台	2.00	51.61	31.35	100.00	103.22	62.70	200.00
2-332	端子板外部接线 2.5mm^2	10 个	1.90	14.63	4.60		27.80	8.74	0.00
2-1570	半圆吸顶灯	10 套	0.10	100.50	45.14	505.00	10.05	4.51	50.50
2-1579	壁灯	10 套	0.20	82.71	42.22	606.00	16.54	8.44	121.20
2-1583	花灯	10 套	0.20	206.95	188.32	3030.00	41.39	37.66	606.00
2-1783	吸顶双管日光灯	10 套	1.20	82.05	57.07	2222.00	98.46	68.48	2666.40
2-1834	吊管工厂灯	10 套	0.30	78.17	43.05	252.50	23.45	12.92	75.75
2-1865	单联开关	10 套	0.50	20.58	17.78	102.00	10.29	8.89	51.00
2-1866	双联开关	10 套	0.10	22.26	18.61	153.00	2.23	1.86	15.30
2-1867	三联开关	10 套	0.10	23.95	19.45	204.00	2.40	1.95	20.40
2-1898	五孔暗插座	10 套	0.40	31.76	22.99	153.00	12.70	9.20	61.20
2-1930	吊风扇	台	4.00	12.75	6.86	120.00	51.00	27.44	480.00
2-1563	接线盒	10 个	2.80	23.40	9.42	20.40	65.52	26.38	57.12
2-1564	开关盒	10 个	0.70	16.50	10.03	20.40	11.55	7.02	14.28
2-948	进户横担四线	根	1.00	21.17	7.74	50.00	21.17	7.74	50.00
2-1002	送配电调试	系统	1.00	276.49	176.00		276.49	176.00	0.00
2-1224	钢管敷设 *DN*40（A）	100m	0.03	508.27	311.63	1545.00	15.25	9.35	46.35
2-1221	钢管敷设 *DN*20（A）	100m	0.04	264.08	150.48	515.00	10.56	6.02	20.60
2-1221	钢管敷设 *DN*15（A）	100m	0.75	240.08	141.09	412.00	180.06	105.82	309.00

续表

定额编号	项目名称	单位	数量	单价			合价		
				基价	人工费	主材费	合价	人工费	主材费
2-1209	钢管敷设 *DN*15（M）	100m	0.67	585.49	247.46	412.00	392.28	165.80	276.04
2-1390	管内穿线 BV-2.5	100m	3.32	30.75	20.90	348.00	102.09	69.39	1155.36
2-1389	管内穿线 BV-1.5	100m	0.23	29.09	20.48	232.00	6.69	4.71	53.36
2-1553	墙体剔槽 20mm 内	10m	2.33	40.89	6.82	0.00	95.27	15.89	0.00
2-1555	墙体剔槽 40mm 内	10m	0.16	55.42	8.58	0.00	8.87	1.37	0.00
	2 册小计						1646.10	885.90	6829.86
	脚手架搭拆费		2册人工费×4%×25%=885.90×4%×25%				35.33	8.86	
	直接工程费		1646.10+6829.86+35.44				8511.40	894.76	

（四）计算安装工程费用（造价）

按工程类别及计费标准，计算工程造价。

查表 2-5 可知属于Ⅲ类工程。查阅表 2-3 计取各类费用，详见表 4-14。

表 4-14　定额计价的计算程序

项目名称：某餐厅电气照明工程

序号	费用项目名称	计　算　方　法	金　额
一	直接费	8511.40+272.01	8783.41
	（一）直接工程费	定额表	8511.4
	其中：人工费（R1）	定额表	894.76
	（二）措施费		272.01
	1. 环境保护费	R1×费率=894.76×2.2%	19.68
	2. 文明施工费	R1×费率=894.76×4.5%	40.26
	3. 临时设施费	R1×费率=894.76×12%	107.37
	4. 夜间施工增加费	R1×费率=894.76×2.5%	22.37
	5. 二次搬运费	R1×费率=894.76×2.1%	18.79
	6. 冬、雨期施工增加费	R1×费率=894.76×2.8%	25.05
	7. 已完工程及设备保护费	R1×费率=894.76×1.3%	11.63
	8. 总承包服务费	R1×费率=894.76×3%	26.84
	其中：人工费（R2）	(19.68+40.26+107.37+11.63)×25%+22.37×50%+(18.79+25.05)×40%	73.46
二	企业管理费	(894.76+73.46)×42%	406.65
三	利润	(894.76+73.46)×20%	193.64
四	规费		251.38
	1. 工程排污费	—	
	2. 工程定额测定费	(8783.41+406.65+193.64) ×0.1%	9.38
	3. 社会保障费	(8783.41+406.65+193.64)×2.6%	243.98
	4. 住房公积金	—	
	5. 危险作业意外伤害保险	—	
	6. 安全施工费	—	
五	税金	(8783.41+406.65+193.64+253.36)×3.44%	331.52
六	安装工程费用合计	8783.41+406.65+193.64+253.36+331.52	9968.54

三、电气设备安装工程工程量清单计价计算规则

与电气设备安装工程清单计价有关的是《计价规范》的附录C“安装工程工程量清单项目及计算规则”中的“C.2 电气设备安装工程”。常用的项目包括以下内容：

（一）变压器安装

变压器安装工程量清单项目设置及工程量计算规则，应按表4-15的规定执行。

表4-15　　变压器安装（编码：030201）

<table>
<tr><th>项目编码</th><th>项目名称</th><th>项目特征</th><th>计量单位</th><th>工程量计算规则</th><th>工程内容</th></tr>
<tr><td>030201001</td><td>油浸电力变压器</td><td rowspan="2">1. 名称
2. 型号
3. 容量（kV·A）</td><td rowspan="7">台</td><td rowspan="7">按设计图示数量计算</td><td>1. 基础型钢制作、安装
2. 本体安装
3. 油过滤
4. 干燥
5. 网门及铁构件制作、安装
6. 刷（喷）油漆</td></tr>
<tr><td>030201002</td><td>干式变压器</td><td>1. 基础型钢制作、安装
2. 本体安装
3. 干燥
4. 端子箱（汇控箱）安装
5. 刷（喷）油漆</td></tr>
<tr><td>030201003</td><td>整流变压器</td><td rowspan="3">1. 名称
2. 型号
3. 规格
4. 容量（kV·A）</td><td rowspan="3">1. 基础型钢制作、安装
2. 本体安装
3. 油过滤
4. 干燥
5. 网门及铁构件制作、安装
6. 刷（喷）油漆</td></tr>
<tr><td>030201004</td><td>自耦式变压器</td></tr>
<tr><td>030201005</td><td>带负荷调压变压器</td></tr>
<tr><td>030201006</td><td>电炉变压器</td><td rowspan="2">1. 名称
2. 型号
3. 容量（kV·A）</td><td>1. 基础型钢制作、安装
2. 本体安装
3. 刷油漆</td></tr>
<tr><td>030201007</td><td>消弧线圈</td><td>1. 基础型钢制作、安装
2. 本体安装
3. 油过滤
4. 干燥
5. 刷油漆</td></tr>
</table>

（二）配电装置安装

配电装置安装工程量清单项目设置及工程量计算规则，应按表4-16的规定执行。

表 4-16　　配电装置安装（编码：030202）

<table>
<tr><th>项目编码</th><th>项目名称</th><th>项目特征</th><th>计量单位</th><th>工程量计算规则</th><th>工程内容</th></tr>
<tr><td>030202001</td><td>油断路器</td><td rowspan="5">1. 名称
2. 型号
3. 容量（A）</td><td rowspan="5">台</td><td rowspan="19">按设计图示数量计算</td><td>1. 本体安装
2. 油过滤
3. 支架制作、安装或基础槽钢安装
4. 刷油漆</td></tr>
<tr><td>030202002</td><td>真空断路器</td><td rowspan="4">1. 本体安装
2. 支架制作、安装或基础槽钢安装
3. 刷油漆</td></tr>
<tr><td>030202003</td><td>SF_6 断路器</td></tr>
<tr><td>030202004</td><td>空气断路器</td></tr>
<tr><td>030202005</td><td>真空接触器</td></tr>
<tr><td>030202006</td><td>隔离开关</td><td rowspan="2">1. 名称、型号
2. 容量（A）</td><td rowspan="2">组</td><td rowspan="2">1. 支架制作、安装
2. 本体安装
3. 刷油漆</td></tr>
<tr><td>030202007</td><td>负荷开关</td></tr>
<tr><td>030202008</td><td>互感器</td><td>1. 名称、型号
2. 规格
3. 类型</td><td>台</td><td>1. 安装
2. 干燥</td></tr>
<tr><td>030202009</td><td>高压熔断器</td><td>1. 名称、型号
2. 规格</td><td rowspan="3">组</td><td rowspan="2">安装</td></tr>
<tr><td>030202010</td><td>避雷器</td><td>1. 名称、型号
2. 规格
3. 电压等级</td></tr>
<tr><td>030202011</td><td>干式电抗器</td><td>1. 名称、型号
2. 规格
3. 质量</td><td>1. 本体安装
2. 干燥</td></tr>
<tr><td>030202012</td><td>油浸电抗器</td><td>1. 名称、型号
2. 容量（kV·A）</td><td>台</td><td>1. 本体安装
2. 油过滤
3. 干燥</td></tr>
<tr><td>030202013</td><td>移相及串联电容器</td><td rowspan="2">1. 名称、型号
2. 规格
3. 质量</td><td rowspan="2">个</td><td rowspan="4">安装</td></tr>
<tr><td>030202014</td><td>集合式并联电容器</td></tr>
<tr><td>030202015</td><td>并联补偿电容器组架</td><td>1. 名称、型号
2. 规格
3. 结构</td><td rowspan="5">台</td></tr>
<tr><td>030202016</td><td>交流滤波装置组架</td><td>1. 名称、型号
2. 规格
3. 回路</td></tr>
<tr><td>030202017</td><td>高压成套配电柜</td><td>1. 名称、型号
2. 规格
3. 母线设置方式
4. 回路</td><td>1. 基础槽钢制作、安装
2. 柜体安装
3. 支持绝缘子、穿墙套管耐压试验及安装
4. 穿通板制作、安装
5. 母线桥安装
6. 刷油漆</td></tr>
<tr><td>030202018</td><td>组合型成套箱式变电站</td><td rowspan="2">1. 名称、型号
2. 容量（kV·A）</td><td rowspan="2">1. 基础浇筑
2. 箱体安装
3. 进箱母线安装
4. 刷油漆</td></tr>
<tr><td>030202019</td><td>环网柜</td></tr>
</table>

（三）母线安装

母线安装工程量清单项目设置及工程量计算规则，应按表4-17的规定执行。

表4-17　　母线安装（编码：030203）

<table>
<tr><th>项目编码</th><th>项目名称</th><th>项目特征</th><th>计量单位</th><th>工程量计算规则</th><th>工程内容</th></tr>
<tr><td>030203001</td><td>软母线</td><td>1. 型号
2. 规格
3. 数量（跨/三相）</td><td rowspan="6">m</td><td rowspan="4">按设计图示尺寸以单线长度计算</td><td>1. 绝缘子耐压试验及安装
2. 软母线安装
3. 跳线安装</td></tr>
<tr><td>030203002</td><td>组合软母线</td><td>1. 型号
2. 规格
3. 数量（组/三相）</td><td>1. 绝缘子耐压试验及安装
2. 母线安装
3. 跳线安装
4. 两端铁构件制作、安装及支持瓷瓶安装
5. 油漆</td></tr>
<tr><td>030203003</td><td>带形母线</td><td>1. 型号
2. 规格
3. 材质</td><td>1. 支持绝缘子、穿墙套管的耐压试验、安装
2. 穿通板制作、安装
3. 母线安装
4. 母线桥安装
5. 引下线安装
6. 伸缩节安装
7. 过渡板安装
8. 刷分相漆</td></tr>
<tr><td>030203004</td><td>槽形母线</td><td>1. 型号
2. 规格</td><td>1. 母线制作、安装
2. 与发电机变压器连接
3. 与断路器、隔离开关连接
4. 刷分相漆</td></tr>
<tr><td>030203005</td><td>共箱母线</td><td>1. 型号
2. 规格</td><td rowspan="2">按设计图示尺寸以长度计算</td><td rowspan="2">1. 安装
2. 进、出分线箱安装
3. 刷（喷）油漆（共箱母线）</td></tr>
<tr><td>030203006</td><td>低压封闭式插接母线槽</td><td>1. 型号
2. 容量（A）</td></tr>
<tr><td>030203007</td><td>重型母线</td><td>1. 型号
2. 容量（A）</td><td>t</td><td>按设计图示尺寸以质量计算</td><td>1. 母线制作、安装
2. 伸缩器及导板制作、安装
3. 支承绝缘子安装
4. 铁构件制作、安装</td></tr>
</table>

（四）控制设备及低压电器安装

控制设备及低压电器安装工程量清单项目设置及工程量计算规则，应按表4-18的规定执行。

表 4-18　**控制设备及低压电器安装（编码：030204）**

项目编码	项目名称	项目特征	计量单位	工程量计算规则	工程内容
030204001	控制屏				1. 基础槽钢制作、安装 2. 屏安装 3. 端子板安装 4. 焊、压接线端子 5. 盘柜配线 6. 小母线安装 7. 屏边安装
030204002	继电、信号屏				
030204003	模拟屏				
030204004	低压开关柜	1. 名称、型号 2. 规格	台		1. 基础槽钢制作、安装 2. 柜安装 3. 端子板安装 4. 焊、压接线端子 5. 盘柜配线 6. 屏边安装
030204005	配电（电源）屏				
030204006	弱电控制返回屏			按设计图示数量计算	1. 基础槽钢制作、安装 2. 屏安装 3. 端子板安装 4. 焊、压接线端子 5. 盘柜配线 6. 小母线安装 7. 屏边安装
030204007	箱式配电室	1. 名称、型号 2. 规格 3. 质量	套		1. 基础槽钢制作、安装 2. 本体安装
030204008	硅整流柜	1. 名称、型号 2. 容量（A）			1. 基础槽钢制作、安装 2. 盘柜安装
030204009	可控硅柜	1. 名称、型号 2. 容量（kW）			
030204010	低压电容器柜				
030204011	自动调节励磁屏		台		1. 基础槽钢制作、安装 2. 屏（柜）安装 3. 端子板安装 4. 焊、压接线端子 5. 盘柜配线 6. 小母线安装 7. 屏边安装
030204012	励磁灭磁屏	1. 名称、型号 2. 规格			
030204013	蓄电池屏（柜）				
030204014	直流馈电屏				
030204015	事故照明切换屏				

续表

项目编码	项目名称	项目特征	计量单位	工程量计算规则	工程内容
030204016	控制台	1. 名称、型号 2. 规格	台	按设计图示数量计算	1. 基础槽钢制作、安装 2. 台（箱）安装 3. 端子板安装 4. 焊、压接线端子 5. 盘柜配线 6. 小母线安装
030204017	控制箱				1. 基础型钢制作、安装 2. 箱体安装
030204018	配电箱				
030204019	控制开关	1. 名称 2. 型号 3. 规格	个		1. 安装 2. 焊压端子
030204020	低压熔断器	1. 名称、型号 2. 规格			
030204021	限位开关				
030204022	控制器		台		
030204023	接触器				
030204024	磁力启动器				
030204025	Y-△自耦减压启动器				
030204026	电磁铁（电磁制动器）				
030204027	快速自动开关				
030204028	电阻器				
030204029	油浸频敏变阻器				
030204030	分流器	1. 名称、型号 2. 容量（A）			
030204031	小电器	1. 名称 2. 型号 3. 规格	个（套）		

（五）蓄电池安装

蓄电池安装工程量清单项目设置及工程量计算规则，应按表 4-19 的规定执行。

表 4-19　蓄电池安装（编码：030205）

项目编码	项目名称	项目特征	计量单位	工程量计算规则	工程内容
030205001	蓄电池	1. 名称、型号 2. 容量	个	按设计图示数量计算	1. 防震支架安装 2. 本体安装 3. 充放电

（六）电机检查接线及调试

电机检查接线及调试工程量清单项目设置及工程量计算规则，应按表 4－20 的规定执行。

表 4－20　　电机检查接线及调试（编码：030206）

项目编码	项目名称	项目特征	计量单位	工程量计算规则	工程内容
030206001	发电机	1. 型号 2. 容量（kW）	台	按设计图示数量计算	1. 检查接线（包括接地） 2. 干燥 3. 调试
030206002	调相机				
030206003	普通小型直流电动机	1. 名称、型号 2. 容量（kW） 3. 类型			1. 检查接线（包括接地） 2. 干燥 3. 系统调试
030206004	可控硅调速直流电动机				
030206005	普通交流同步电动机	1. 名称、型号 2. 容量（kW） 3. 启动方式			
030206006	低压交流异步电动机	1. 名称、型号、类别 2. 控制保护方式			
030206007	高压交流异步电动机	1. 名称、型号 2. 容量（kW） 3. 保护类别			
030206008	交流变频调速电动机	1. 名称、型号 2. 容量（kW）			
030206009	微型电机、电加热器	1. 名称、型号 2. 规格			
030206010	电动机组	1. 名称、型号 2. 电动机台数 3. 联锁台数	组		
030206011	备用励磁机组	名称、型号			
030206012	励磁电阻器	1. 型号 2. 规格	台		1. 安装 2. 检查接线 3. 干燥

（七）滑触线装置安装

滑触线装置安装工程量清单项目设置及工程量计算规则，应按表 4－21 的规定执行。

表 4－21　　滑触线装置安装（编码：030207）

项目编码	项目名称	项目特征	计量单位	工程量计算规则	工程内容
030207001	滑触线	1. 名称 2. 型号 3. 规格 4. 材质	m	按设计图示单相长度计算	1. 滑触线支架制作、安装、刷油 2. 滑触线安装 3. 拉紧装置及柱式支持器制作、安装

（八）电缆安装

电缆安装工程量清单项目设置及工程量计算规则，应按表 4-22 的规定执行。

表 4-22　　电缆安装（编码：030208）

<table>
<tr><th>项目编码</th><th>项目名称</th><th>项目特征</th><th>计量单位</th><th>工程量计算规则</th><th>工程内容</th></tr>
<tr><td>030208001</td><td>电力电缆</td><td rowspan="2">1. 型号
2. 规格
3. 敷设方式</td><td rowspan="4">m</td><td rowspan="4">按设计图示尺寸以长度计算</td><td rowspan="2">1. 揭（盖）盖板
2. 电缆敷设
3. 电缆头制作、安装
4. 过路保护管敷设
5. 防火堵洞
6. 电缆防护
7. 电缆防火隔板
8. 电缆防火涂料</td></tr>
<tr><td>030208002</td><td>控制电缆</td></tr>
<tr><td>030208003</td><td>电缆保护管</td><td>1. 材质
2. 规格</td><td>保护管敷设</td></tr>
<tr><td>030208004</td><td>电缆桥架</td><td>1. 型号、规格
2. 材质
3. 类型</td><td rowspan="2">1. 制作、除锈、刷油
2. 安装</td></tr>
<tr><td>030208005</td><td>电缆支架</td><td>1. 材质
2. 规格</td><td>t</td><td>按设计图示质量计算</td></tr>
</table>

（九）防雷及接地装置

防雷及接地装置工程量清单项目设置及工程量计算规则，应按表 4-23 的规定执行。

表 4-23　　防雷及接地装置（编码：030209）

<table>
<tr><th>项目编码</th><th>项目名称</th><th>项目特征</th><th>计量单位</th><th>工程量计算规则</th><th>工程内容</th></tr>
<tr><td>030209001</td><td>接地装置</td><td>1. 接地母线材质、规格
2. 接地极材质、规格</td><td rowspan="2">项</td><td>按设计图示尺寸以长度计算</td><td>1. 接地极（板）制作、安装
2. 接地母线敷设
3. 换土或化学处理
4. 接地跨接线
5. 构架接地</td></tr>
<tr><td>030209002</td><td>避雷装置</td><td>1. 受雷体名称、材质、规格、技术要求（安装部位）
2. 引下线材质、规格、技术要求（引下形式）
3. 接地极材质、规格、技术要求
4. 接地母线材质、规格、技术要求
5. 均压环材质、规格、技术要求</td><td rowspan="2">按设计图示数量计算</td><td>1. 避雷针（网）制作、安装
2. 引下线敷设、断接卡子制作、安装
3. 拉线制作、安装
4. 接地极（板、桩）制作、安装
5. 极间连线
6. 油漆（防腐）
7. 换土或化学处理
8. 钢铝窗接地
9. 均压环敷设
10. 柱主筋与圈梁焊接</td></tr>
<tr><td>030209003</td><td>半导体少长针消雷装置</td><td>1. 型号
2. 高度</td><td>套</td><td>安装</td></tr>
</table>

（十）10kV以下架空配电线路

10kV以下架空配电线路工程量清单项目设置及工程量计算规则，应按表4-24的规定执行。

表4-24　　10kV以下架空配电线路（编码：030210）

项目编码	项目名称	项目特征	计量单位	工程量计算规则	工程内容
030210001	电杆组立	1. 材质 2. 规格 3. 类型 4. 地形	根	按设计图示数量计算	1. 工地运输 2. 土（石）方挖填 3. 底盘、拉盘、卡盘安装 4. 木电杆防腐 5. 电杆组立 6. 横担安装 7. 拉线制作、安装
030210002	导线架设	1. 型号（材质） 2. 规格 3. 地形	km	按设计图示尺寸以长度计算	1. 导线架设 2. 导线跨越及进户线架设 3. 进户横担安装

（十一）电气调整试验

电气调整试验工程量清单项目设置及工程量计算规则，应按表4-25的规定执行。

表4-25　　电气调整试验（编码：030211）

<table>
<tr><th>项目编码</th><th>项目名称</th><th>项目特征</th><th>计量单位</th><th>工程量计算规则</th><th>工程内容</th></tr>
<tr><td>030211001</td><td>电力变压器系统</td><td>1. 型号
2. 容量（kV·A）</td><td rowspan="3">系统</td><td rowspan="4">按设计图示数量计算</td><td rowspan="2">系统调试</td></tr>
<tr><td>030211002</td><td>送配电装置系统</td><td>1. 型号
2. 电压等级（kV）</td></tr>
<tr><td>030211003</td><td>特殊保护装置</td><td rowspan="3">类型</td><td rowspan="5">调试</td></tr>
<tr><td>030211004</td><td>自动投入装置</td><td>套</td></tr>
<tr><td>030211005</td><td>中央信号装置、事故照明切换装置、不间断电源</td><td>系统</td><td>按设计图示系统计算</td></tr>
<tr><td>030211006</td><td>母线</td><td rowspan="2">电压等级</td><td>段</td><td rowspan="2">按设计图示数量计算</td></tr>
<tr><td>030211007</td><td>避雷器、电容器</td><td>组</td></tr>
</table>

续表

项目编码	项目名称	项目特征	计量单位	工程量计算规则	工程内容
030211008	接地装置	类别	系统	按设计图示系统计算	接地电阻测试
030211009	电抗器、消弧线圈、电除尘器	1. 名称、型号 2. 规格	台	按设计图示数量计算	调试
030211010	硅整流设备、可控硅整流装置	1. 名称、型号 2. 电流（A）			

（十二）配管、配线

配管、配线工程量清单项目设置及工程量计算规则，应按表4-26的规定执行。

表4-26　　配管、配线（编码：030212）

项目编码	项目名称	项目特征	计量单位	工程量计算规则	工程内容
030212001	电气配管	1. 名称 2. 材质 3. 规格 4. 配置形式及部位	m	按设计图示尺寸以延长米计算。不扣除管路中间的接线箱（盒）、灯头盒、开关盒所占长度	1. 刨沟槽 2. 钢索架设（拉紧装置安装） 3. 支架制作、安装 4. 电线管路敷设 5. 接线盒（箱）、灯头盒、开关盒、插座盒安装 6. 防腐油漆 7. 接地
030212002	线槽	1. 材质 2. 规格		按设计图示尺寸以延长米计算	1. 安装 2. 油漆
030212003	电气配线	1. 配线形式 2. 导线型号、材质、规格 3. 敷设部位或线制		按设计图示尺寸以单线延长米计算	1. 支持体（夹板、绝缘子、槽板等）安装 2. 支架制作、安装 3. 钢索架设（拉紧装置安装） 4. 配线 5. 管内穿线

（十三）照明器具安装

照明器具安装工程量清单项目设置及工程量计算规则，应按表4-27的规定执行。

表 4-27　　照明器具安装（编码：030213）

项目编码	项目名称	项目特征	计量单位	工程量计算规则	工程内容
030213001	普通吸顶灯及其他灯具	1. 名称、型号 2. 规格	套	按设计图示数量计算	1. 支架制作、安装 2. 组装 3. 油漆
030213002	工厂灯	1. 名称、安装 2. 规格 3. 安装形式及高度			1. 支架制作、安装 2. 安装 3. 油漆
030213003	装饰灯	1. 名称 2. 型号 3. 规格 4. 安装高度			1. 支架制作、安装 2. 安装
030213004	荧光灯	1. 名称 2. 型号 3. 规格 4. 安装形式			安装
030213005	医疗专用灯	1. 名称 2. 型号 3. 规格			
030213006	一般路灯	1. 名称 2. 型号 3. 灯杆材质及高度 4. 灯架形式及臂长 5. 灯杆形式（单、双）			1. 基础制作、安装 2. 立灯杆 3. 杆座安装 4. 灯架安装 5. 引下线支架制作、安装 6. 焊压接线端子 7. 铁构件制作、安装 8. 除锈、刷油 9. 灯杆编号 10. 接地
030213007	广场灯安装	1. 灯杆的材质及高度 2. 灯架的型号 3. 灯头数量 4. 基础形式及规格			1. 基础浇筑（包括土石方） 2. 立灯杆 3. 杆座安装 4. 灯架安装 5. 引下线支架制作、安装 6. 焊压接线端子 7. 铁构件制作、安装 8. 除锈、刷油 9. 灯杆编号 10. 接地
030213008	高杆灯安装	1. 灯杆高度 2. 灯架型式（成套或组装、固定或升降） 3. 灯头数量 4. 基础形式及规格			1. 基础浇筑（包括土石方） 2. 立杆 3. 灯架安装 4. 引下线支架制作、安装 5. 焊压接线端子 6. 铁构件制作、安装 7. 除锈、刷油 8. 灯杆编号 9. 升降机构接线调试 10. 接地
030213009	桥栏杆灯	1. 名称 2. 型号 3. 规格 4. 安装形式			1. 支架、铁构件制作、安装，油漆 2. 灯具安装
030213010	地道涵洞灯				

（十四）有关说明

（1）电机按其质量划分为大、中、小型。3t以下为小型，3～30t为中型，30t以上为大型。

（2）控制开关包括：自动空气开关、刀型开关、铁壳开关、胶盖刀闸开关、组合控制开关、万能转换开关、漏电保护开关等。

（3）小电器包括：按钮、照明用开关、插座、电笛、电铃、电风扇、水位电气信号装置、测量表计、继电器、电磁锁、屏上辅助设备、辅助电压互感器、小型安全变压器等。

（4）普通吸顶灯及其他灯具包括：圆球吸顶灯、半圆球吸顶灯、方形吸顶灯、软线吊灯、吊链灯、防水吊灯、壁灯等。

（5）工厂灯包括：工厂罩灯、防水灯、防尘灯、碘钨灯、投光灯、混光灯、高度标志灯、密闭灯等。

（6）装饰灯包括：吊式艺术装饰灯、吸顶式艺术装饰灯、荧光艺术装饰灯、几何形组合艺术装饰灯、标志灯、诱导装饰灯、水下艺术装饰灯、点光源艺术灯、歌舞厅灯具、草坪灯具等。

（7）医疗专用灯包括：病房指示灯、病房暗脚灯、紫外线杀菌灯、无影灯等。

四、电气设备安装工程工程量清单及计价编制实例

【例4-2】 图4-1所示某餐厅电气照明工程工程量清单及清单计价的编制。

（一）工程量清单编制

应参照第三章第二节工程量清单编制的相关内容及施工图说编制。根据《计价规范》的要求，其编制使用的表格包括封-1、表3-1、表3-8、表3-10～表3-17、表3-21。本例只列出其中主要的几个表格。

1. 分部分项工程量清单表

各项目工程量见表4-28（计算过程可参见表4-12）。

表4-28　　分部分项工程量清单表

工程名称：某餐厅电气照明工程　　第1页　共1页

序号	项目编码	项目名称	项目特征描述	计量单位	工程量
1	030204018001	配电箱	照明配电箱，尺寸600×300，嵌入式1.4m	台	1
2	030204018002	配电箱	插座箱，尺寸200×300，嵌入式0.5m	台	2
3	030213001001	普通吸顶灯及其他灯具	半圆吸顶灯，ϕ250，60W	套	1
4	030213001002	普通吸顶灯及其他灯具	壁灯，60 W，2.8m高	套	2
5	030213002001	工厂灯	工厂灯，吊管安装，100W，2.5m高	套	3
6	030213004001	荧光灯	双管日光灯，2×40W，吸顶安装	套	12
7	030213003001	装饰灯	花灯，3×60W，2.5m高	套	2
8	030204031001	小电器	吊风扇，ϕ1400，2.5m高	套	4
9	030204031002	小电器	单联开关，86系列，1.4m高	个	5
10	030204031003	小电器	双联开关，86系列，1.4m高	个	1
11	030204031004	小电器	三联开关，86系列，1.4m高	个	1
12	030204031005	小电器	五孔插座，86系列，0.3m高	个	4
13	030211002001	送配电装置系统调试	220V照明回路调试	系统	1
14	030212001001	电气配管	钢管，*DN*40，墙内暗配	m	2.5
15	030212001002	电气配管	钢管，*DN*20，墙内暗配	m	4.2
16	030212001003	电气配管	钢管，*DN*15，墙内暗配	m	86.4
17	030212001004	电气配管	钢管，*DN*15，吊顶内明配	m	64
18	030212003001	电气配线	钢管内穿线，BV－2.5 mm^2	m	306.5
19	030212003002	电气配线	钢管内穿线，BV－1.5 mm^2	m	22.8
20	CB001	进户横担	四线横担	根	1

2. 材料暂估单价表

材料暂估单价见表4-29。

表4-29　材料暂估单价表

工程名称：某餐厅电气照明工程　　第1页　共1页

序号	材料名称、规格、型号	计量单位	单价（元）	备注
1	配电箱600×300	台	500.00	
2	插座箱200×300	台	100.00	
3	半圆吸顶灯 ϕ250，60W	套	50.00	
4	吊管工厂灯100W	套	25.00	
5	焊管 *DN*15	m	4.00	
6	焊管 *DN*20	m	5.00	
7	焊管 *DN*40	m	15.00	
8	绝缘线BV-2.5	m	3.00	
9	绝缘线BV-1.5	m	2.00	
10	双管日光灯2×40W	套	220.00	
11	吊风扇 ϕ1400	套	120.00	
12	花灯3×60W	套	300.00	
13	壁灯60W	套	60.00	
14	单联开关	套	10.00	
15	双联开关	套	15.00	
16	三联开关	套	20.00	
17	五孔插座	套	15.00	
18	86系列灯头盒、接线盒	个	2.00	
19	进户横担四线	根	50.00	

3. 措施项目清单、其他措施项目清单及规费、税金项目清单未作特别约定，按规定计取

（二）工程量清单计价编制

根据《计价规范》的要求，投标报价使用的表格包括：封-3、表3-1～表3-4、表3-8～表3-17、表3-21。本例只列出其中主要的几个表。

1. 总说明（见表4-30）

表4-30　总说明

工程名称：某餐厅电气照明工程　　第1页　共1页

1. 工程概况：某餐厅电气照明工程全部内容
2. 招标范围：图纸范围内所有项目
3. 工程质量要求：合格
4. 工程量清单编制依据：《建设工程工程量清单计价规范》、参考费率等
5. 本工程以定额人工费为取费基数，其中管理费费率为42%，利润率为20%，规费费率2.6%，税金3.44%。人工单价为28元/工日

2. 单位工程招标控制价/投标报价汇总表（见表4-31）

表4-31　　单位工程招标控制价/投标报价汇总表

工程名称：某餐厅电气照明工程　　标段：　　第1页　共1页

序号	汇总内容	金额（元）	其中：暂估价（元）
1	分部分项工程	9035.33	6775.82
1.1	配电箱	596.33	500.00
1.2	配电箱	363.08	200.00
1.3	普通吸顶灯及其他灯具	68.34	52.54
1.4	普通吸顶灯及其他灯具	152.18	125.28
1.5	工厂灯	122.1	81.87
1.6	荧光灯	2938.68	2690.88
1.7	装饰灯	680.66	610.08
1.8	小电器	567.16	488.16
1.9	小电器	88.35	61.20
1.10	小电器	22.99	17.34
1.11	小电器	28.31	22.44
1.12	小电器	99.48	69.36
1.13	送配电装置系统调试	385.61	0.00
1.14	电气配管	64.275	46.35
1.15	电气配管	44.226	20.60
1.16	电气配管	736.992	354.32
1.17	电气配管	736.64	263.68
1.18	电气配线	1201.48	1068.36
1.19	电气配线	62.472	53.36
1.20	进户横担	75.97	50.00
2	措施项目	265.74	
2.1	安全文明施工费	40.95	
2.2	夜间施工费	22.75	
2.3	二次搬运费	19.11	
2.4	冬雨期施工	25.48	
2.5	大型机械设备进出场及安拆费	0.00	
2.6	施工排水	0.00	
2.7	施工降水	0.00	
2.8	地上、地下设施、建筑物的临时保护设施	109.21	
2.9	已完工程及设备保护	11.83	
2.10	脚手架搭拆费	36.40	
3	其他项目	0.00	
3.1	暂列金额		
3.2	专业工程暂估价		
3.3	计日工		
3.4	总承包服务费		
4	规费	251.13	
5	税金	328.6	
招标控制价合计=1+2+3+4+5		9880.80	6775.82

3. 分部分项工程量清单计价表（见表 4-32）

表 4-32　　**分部分项工程量清单计价表**

工程名称：某餐厅电气照明工程　　第 1 页　共 1 页

序号	项目编码	项目名称	项目特征描述	计量单位	工程量	金额（元）			
						综合单价	合价	其中：人工费	其中：暂估价
1	30204018001	配电箱	照明配电箱，尺寸 600×300，嵌入式 1.4m	台	1	596.33	596.33	40.84	500.00
2	30204018002	配电箱	插座箱，尺寸 200×300，嵌入式 0.5m	台	2	181.54	363.08	68.22	200.00
3	30213001001	普通吸顶灯及其他灯具	半圆吸顶灯，ϕ250，60W	套	1	68.34	68.34	5.46	52.54
4	30213001002	普通吸顶灯及其他灯具	壁灯，60W，2.8m 高	套	2	76.09	152.18	10.33	125.28
5	30213002001	工厂灯	工厂灯，吊管安装，100W，2.5m 高	套	3	40.7	122.10	15.74	81.87
6	30213004001	荧光灯	双管日光灯，2×40W，吸顶安装	套	12	244.89	2938.68	101.09	2690.88
7	30213003001	装饰灯	花灯，3×60W，2.5m 高	套	2	340.33	680.66	39.55	610.08
8	30204031001	小电器	吊风扇，ϕ1400，2.5m 高	套	4	141.79	567.16	31.21	488.16
9	30204031002	小电器	单联开关，86 系列，1.4m 高	个	5	17.67	88.35	13.91	61.2
10	30204031003	小电器	双联开关，86 系列，1.4m 高	个	1	22.99	22.99	2.86	17.34
11	30204031004	小电器	三联开关，86 系列，1.4m 高	个	1	28.31	28.31	2.95	22.44
12	30204031005	小电器	五孔插座，86 系列，0.3m 高	个	4	24.87	99.48	12.96	69.36
13	30211002001	送配电装置系统调试	220V 照明回路调试	系统	1	385.61	385.61	176.00	0.00
14	30212001001	电气配管	钢管，*DN*40，墙内暗配	m	2.5	25.71	64.275	10.72	46.35
15	30212001002	电气配管	钢管，*DN*20，墙内暗配	m	4.2	10.53	44.226	7.11	20.60
16	30212001003	电气配管	钢管，*DN*15，墙内暗配	m	86.4	8.53	736.992	136.14	354.32
17	30212001004	电气配管	钢管，*DN*15，吊顶内明配	m	64	11.51	736.64	158.37	263.68
18	30212003001	电气配线	钢管内穿线，BV—2.5mm^2	m	306.5	3.92	1201.48	64.16	1068.36
19	30212003002	电气配线	钢管内穿线，BV—1.5mm^2	m	22.8	2.74	62.472	4.71	53.36
20	030210002B001	进户横担	四线横担	根	1	75.97	75.97	7.74	50
合　计							9035.33	910.07	6775.82

4. 工程量清单综合单价分析表（见表4-33～4-52）

表4-33 **工程量清单综合单价分析表**

工程名称：某餐厅电气照明工程 标段： 第1页 共20页

项目编码		030204018001		项目名称		配电箱					计量单位	台	
清单综合单价组成明细													
定额编号	定额名称	定额单位	数量	单价					合价				
				人工费	材料费	机械费	管理费	利润	人工费	材料费	机械费	管理费	利润
2-264	照明配电箱	台	1.00	37.62	23.15	0.00	15.80	7.52	37.62	23.15	0.00	15.80	7.52
2-332	端子板接线	10个	0.70	4.6	10.03	0.00	1.93	0.92	3.22	7.02	0.00	1.35	0.64
人工单价		小计							40.84	30.17	0.00	17.15	8.17
28元/工日		未计价材料费							500.00				
清单项目综合单价									596.33				
材料费明细	主要材料名称、规格、型号					单位	数量		单价（元）	合价（元）	暂估单价（元）	暂估合价（元）	
	照明配电箱					台	1.00				500.00	500.00	
	其他材料费											0.00	
	材料费小计											500.00	

表4-34 **工程量清单综合单价分析表**

工程名称：某餐厅电气照明工程 标段： 第2页 共20页

项目编码		030204018002		项目名称		配电箱					计量单位	台	
清单综合单价组成明细													
定额编号	定额名称	定额单位	数量	单价					合价				
				人工费	材料费	机械费	管理费	利润	人工费	材料费	机械费	管理费	利润
2-263	插座箱	台	2.00	31.35	20.26	0.00	13.17	6.27	62.70	40.52	0.00	26.33	12.54
2-332	端子板接线	10个	1.20	4.6	10.03	0.00	1.93	0.92	5.52	12.02	0.00	2.32	1.10
人工单价		小计							68.22	52.56	0.00	28.65	13.64
28元/工日		未计价材料费							200.00				
清单项目综合单价									181.54				
材料费明细	主要材料名称、规格、型号					单位	数量		单价（元）	合价（元）	暂估单价（元）	暂估合价（元）	
	插座箱					台	2.00				100.00	200.00	
	其他材料费											0.00	
	材料费小计											200.00	

表 4-35

工程量清单综合单价分析表

工程名称：某餐厅电气照明工程　　标段：　　第 3 页　共 20 页

项目编码		030213001001		项目名称		普通吸顶灯及其他灯具					计量单位	套	
清单综合单价组成明细													
定额编号	定额名称	定额单位	数量	单价					合价				
				人工费	材料费	机械费	管理费	利润	人工费	材料费	机械费	管理费	利润
2-1570	半圆吸顶灯 ϕ250	10 套	0.10	45.14	55.6	0.00	18.96	9.03	4.51	5.56	0.00	1.90	0.90
2-1563	接线盒暗装	10 个	0.10	9.42	13.98	0.00	3.96	1.88	0.94	1.40	0.00	0.40	0.19
人工单价		小计							5.46	6.96	0.00	2.29	1.09
28 元/工日		未计价材料费							52.54				
清单项目综合单价									68.34				
材料费明细	主要材料名称、规格、型号					单位	数量		单价（元）	合价（元）	暂估单价（元）	暂估合价（元）	
	半圆吸顶灯 ϕ250					套	1.01				50.00	50.50	
	灯头盒					个	1.02				2.00	2.04	
	其他材料费											0.00	
	材料费小计											52.54	

表 4-36

工程量清单综合单价分析表

工程名称：某餐厅电气照明工程　　标段：　　第 4 页　共 20 页

项目编码		030213001002		项目名称		普通吸顶灯及其他灯具					计量单位	套	
清单综合单价组成明细													
定额编号	定额名称	定额单位	数量	单价					合价				
				人工费	材料费	机械费	管理费	利润	人工费	材料费	机械费	管理费	利润
2-1579	壁灯 60W	10 套	0.20	42.22	36.88	0.00	17.73	8.44	8.44	7.38	0.00	3.55	1.69
2-1563	接线盒暗装	10 个	0.20	9.42	13.98	0.00	3.96	1.88	1.88	2.80	0.00	0.79	0.38
人工单价		小计							10.33	10.17	0.00	4.34	2.07
28 元/工日		未计价材料费							125.28				
清单项目综合单价									76.09				
材料费明细	主要材料名称、规格、型号					单位	数量		单价（元）	合价（元）	暂估单价（元）	暂估合价（元）	
	壁灯 60W					套	2.02				60.00	121.20	
	灯头盒					个	2.04				2.00	4.08	
	其他材料费											0.00	
	材料费小计											125.28	

表 4-37

工程量清单综合单价分析表

工程名称：某餐厅电气照明工程　　　　标段：　　　　第 5 页　共 20 页

项目编码	030213002001			项目名称	工　厂　灯					计量单位		套	
清　单　综　合　单　价　组　成　明　细													
定额编号	定额名称	定额单位	数量	单价					合价				
				人工费	材料费	机械费	管理费	利润	人工费	材料费	机械费	管理费	利润
2-184	工厂灯吊管安装	10 套	0.30	43.05	35.12	0.00	18.08	8.61	12.92	10.54	0.00	5.42	2.58
2-1563	接线盒暗装	10 个	0.30	9.42	13.98	0.00	3.96	1.88	2.83	4.19	0.00	1.19	0.57
人工单价		小　计							15.74	14.73	0.00	6.61	3.15
28 元/工日		未计价材料费							81.87				
清单项目综合单价									40.70				
材料费明细	主要材料名称、规格、型号					单位	数量		单价（元）	合价（元）	暂估单价（元）	暂估合价（元）	
	工厂灯吊管安装					套	3.03				25.00	75.75	
	灯头盒					个	3.06				2.00	6.12	
	其他材料费											0.00	
	材料费小计											81.87	

表 4-38

工程量清单综合单价分析表

工程名称：某餐厅电气照明工程　　　　标段：　　　　第 6 页　共 20 页

项目编码	030213004001			项目名称	荧　光　灯					计量单位		套	
清　单　综　合　单　价　组　成　明　细													
定额编号	定额名称	定额单位	数量	单价					合价				
				人工费	材料费	机械费	管理费	利润	人工费	材料费	机械费	管理费	利润
2-1695	吸顶双管日光灯 2×40W 安装	10 套	1.20	74.82	53.83	2.26	31.42	14.96	89.78	64.60	2.71	37.71	17.96
2-1563	接线盒暗装	10 个	1.20	9.42	13.98	0.00	3.96	1.88	11.30	16.78	0.00	4.75	2.26
人工单价		小　计							101.09	81.37	2.71	42.46	20.22
28 元/工日		未计价材料费							2690.88				
清单项目综合单价									244.89				
材料费明细	主要材料名称、规格、型号					单位	数量		单价（元）	合价（元）	暂估单价（元）	暂估合价（元）	
	吸顶双管日光灯 2×40W					套	12.12				220.00	2666.40	
	灯头盒					个	12.24				2.00	24.48	
	其他材料费											0.00	
	材料费小计											2690.88	

表 4-39　　**工程量清单综合单价分析表**

工程名称：某餐厅电气照明工程　　标段：　　第 7 页　共 20 页

项目编码		030213003001		项目名称		装饰灯					计量单位	套	
清单综合单价组成明细													
定额编号	定额名称	定额单位	数量	单价					合价				
				人工费	材料费	机械费	管理费	利润	人工费	材料费	机械费	管理费	利润
2-1583	花灯 3×60W	10 套	0.20	188.32	18.63	0.00	79.09	37.66	37.66	3.73	0.00	15.82	7.53
2-1563	接线盒暗装	10 个	0.20	9.42	13.98	0.00	3.96	1.88	1.88	2.80	0.00	0.79	0.28
人工单价		小计							39.55	6.52	0.00	16.61	7.91
28 元/工日		未计价材料费							610.08				
清单项目综合单价									340.33				
材料费明细	主要材料名称、规格、型号					单位	数量		单价（元）	合价（元）	暂估单价（元）	暂估合价（元）	
	花灯 3×60W					套	2.02				300.00	606.00	
	灯头盒					个	2.04				2.00	4.08	
	其他材料费											0.00	
	材料费小计											610.08	

表 4-40　　**工程量清单综合单价分析表**

工程名称：某餐厅电气照明工程　　标段：　　第 8 页　共 20 页

项目编码		030204031001		项目名称		小电器					计量单位	套	
清单综合单价组成明细													
定额编号	定额名称	定额单位	数量	单价					合价				
				人工费	材料费	机械费	管理费	利润	人工费	材料费	机械费	管理费	利润
2-1930	吊风扇 ϕ1400	台	4.00	6.86	5.71	0.00	2.88	1.37	27.44	22.84	0.00	11.52	5.49
2-1563	接线盒暗装	10 个	0.40	9.42	13.98	0.00	3.96	1.88	3.77	5.59	0.00	1.58	0.75
人工单价		小计							31.21	28.43	0.00	13.11	6.24
28 元/工日		未计价材料费							488.16				
清单项目综合单价									141.79				
材料费明细	主要材料名称、规格、型号					单位	数量		单价（元）	合价（元）	暂估单价（元）	暂估合价（元）	
	吊风扇 ϕ1400					套	4.00				120.00	480.00	
	灯头盒					个	4.08				2.00	8.16	
	其他材料费											0.00	
	材料费小计											488.16	

表 4-41 **工程量清单综合单价分析表**

工程名称：某餐厅电气照明工程　　标段：　　第 9 页　共 20 页

项目编码		030204031002		项目名称		小电器					计量单位	套	
清单综合单价组成明细													
定额编号	定额名称	定额单位	数量	单价					合价				
				人工费	材料费	机械费	管理费	利润	人工费	材料费	机械费	管理费	利润
2-1865	单联开关	10 套	0.50	17.78	2.80	0.00	7.47	3.56	8.89	1.40	0.00	3.73	1.78
2-1564	开关盒暗装	10 个	0.50	10.03	6.47	0.00	4.21	2.01	5.02	3.24	0.00	2.11	1.00
人工单价		小计							13.91	4.64	0.00	5.84	2.78
28 元/工日		未计价材料费							61.20				
清单项目综合单价									17.67				
材料费明细	主要材料名称、规格、型号					单位	数量		单价（元）	合价（元）	暂估单价（元）	暂估合价（元）	
	单联开关					套	5.10				10.00	51.00	
	灯头盒					个	5.10				2.00	10.20	
	其他材料费											0.00	
	材料费小计											61.20	

表 4-42 **工程量清单综合单价分析表**

工程名称：某餐厅电气照明工程　　标段：　　第 10 页　共 20 页

项目编码		030204031003		项目名称		小电器					计量单位	套	
清单综合单价组成明细													
定额编号	定额名称	定额单位	数量	单价					合价				
				人工费	材料费	机械费	管理费	利润	人工费	材料费	机械费	管理费	利润
2-1866	双联开关	10 套	0.10	18.61	3.65	0.00	7.82	3.72	1.86	0.37	0.00	0.78	0.37
2-1564	开关盒暗装	10 个	0.10	10.03	6.47	0.00	4.21	2.01	1.00	0.65	0.00	0.42	0.20
人工单价		小计							2.86	1.01	0.00	1.20	0.57
28 元/工日		未计价材料费							17.34				
清单项目综合单价									22.99				
材料费明细	主要材料名称、规格、型号					单位	数量		单价（元）	合价（元）	暂估单价（元）	暂估合价（元）	
	双联开关					套	1.02				15.00	15.30	
	开关盒					个	1.02				2.00	2.04	
	其他材料费											0.00	
	材料费小计											17.34	

表 4-43 **工程量清单综合单价分析表**

工程名称：某餐厅电气照明工程　　标段：　　第 11 页 共 20 页

项目编码		030204031004		项目名称		小电器					计量单位	套	
清单综合单价组成明细													
定额编号	定额名称	定额单位	数量	单价					合价				
				人工费	材料费	机械费	管理费	利润	人工费	材料费	机械费	管理费	利润
2-1867	三联开关	10套	0.10	19.45	4.50	0.00	8.17	3.89	1.95	0.45	0.00	0.82	0.39
2-1564	开关盒暗装	10个	0.10	10.03	6.47	0.00	4.21	2.01	1.00	0.65	0.00	0.42	0.20
人工单价		小计							2.95	1.10	0.00	1.24	0.59
28元/工日		未计价材料费							22.44				
清单项目综合单价									28.31				
材料费明细	主要材料名称、规格、型号					单位	数量		单价（元）	合价（元）	暂估单价（元）	暂估合价（元）	
	三联开关					套	1.02				20.00	20.40	
	开关盒					个	1.02				2.00	2.04	
	其他材料费											0.00	
	材料费小计											22.44	

表 4-44 **工程量清单综合单价分析表**

工程名称：某餐厅电气照明工程　　标段：　　第 12 页 共 20 页

项目编码		030204031004		项目名称		小电器					计量单位	套	
清单综合单价组成明细													
定额编号	定额名称	定额单位	数量	单价					合价				
				人工费	材料费	机械费	管理费	利润	人工费	材料费	机械费	管理费	利润
2-1898	五孔插座	10套	0.40	22.99	8.77	0.00	9.66	4.60	9.20	3.51	0.00	3.86	1.84
2-1563	接线盒暗装	10个	0.40	9.42	13.98	0.00	3.96	1.88	3.77	5.59	0.00	1.58	0.75
人工单价		小计							12.96	9.10	0.00	5.44	2.59
28元/工日		未计价材料费							69.36				
清单项目综合单价									24.87				
材料费明细	主要材料名称、规格、型号					单位	数量		单价（元）	合价（元）	暂估单价（元）	暂估合价（元）	
	五孔插座					套	4.08				15.00	61.20	
	接线盒					个	4.08				2.00	8.16	
	其他材料费											0.00	
	材料费小计											69.36	

表 4-45

工程量清单综合单价分析表

工程名称：某餐厅电气照明工程　　　　标段：　　　　第 13 页　共 20 页

定额编号	定额名称	定额单位	数量	单价					合价				
项目编码		030211002001		项目名称	送配电装置系统调试						计量单位	系统	
清单综合单价组成明细													
				人工费	材料费	机械费	管理费	利润	人工费	材料费	机械费	管理费	利润
2-1002	送配电装置系统调试	系统	1.00	176.00	3.52	96.97	73.92	35.20	176.00	3.52	96.97	73.92	35.20
人工单价		小计							176.00	3.52	96.97	73.92	35.20
28 元/工日		未计价材料费							0.00				
清单项目综合单价									385.61				
材料费明细	主要材料名称、规格、型号			单位		数量			单价（元）	合价（元）	暂估单价（元）	暂估合价（元）	
												0.00	
	其他材料费											0.00	
	材料费小计											0.00	

表 4-46

工程量清单综合单价分析表

工程名称：某餐厅电气照明工程　　　　标段：　　　　第 14 页　共 20 页

定额编号	定额名称	定额单位	数量	单价					合价				
项目编码		030212001001		项目名称	电气配管						计量单位	m	
清单综合单价组成明细													
				人工费	材料费	机械费	管理费	利润	人工费	材料费	机械费	管理费	利润
2-12224	钢管 *DN*40 墙内暗配	100m	0.03	311.63	164.23	32.41	130.88	62.33	9.35	4.93	0.97	3.93	1.87
2-1555	墙体剔槽 40mm	10m	0.16	8.58	36.39	10.49	3.60	1.72	1.37	5.82	1.68	0.58	0.27
人工单价		小计							10.72	10.75	2.65	4.50	2.14
28 元/工日		未计价材料费							46.35				
清单项目综合单价									25.71				
材料费明细	主要材料名称、规格、型号			单位		数量			单价（元）	合价（元）	暂估单价（元）	暂估合价（元）	
	钢管 *DN*40			m		3.09					15.00	46.35	
	其他材料费											0.00	
	材料费小计											46.35	

表 4-47

工程量清单综合单价分析表

工程名称：某餐厅电气照明工程　　标段：　　第 15 页　共 20 页

项目编码		030212001002		项目名称		电气配管					计量单位	m	
清单综合单价组成明细													
定额编号	定额名称	定额单位	数量	单价					合价				
				人工费	材料费	机械费	管理费	利润	人工费	材料费	机械费	管理费	利润
2-1221	钢管 *DN*20 墙内暗配	100m	0.04	150.48	100.31	13.29	63.20	30.10	6.02	4.01	0.53	2.53	1.20
2-1553	墙体剔槽 20mm	10m	0.16	6.82	25.82	8.25	2.86	1.36	1.09	4.13	1.32	0.46	0.22
人工单价		小计							7.11	8.14	1.85	2.99	1.42
28 元/工日		未计价材料费							20.60				
清单项目综合单价									10.53				
材料费明细	主要材料名称、规格、型号					单位	数量		单价（元）	合价（元）	暂估单价（元）	暂估合价（元）	
	钢管 *DN*20					m	4.12				5.00	20.60	
	其他材料费											0.00	
	材料费小计											20.60	

表 4-48

工程量清单综合单价分析表

工程名称：某餐厅电气照明工程　　标段：　　第 16 页　共 20 页

项目编码		030204031004		项目名称		电气配管					计量单位	m	
清单综合单价组成明细													
定额编号	定额名称	定额单位	数量	单价					合价				
				人工费	材料费	机械费	管理费	利润	人工费	材料费	机械费	管理费	利润
2-1220	钢管 *DN*15 墙内暗配	100m	0.86	141.09	85.70	13.29	59.26	28.22	121.34	73.70	11.43	50.96	24.27
2-1553	墙体剔槽 15mm	10m	2.17	6.82	25.82	8.25	2.86	1.36	14.80	56.03	17.90	6.22	2.96
人工单价		小计							136.14	129.73	29.33	57.18	27.23
28 元/工日		未计价材料费							354.32				
清单项目综合单价									8.53				
材料费明细	主要材料名称、规格、型号					单位	数量		单价（元）	合价（元）	暂估单价（元）	暂估合价（元）	
	钢管 *DN*15					m	88.58				4.00	354.32	
	其他材料费											0.00	
	材料费小计											354.32	

表 4 - 49 **工程量清单综合单价分析表**

工程名称：某餐厅电气照明工程　　标段：　　第 17 页　共 20 页

项目编码		030212001004		项目名称		电气配管					计量单位		m
清单综合单价组成明细													
定额编号	定额名称	定额单位	数量	单价					合价				
				人工费	材料费	机械费	管理费	利润	人工费	材料费	机械费	管理费	利润
2-1209	钢管 *DN*15 明配	100m	0.64	247.46	306.68	31.35	103.93	49.49	158.37	196.28	20.06	66.52	31.67
人工单价		小计							158.37	196.28	20.06	66.52	31.67
28 元/工日		未计价材料费							263.68				
清单项目综合单价									11.51				
材料费明细	主要材料名称、规格、型号					单位	数量		单价（元）	合价（元）	暂估单价（元）	暂估合价（元）	
	钢管 *DN*15					m	65.92				4.00	263.68	
	其他材料费											0.00	
	材料费小计											263.68	

表 4 - 50 **工程量清单综合单价分析表**

工程名称：某餐厅电气照明工程　　标段：　　第 18 页　共 20 页

项目编码		030212003001		项目名称		电气配线					计量单位		m
清单综合单价组成明细													
定额编号	定额名称	定额单位	数量	单价					合价				
				人工费	材料费	机械费	管理费	利润	人工费	材料费	机械费	管理费	利润
2-1390	钢管内穿线 BV-2.5	100m	3.07	20.90	9.85	0.00	8.78	4.18	64.16	30.24	0.00	26.95	12.83
人工单价		小计							64.16	30.24	0.00	26.95	12.83
28 元/工日		未计价材料费							1068.36				
清单项目综合单价									3.92				
材料费明细	主要材料名称、规格、型号					单位	数量		单价（元）	合价（元）	暂估单价（元）	暂估合价（元）	
	BV-2.5					m	356.12				3.00	1068.36	
	其他材料费											0.00	
	材料费小计											1068.36	

表 4-51　　**工程量清单综合单价分析表**

工程名称：某餐厅电气照明工程　　标段：　　第 19 页　共 20 页

项目编码		030212003002		项目名称		电气配线					计量单位	m	
清单综合单价组成明细													
定额编号	定额名称	定额单位	数量	单价					合价				
				人工费	材料费	机械费	管理费	利润	人工费	材料费	机械费	管理费	利润
2-1389	钢管内穿线 BV-1.5	100m	0.23	20.48	8.61	0.00	8.60	4.10	4.71	1.98	0.00	1.98	0.94
人工单价		小计							4.71	1.98	0.00	1.98	0.94
28 元/工日		未计价材料费							53.36				
清单项目综合单价									2.74				
材料费明细	主要材料名称、规格、型号					单位	数量		单价（元）	合价（元）	暂估单价（元）	暂估合价（元）	
	BV-1.5					m	2.68				2.00	53.36	
	其他材料费											0.00	
	材料费小计											53.36	

表 4-52　　**工程量清单综合单价分析表**

工程名称：某餐厅电气照明工程　　标段：　　第 20 页　共 20 页

项目编码		CB001		项目名称		进户横担					计量单位	根	
清单综合单价组成明细													
定额编号	定额名称	定额单位	数量	单价					合价				
				人工费	材料费	机械费	管理费	利润	人工费	材料费	机械费	管理费	利润
2-948	四线进户横担	根	1.00	7.74	13.43	0.00	3.25	1.55	7.74	13.43	0.00	3.25	1.55
人工单价		小计							7.74	13.43	0.00	3.25	1.55
28 元/工日		未计价材料费							50.00				
清单项目综合单价									75.97				
材料费明细	主要材料名称、规格、型号					单位	数量		单价（元）	合价（元）	暂估单价（元）	暂估合价（元）	
	四线横担					根	1.00				50.00	50.00	
	其他材料费											0.00	
	材料费小计											50.00	

5. 措施项目清单与计价表（见表4-53）

表4-53　　措施项目清单与计价表

工程名称：某餐厅电气照明工程　　标段：　　第1页　共1页

序号	项目名称	计算基础	费率（%）	金额（元）
1	安全文明施工费	910.07	4.50	40.95
2	夜间施工费	910.07	2.50	22.75
3	二次搬运费	910.07	2.10	19.11
4	冬雨季施工	910.07	2.80	25.48
5	大型机械设备进出场及安拆费	910.07	0	0.00
6	施工排水	910.07	0	0.00
7	施工降水	910.07	0	0.00
8	地上、地下设施、建筑物的临时保护设施	910.07	12.0	109.21
9	已完工程及设备保护	910.07	1.30	11.83
10	脚手架搭拆费	910.07	4.0	36.40
合　计				265.74

注　计算基础为人工费。

6. 规费、税金项目清单与计价表（见表4-54）

表4-54　　规费、税金项目清单与计价表

工程名称：某餐厅电气照明工程　　标段：　　第1页　共1页

序号	项目名称	计算基础	费率（%）	金额（元）
1	规费			251.13
1.1	工程排污费			
1.2	社会保障费	9035.33＋265.74	2.60	241.83
(1)	养老保险费			
(2)	失业保险费			
(3)	医疗保险费			
1.3	住房公积金			
1.4	危险作业意外伤害保险			
1.5	工程定额测定费	9035.33＋265.74	0.10	9.30
2	税金	分部分项工程费＋措施项目费＋其他项目费＋规费	3.44	328.60
合　计				579.72

注　规费计算基础为分部分项工程费＋措施项目费＋其他项目费，其他项目费本例不计。

第二节　工业管道工程计量计价与应用

一、工业管道定额计价工程量计算规则

与工业管道工程施工图预算编制有关的主要是《全国统一安装工程预算定额》第六册“工业管道工程”和第十一册“刷油、防腐蚀、绝热工程”。

“工业管道工程”适用于厂区范围内的车间、装置、站、罐区及其相互之间各种生产用介质输送管道和厂区第一个连接点以内生产、生活共用的输送给水、排水、蒸汽、煤气的管道安装工程。

（一）管道安装

（1）管道安装按压力等级、材质、规格、连接形式分别列项，以“10m”为计量单位。

（2）管道安装（衬里钢管、卡套式连接铜管、玻璃管和法兰铸铁管除外）不包括管件连接内容，其工程量可按设计图纸用量执行本册第二章管件连接项目。

（3）各种管道安装工程量，均按设计管道中心线长度，以延长米计算，不扣除阀门及各种管件所占长度；材料应按定额用量计算。

（4）衬里钢管预制安装，管件按成品，弯头两端按接短管焊法兰考虑，定额中包括了直管、管件、法兰全部安装工作内容（二次安装、一次拆除），但不包括衬里及场外运输。

（5）有缝钢管螺纹连接项目已包括丝堵、补芯安装内容。

（6）伴热管项目已包括煨弯工作内容。

（二）管件连接

（1）各种管件连接均按压力等级、材质、规格、连接形式，不分种类，以“10个”为计量单位。

（2）管件连接中已综合考虑了弯头、三通、异径管、管帽、管接头等管口含量的差异，应按设计图纸用量，执行相应项目。

（3）现场摔制异径管，应按不同压力、材质、规格，以大口管径执行管件连接相应项目，不另计制作工程量和主材用量。

（4）在管道上挖眼焊接管接头、凸台等配件，按配件管径计算管件工程量；挖眼接管三通支管径小于等于主管径的1/2时，按支管径计算管件工程量，支管径大于主管径1/2时，按主管径计算管件工程量。成品四通的安装，应按相应管件连接项目乘以系数1.4。

（5）管件用法兰连接时，执行法兰安装相应项目，管件本身安装不再计算。

（6）仪表的温度计扩大管制作安装，执行本章管件连接项目乘以系数1.5，工程量按大口径计算。

（三）阀门安装

（1）各种阀门按不同压力、规格、连接形式，不分型号以“个”为计量单位。压力等级按设计图纸规定，执行相应项目。

（2）各种法兰阀门安装与配套法兰的安装，应分别计算工程量。

（3）减压阀直径按高压侧计算。

（4）电动阀门安装包括电动机安装。检查接线及电气调试工程量应另行计算。

（5）阀门安装综合考虑了壳体压力试验（包括强度试验和严密性试验）、解体研磨工序

内容，执行本章项目时不需因现场情况不同而调整。

(6) 阀门壳体液压试验介质是按普通水考虑的，如设计要求使用其他介质时，可作调整。

(7) 直接安装在管道上的仪表流量计执行阀门安装相应项目乘以系数 0.7，螺栓数量不变。

(四) 法兰安装

(1) 低、中、高压管道、管件、阀门上的各种法兰安装，应按不同压力、材质、规格和种类，分别以“副”为计量单位。压力等级按设计图纸规定执行相应项目。

(2) 中、低压法兰安装的垫片通常按石棉橡胶板考虑，如设计有特殊要求时可作调整。

(3) 法兰安装不包括安装后系统调试运转中的冷、热态紧固内容，发生时可另行计算。

(4) 中压螺纹、平焊法兰安装，按相应低压螺纹、平焊法兰项目乘以系数 1.2，螺栓规格数量按实调整。

(5) 用法兰连接的管道安装，管道与法兰分别计算工程量，执行相应项目。

(6) 法兰配套的盲板只计算主材，安装已包括在单片法兰安装工作内容中。

(7) 焊接盲板（封头）执行管件连接相应项目乘以系数 0.6。

(8) 法兰安装以“片”为单位计算时，执行相同项目乘以系数 0.61，螺栓数量不变。

(五) 板卷管与管件制作

(1) 板卷管制作，按不同材质、规格以“t”为计量单位，主材用量包括规定的损耗量。

(2) 板卷管件制作，按不同材质、规格、种类以“t”为计量单位，主材用量包括规定的损耗量。

(3) 成品管材制作管件，按不同材质、规格、种类以“10 个”为计量单位，主材用量包括规定的损耗量。

(4) 三通不分同径或异径，均按主管径计算，异径管不分同心或偏心，按大管径计算。

(5) 各种板卷管与板卷管件制作，其焊缝均按透油试漏考虑，不包括单件压力试验和无损探伤。

(6) 各种板卷管与板卷管件制作，是按在结构（加工）厂制作考虑的，不包括原材料（板材）及成品的水平运输、卷筒钢板展开平直工作内容，发生时应按相应项目另行计算。

(7) 用管材制作管件项目，其焊缝均不包括试漏和无损探伤工作内容，应按相应管道焊缝等级和设计要求计算探伤工程量。

(六) 管道压力试验、吹扫与清洗

(1) 管道压力试验、吹扫与清洗按不同的压力、规格，不分材质以“100m”为计量单位。

(2) 定额内均已包括用空压机和水泵作动力进行试压、吹扫、清洗管道时连接的临时管线、盲板、阀门、螺栓等材料摊销；但不包括管道之间的串通临时管线及管道排放口至排放点的临时管线，其工程量应按施工方案另行计算。

(3) 液压试验和气压试验已包括强度试验和严密性试验工作内容。

(4) 泄漏性试验适用于输送剧毒、有毒及可燃介质的管道，按压力、规格，不分材质以“100m”为计量单位。

（七）无损探伤与焊口热处理

(1) 管材表面磁粉探伤和超声波探伤，不分材质、壁厚以“10m”为计量单位。

(2) 焊缝X光射线、γ射线探伤。按管壁厚不分规格、材质以“10张”胶片为计量单位。

(3) 焊缝超声波、磁粉及渗透探伤，按管道规格不分材质、壁厚以“10口”为计量单位。

(4) 计算X光、γ射线探伤工程量时，按管材的双壁厚执行相应定额项目。

(5) 管材对接焊接过程中的渗透探伤检验，执行管材焊缝渗透探伤项目。

(6) 无损探伤定额已综合考虑了高空作业降效因素。

(7) 无损探伤定额中不包括固定射线探伤仪器使用的各种支架的制作和超声波探伤所需的各种对比试块的制作，发生时可根据现场实际情况另行计算。

（八）相关内容

(1) 本定额管道压力等级的划分：

低压：$0<P\leqslant1.6$MPa；

中压：1.6MPa$<P\leqslant$10MPa；

高压：10MPa$<P\leqslant$42MPa。

(2) 生产及生产、生活共用的给水、排水、蒸汽、燃气输送管道，执行本定额；民用的各种介质管道执行第八册《给排水、采暖、煤气工程》相关项目。

(3) 管道刷油、绝热、防腐蚀、衬里等执行第十一册《刷油、防腐蚀、绝热工程》相应项目。参见本章第四节相关内容。

(4) 脚手架搭拆费是按定额消耗量为基础计价后进行测算综合取定，计算时（除另有说明已包括的外）可按定额人工费的7%计算，其中人工工资占25%（单独承担的埋地管道工程，不计取脚手架费用）。

二、工业管道工程施工图预算编制实例

【例4-3】 按某厂区生产装置内工业管道施工图（图4-2）编制预算。

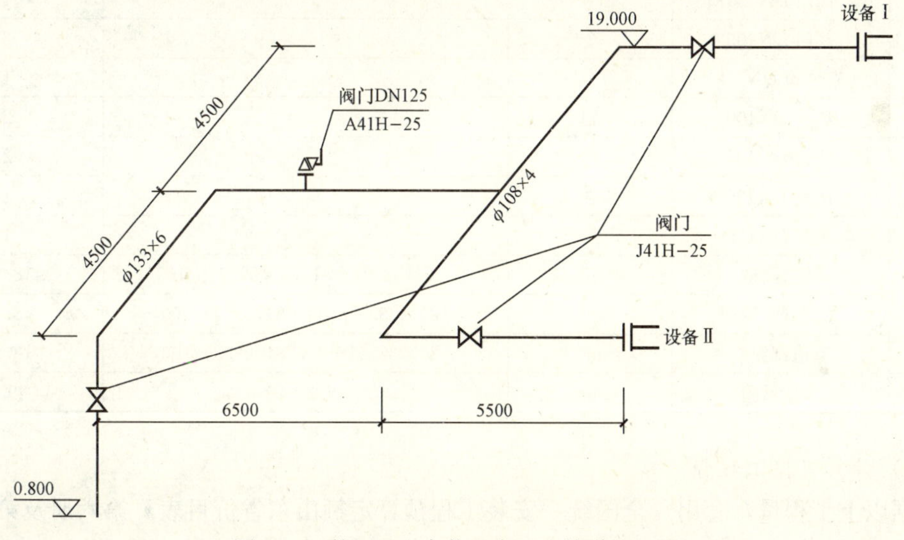

图4-2　某厂区生产装置内工业管道施工图

（一）施工图设计说明

（1）图中尺寸标高以m计，其余均以mm计。工作介质压力2.0MPa（中压管道）。

（2）管道材质均为20号无缝钢管，弯头采用压制弯头，三通为现场挖眼，异径管现场摔制，法兰采用对焊法兰。

（3）管道表面均刷红丹防锈漆一度、银粉二度，人工除锈按轻锈处理。

（4）所有焊缝采用电弧焊，不做无损探伤。安装完毕后做水压试验。

（5）未计价主要材料（主材）价格按表4-55执行。

表4-55 主要材料（主材）价格

序号	名　称	单位	单价	序号	名　称	单位	单价
1	无缝管 *DN*100	元/m	25.00	6	阀门 *DN*125	元/个	260.00
2	无缝管 *DN*125	元/m	30.00	7	安全阀 *DN*125	元/个	400.00
3	法兰 *DN*100	元/片	30.00	8	弯头 *DN*100	元/个	80.00
4	法兰 *DN*125	元/片	40.00	9	弯头 *DN*125	元/个	100.00
5	阀门 *DN*00	元/个	240.00				

（二）工程量计算（见表4-56）

表4-56 工 程 量 计 算 书

序号	项目名称	单位	计 算 公 式	数 量
1	无缝钢管 ϕ133×6	m	19－0.8＋4.5＋6.5	29.2
2	无缝钢管 ϕ108×4	m	4.5＋4.5＋5.5＋5.5	20
3	弯头 *DN*125	个		2
4	弯头 *DN*100	个		2
5	三通 *DN*125×100	个		1
6	三通 *DN*125×125	个		1
7	变径 *DN*125×100	个		2
8	阀门 *DN*125	个		1
9	阀门 *DN*100	个		2
10	安全阀 *DN*125	个		1
11	法兰 *DN*100	副		2
12	法兰 *DN*100	片		2
13	法兰 *DN*125	副		1
14	法兰 *DN*125	片		1
15	管道除锈	m^2	（20×33.91＋41.78×29.2）/100	18.98
16	管道刷防锈漆	m^2	(20×33.91＋41.78×29.2)/100	18.98
17	管道刷银粉	m^2	(20×33.91＋41.78×29.2)/100	18.98
18	水压试验	m	29.2＋20	49.2

（三）计算直接工程费

根据以上工程量，套用《全国统一安装工程预算定额山东省价目表》第六册及第十一册及主要材料的价格，列表计算此单位工程直接工程费，见表4-57。

表 4-57

安装工程预（结）算书

工程名称：工业管道　　施工单位：　　共 1 页　第 1 页　　年　月　日

序号	定额编号	项目名称	单位	数量	单价			合计		
					基价	人工费	主材费	合价	人工费	主材费
1	6-419	无缝管焊接 DN125	10m	2.92	113.12	33.18	282.30	330.31	96.89	824.32
2	6-418	无缝管焊接 DN100	10m	2.00	93.01	32.89	239.25	186.02	65.78	478.50
3	6-1053	弯头 DN125	10 个	0.20	462.44	150.88	1000.00	92.49	30.18	200.00
4	6-1052	弯头 DN100	10 个	0.20	384.36	116.84	800.00	76.87	23.37	160.00
5	6-1053	三通 DN125×125	10 个	0.10	462.44	150.88		46.24	15.09	0.00
6	6-1053	三通 DN125×100	10 个	0.10	462.44	150.88		46.24	15.09	0.00
7	6-1053	变径 DN125×100	10 个	0.20	462.44	150.88		92.49	30.18	0.00
8	6-1437	法兰阀 DN125	个	1.00	104.02	27.52	260.00	104.02	27.52	260.00
9	6-1490	安全阀 DN125	个	1.00	95.14	35.66	400.00	95.14	35.66	400.00
10	6-1436	法兰阀 DN100	个	2.00	78.92	21.80	240.00	157.84	43.60	480.00
11	6-1782	法兰 DN125	副	1.00	111.00	12.31	80.00	111.00	12.31	80.00
12	6-1782×0.61	法兰 DN125	片	1.00	67.71	7.51	40.00	67.71	7.51	40.00
13	6-1781	法兰 DN100	副	2.00	87.56	10.05	60.00	175.12	20.10	120.00
14	6-1781×0.61	法兰 DN100	片	2.00	53.41	6.13	30.00	106.82	12.26	60.00
15	6-2490	管道水压试验 DN100	100m	0.20	134.88	101.86	0.00	26.98	20.37	0.00
16	6-2491	管道水压试验 DN125	100m	0.29	189.75	124.52	0.00	55.03	36.11	0.00
17		6 册小计						1770.32	492.00	3102.82
18	11-1	无缝管人工除轻锈	$10m^2$	1.90	10.50	7.26	0.00	19.95	13.79	0.00
19	11-52	无缝管刷红丹防锈漆	$10m^2$	1.90	31.97	5.65	0.00	60.74	10.74	0.00
20	11-57/58	无缝管刷银粉漆两遍	$10m^2$	1.90	30.58	11.50	0.00	58.10	21.85	0.00
21		11 册小计						138.80	46.38	0.00
22		脚手架搭拆费						39.04	9.76	
23		其中：6 册			6 册人工费×7%×25%			34.44	8.61	
24		11 册			11 册人工费×8%×25%			3.71	0.93	
25		直接工程费			6 册小计＋11 册小计＋脚手架搭拆费			5050.08	547.92	

（四）计算安装工程费用（造价）

按工程类别及计费标准，计算工程造价。

本例题为无探伤要求的工业管道，查阅表2-4可知属于Ⅱ类工程。查阅表2-3计取各类费用，详见表4-58。

表4-58 定额计价的计算程序

项目名称：工业管道 Ⅱ类

序号	费用项目名称	计算方法	金额
一	直接费	5050.08+212.05	5262.13
	（一）直接工程费	定额表	5050.08
	其中：人工费（R1）	定额表	547.92
	（二）措施费	1+2+3+4+5+6+7+8	212.05
	1. 环境保护费	R1×费率＝547.92×2.7%	14.79
	2. 文明施工费	R1×费率＝547.92×5.5%	30.14
	3. 临时设施费	R1×费率＝547.92×15%	82.19
	4. 夜间施工增加费	R1×费率＝547.92×3%	16.44
	5. 二次搬运费	R1×费率＝547.92×2.6%	14.25
	6. 冬雨季施工增加费	R1×费率＝547.92×3.3%	18.08
	7. 已完工程及设备保护费	R1×费率＝547.92×1.6%	8.77
	8. 总承包服务费	R1×费率＝547.92×5%	27.40
	其中：人工费（R2）	（14.79＋30.14＋82.19＋8.77）×25%＋16.44×50%＋（14.25+18.08）×40%	55.12
二	企业管理费	（547.92+55.12）×54%	325.64
三	利润	（547.92+55.12）×30%	180.91
四	规费	1+2+3+4+5+6	155.75
	1. 工程排污费	—	
	2. 工程定额测定费	（5262.13+325.64+180.91）×0.1%	5.77
	3. 社会保障费	（5262.13+325.64+180.91）×2.6%	149.99
	4. 住房公积金	—	
	5. 危险作业意外伤害保险	—	
	6. 安全施工费	—	
五	税金	（5262.13+325.64+180.91+155.75）×3.44%	203.80
六	安装工程费用合计	5262.13+325.64+180.91+155.75+203.80	6128.23

三、工业管道工程量清单计价计算规则

与工业管道工程清单计价有关的是《计价规范》的附录C“安装工程工程量清单项目及计算规则”中的“C.6工业管道工程”。常用的项目包括以下内容：

（一）中压管道

中压管道工程量清单项目设置及工程量计算规则，应按表4-59的规定执行。

表 4-59　　**中压管道（编码：030602）**

<table>
<tr><th>项目编码</th><th>项目名称</th><th>项目特征</th><th>计量单位</th><th>工程量计算规则</th><th>工程内容</th></tr>
<tr><td>030602001</td><td>中压有缝钢管</td><td rowspan="3">1. 材质
2. 连接方式
3. 规格
4. 套管形式、材质、规格
5. 压力试验、吹扫、清洗设计要求
6. 除锈、刷油、防腐、绝热及保护层设计要求</td><td rowspan="5">m</td><td rowspan="5">按设计图示管道中心线长度以延长米计算，不扣除阀门、管件所占长度，遇弯管时，按两管交叉的中心线交点计算。方形补偿器以其所占长度按管道安装工程量计算</td><td>1. 安装
2. 套管制作、安装
3. 压力试验
4. 系统吹扫
5. 系统清洗
6. 脱脂
7. 除锈、刷油、防腐
8. 绝热及保护层安装、除锈、刷油</td></tr>
<tr><td>030602002</td><td>中压碳钢管</td><td rowspan="2">1. 安装
2. 焊口预热及后热
3. 焊口热处理
4. 焊口硬度测定
5. 套管制作、安装
6. 压力试验
7. 系统吹扫
8. 系统清洗
9. 油清洗
10. 脱脂
11. 除锈、刷油、防腐
12. 绝热及保护层安装、除锈、刷油</td></tr>
<tr><td>030602003</td><td>中压螺旋卷管</td></tr>
<tr><td>030602004</td><td>中压不锈钢管</td><td>1. 材质
2. 连接形式
3. 规格
4. 套管形式、材质、规格
5. 压力试验、吹扫、清洗设计要求
6. 绝热及保护层设计要求</td><td>1. 安装
2. 焊口焊接管内、外充氩保护
3. 套管制作、安装
4. 压力试验
5. 系统吹扫
6. 系统清洗
7. 油清洗
8. 脱脂
9. 绝热及保护层安装、除锈、刷油</td></tr>
<tr><td>030602005</td><td>中压合金钢管</td><td>1. 材质
2. 连接方式
3. 规格
4. 套管形式、材质、规格
5. 压力试验、吹扫、清洗设计要求
6. 除锈、刷油、防腐、绝热及保护层设计要求</td><td>1. 安装
2. 焊口预热及后热
3. 焊口热处理
4. 焊口硬度测定
5. 焊口焊接管内、外充氩保护
6. 套管制作、安装
7. 压力试验
8. 系统吹扫
9. 系统清洗
10. 油清洗
11. 脱脂
12. 除锈、刷油、防腐
13. 绝热及保护层安装、除锈、刷油</td></tr>
</table>

（二）中压管件

中压管件工程量清单项目设置及工程量计算规则，应按表 4－60 的规定执行。

表 4－60　　　　中压管件（编码：030605）

<table>
<tr><th>项目编码</th><th>项目名称</th><th>项目特征</th><th>计量单位</th><th>工程量计算规则</th><th>工程内容</th></tr>
<tr><td>030605001</td><td>中压碳钢管件</td><td rowspan="4">1. 材质
2. 连接方式
3. 型号、规格
4. 补强圈材质、规格</td><td rowspan="5">个</td><td rowspan="5">按设计图示数量计算
注：1. 管件包括弯头、三通、四通、异径管、管接头、管上焊接管接头、管帽、方形补偿器弯头、管道上仪表一次部件、仪表温度计扩大管制作安装等
2. 管件压力试验、吹扫、清洗、脱脂、除锈、刷油、防腐、保温及其补口均包括在管道安装中
3. 在主管上挖眼接管的三通和摔制异径管，均以主管径按管件安装工程量计算，不另计制作费和主材费；挖眼接管的三通支线管径小于主管径 1/2 时，不计算管件安装工程量；在主管上挖眼接管的焊接接头，凸台等配件，按配件管径计算管件工程量
4. 三通、四通、异径管均按大管径计算
5. 管件用法兰连接时按法兰安装，管件本身安装不再计算安装
6. 半加热外套管摔口后焊接在内套管上，每处焊口按一个管件计算；外套碳钢管如焊接不锈钢内套管上时，焊口间需加不锈钢短管衬垫，每处焊口按两个管件计算</td><td rowspan="2">1. 安装
2. 三通补强圈制作、安装
3. 焊口预热及后热
4. 焊口热处理
5. 焊口硬度检测</td></tr>
<tr><td>030605002</td><td>中压螺旋卷管件</td></tr>
<tr><td>030605003</td><td>中压不锈钢管件</td><td>1. 安装
2. 管道焊口焊接内、外充氩保护</td></tr>
<tr><td>030605004</td><td>中压合金钢管件</td><td>1. 安装
2. 三通补强圈制作、安装
3. 焊口预热及后热
4. 焊口热处理
5. 焊口硬度检测
6. 管焊口充氩保护</td></tr>
<tr><td>030605005</td><td>中压铜管件</td><td>1. 材质
2. 型号、规格</td><td>1. 安装
2. 焊口预热及后热</td></tr>
</table>

（三）中压阀门

中压阀门工程量清单项目设置及工程量计算规则，应按表4-61的规定执行。

表4-61　　中压阀门（编码：030608）

项目编码	项目名称	项目特征	计量单位	工程量计算规则	工程内容
030608001	中压螺纹阀门	1. 名称 2. 材质 3. 连接形式 4. 焊接方式 5. 型号、规格 6. 绝热及保护层设计要求	个	按设计图示数量计算 注：1. 各种形式补偿器（除方形补偿器外）、仪表流量计均按阀门安装 2. 减压阀直径按高压侧计算 3. 电动阀门包括电动机安装	1. 安装 2. 操纵装置安装 3. 绝热 4. 保温盒制作、安装、除锈、刷油 5. 压力试验、解体检查及研磨 6. 调试
030608002	中压法兰阀门				
030608003	中压齿轮、液压传动、电动阀门				
030608004	中压安全阀门				1. 安装 2. 操纵装置安装 3. 绝热 4. 保温盒制作、安装、除锈、刷油 5. 压力试验 6. 调试
030608005	中压焊接阀门			按设计图示数量计算 注：1. 各种形式补偿器（除方形补偿器外）、仪表流量计均按阀门安装 2. 减压阀直径按高压侧计算	1. 安装 2. 操纵装置安装 3. 焊口预热及后热 4. 焊口热处理 5. 焊口硬度测定 6. 焊口焊接内、外充氩保护 7. 绝热 8. 保温盒制作、安装、除锈、刷油 9. 压力试验、解体检查及研磨
030608006	中压调节阀门				1. 安装 2. 临时短管装拆 3. 压力试验、解体检查及研磨

（四）中压法兰

中压法兰工程量清单项目设置及工程量计算规则，应按表4-62的规定执行。

表 4-62 **中压法兰（编码：030611）**

项目编码	项目名称	项目特征	计量单位	工程量计算规则	工程内容
030611001	中压碳钢螺纹法兰	1. 材质 2. 结构形式 3. 型号、规格 4. 绝热及保护层设计要求	副	按设计图示数量计算 注：1. 单片法兰、焊接盲板和封头按法兰安装计算，但法兰盲板不计安装工程量 2. 不锈钢、有色金属材质的焊环活动法兰，按翻边活动法兰安装计算	1. 安装 2. 绝热及保温盒制作、安装、除锈、刷油
030611002	中压碳钢平焊法兰				1. 安装 2. 焊口预热及后热 3. 焊口热处理 4. 焊口硬度检测 5. 绝热及保温盒制作、安装、除锈、刷油
030611003	中压碳钢对焊法兰				
030611004	中压不锈钢平焊法兰				1. 安装 2. 绝热及保温盒制作、安装、除锈、刷油 3. 焊口充氩保护
030611005	中压不锈钢对焊法兰				
030611006	中压合金钢对焊法兰				1. 安装 2. 焊口预热及后热 3. 焊口热处理 4. 焊口硬度检测 5. 绝热及保温盒制作、安装、除锈、刷油 6. 焊口充氩保护
030611007	中压铜管对焊法兰				1. 安装 2. 焊口预热及后热 3. 绝热及保温盒制作、安装、除锈、刷油

（五）板卷管制作

板卷管制作工程量清单项目设置及工程量计算规则，应按表 4-63 的规定执行。

表 4-63 **板卷管制作（编码：030613）**

项目编码	项目名称	项目特征	计量单位	工程量计算规则	工程内容
030613001	碳钢板直管制作	1. 材质 2. 规格	t	按设计制作直管段长度计算	1. 制作 2. 卷筒式板材开卷及平直
030613002	不锈钢板直管制作				1. 制作 2. 焊口充氩保护
030613003	铝板直管制作				1. 制作 2. 焊口充氩保护 3. 焊口预热及后热

（六）管件制作

管件制作工程量清单项目设置及工程量计算规则，应按表 4-64 的规定执行。

表 4-64　　管件制作（编码：030614）

<table>
<tr><th>项目编码</th><th>项目名称</th><th>项目特征</th><th>计量单位</th><th>工程量计算规则</th><th>工程内容</th></tr>
<tr><td>030614001</td><td>碳钢板管件制作</td><td rowspan="6">1. 材质
2. 规格</td><td rowspan="6">t</td><td rowspan="11">按设计图示数量计算
注：管件包括弯头、三通、异径管；异径管按大头口径计算，三通按主管口径计算</td><td>1. 制作
2. 卷筒式板材开卷及平直</td></tr>
<tr><td>030614002</td><td>不锈钢板管件制作</td><td>1. 制作
2. 焊口充氩保护</td></tr>
<tr><td>030614003</td><td>铝板管件制作</td><td>1. 制作
2. 焊口充氩保护
3. 焊口预热及后热</td></tr>
<tr><td>030614004</td><td>碳钢管虾体弯制作</td><td rowspan="2">制作</td></tr>
<tr><td>030614005</td><td>中压螺旋卷管虾体弯制作</td></tr>
<tr><td>030614006</td><td>不锈钢管虾体弯制作</td><td>1. 制作
2. 焊口充氩保护</td></tr>
<tr><td>030614007</td><td>铝管虾体弯制作</td><td rowspan="2">1. 材质
2. 焊接形式
3. 规格</td><td rowspan="5">个</td><td>1. 制作
2. 焊口充氩保护
3. 焊口预热及后热</td></tr>
<tr><td>030614008</td><td>铜管虾体弯制作</td><td>1. 制作
2. 焊口预热及后热</td></tr>
<tr><td>030614009</td><td>管道机械煨弯</td><td rowspan="2">1. 压力
2. 材质
3. 型号、规格</td><td>煨弯</td></tr>
<tr><td>030614010</td><td>管道中频煨弯</td><td>1. 煨弯
2. 硬度测定</td></tr>
<tr><td>030614011</td><td>塑料管煨弯</td><td>1. 材质
2. 型号、规格</td><td>煨弯</td></tr>
</table>

（七）管架件制作

管架件制作工程量清单项目设置及工程量计算规则，应按表 4-65 的规定执行。

表 4-65　　管架件制作（编码：030615）

项目编码	项目名称	项目特征	计量单位	工程量计算规则	工程内容
030615001	管架制作安装	1. 材质 2. 管架形式 3. 除锈、刷油、防腐设计要求	kg	按设计图示质量计算 注：单件支架质量 100kg 以内的管支架	1. 制作、安装 2. 除锈及刷油 3. 弹簧管架全压缩变形试验 4. 弹簧管架工作荷载试验

（八）管材表面及焊缝无损探伤

管材表面及焊缝无损探伤工程量清单项目设置及工程量计算规则，应按表 4-66 的规定执行。

表 4-66　　　　管材表面及焊缝无损探伤（编码：030616）

项目编码	项目名称	项目特征	计量单位	工程量计算规则	工程内容
030616001	管材表面超声波探伤	规格	m	按规范或设计技术要求计算	超声波探伤
030616002	管材表面磁粉探伤				磁粉探伤
030616003	焊缝X光射线探伤	1. 底片规格 2. 管壁厚度	张		X光射线探伤
030616004	焊缝γ射线探伤				γ射线探伤
030616005	焊缝超声波探伤	规格	口		超声波探伤
030616006	焊缝磁粉探伤				磁粉探伤
030616007	焊缝渗透探伤				渗透探伤

四、工业管道工程工程量清单及计价编制实例

【例 4-4】 如图 4-2 所示工业管道工程工程量清单及清单计价的编制。

（一）工程量清单编制

应参照第三章第二节工程量清单编制的相关内容及施工图说编制。根据《计价规范》的要求，其编制使用的表格包括封-1、表 3-1、表 3-8、表 3-10～表 3-17、表 3-21。本例只列出其中的几个表。

1. 分部分项工程量清单表

各项目工程量见表 4-67（计算过程可参见表 4-56）。

表 4-67　　　　分部分项工程量清单表

工程名称：工业管道工程　　　　第1页　共1页

序号	项目编码	项目名称	项目特征描述	计量单位	工程量
1	030602002001	中压碳钢管	20号无缝钢管 $\phi133\times6$，电弧焊连接，水压试验，人工除轻锈，刷防锈漆一度、银粉二度	m	29.2
2	030602002002	中压碳钢管	20号无缝钢管 $\phi108\times4$，电弧焊连接，水压试验，人工除轻锈，刷防锈漆一度、银粉二度	m	20
3	030605001001	中压碳钢管件	压制弯头，*DN*125，电弧焊连接	个	2
4	030605001002	中压碳钢管件	压制弯头，*DN*100，电弧焊连接	个	2
5	030605001003	中压碳钢管件	现场挖眼三通，*DN*125×100	个	1
6	030605001004	中压碳钢管件	现场挖眼三通，*DN*125×125	个	1
7	030605001005	中压碳钢管件	现场摔制异径管，*DN*125×100	个	2
8	030608002001	中压法兰阀门	法兰阀门，*DN*125，法兰连接	个	1

续表

序号	项目编码	项目名称	项目特征描述	计量单位	工程量
9	030608002002	中压法兰阀门	法兰阀门，*DN*100，法兰连接	个	2
10	030608004001	中压安全阀	安全阀，*DN*125，法兰连接	个	1
11	030611002001	中压碳钢法兰	平焊钢法兰，*DN*125	副	1.5
12	030611002002	中压碳钢法兰	平焊钢法兰，*DN*100	副	3

2. 材料暂估单价表

材料暂估单价见表 4 - 68。

表 4 - 68　　材料暂估单价表

工程名称：工业管道工程　　第 1 页　共 1 页

序号	材料名称、规格、型号	计量单位	单价（元）	备注
1	20 号无缝管 *DN*100	元/m	25.00	
2	20 号无缝管 *DN*125	元/m	30.00	
3	法兰 *DN*100	元/片	30.00	
4	法兰 *DN*125	元/片	40.00	
5	阀门 *DN*00	元/个	240.00	
6	阀门 *DN*125	元/个	260.00	
7	安全阀 *DN*125	元/个	400.00	
8	弯头 *DN*100	元/个	80.00	
9	弯头 *DN*125	元/个	100.00	

3. 措施项目清单、其他措施项目清单及规费、税金项目清单未作特别约定，按规定计取

（二）工程量清单计价编制

根据《计价规范》的要求，投标报价使用的表格包括：封 - 3、表 3 - 1～表 3 - 4、表 3 - 8～表 3 - 17、表 3 - 21。本例只列出其中主要的几个表。

1. 总说明（见表 4 - 69）

表 4 - 69　　总　说　明

工程名称：工业管道工程　　第 1 页　共 1 页

1. 工程概况：某厂区生产装置内工业管道

2. 招标范围：图纸范围内所有项目

3. 工程质量要求：合格

4. 工程量清单编制依据：《建设工程工程量清单计价规范》、参考费率等

5. 本工程以定额人工费为取费基数，其中管理费费率为 54%，利润率为 30%，规费费率 2.6%，税金 3.44%。人工单价为 28 元/工日

2. 单位工程招标控制价/投标报价汇总表（见表 4-70）

表 4-70　　单位工程招标控制价/投标报价汇总表

工程名称：工业管道工程　　标段：　　第 1 页　共 1 页

序　号	汇　总　内　容	金　额（元）	其中：暂估价（元）
1	分部分项工程	5456.08	2854.82
1.1	无缝钢管 ϕ133×6	1435.47	824.32
1.2	无缝钢管 ϕ108×4	819.4	470.50
1.3	压制弯头 *DN*125	317.84	200.00
1.4	压制弯头 *DN*100	256.5	160.00
1.5	三通 *DN*125×100	58.92	0.00
1.6	三通 *DN*125×125	58.92	0.00
1.7	异径管 *DN*125×100	117.82	0.00
1.8	法兰阀门 *DN*125	387.14	260.00
1.9	法兰阀门 *DN*100	674.46	240.00
1.10	安全阀 *DN*125	525.09	400.00
1.11	对焊钢法兰 *DN*125	315.38	120.00
1.12	对焊钢法兰 *DN*100	489.12	180.00
2	措施项目	190.58	
2.1	安全文明施工费	27.58	
2.2	夜间施工费	15.05	
2.3	二次搬运费	13.04	
2.4	冬、雨期施工	16.55	
2.5	大型机械设备进出场及安拆费	0	
2.6	施工排水	0	
2.7	施工降水	0	
2.8	地上、地下设施、建筑物的临时保护设施	75.23	
2.9	已完工程及设备保护	8.02	
2.10	脚手架搭拆费	35.11	
3	其他项目	0.00	
3.1	暂列金额		
3.2	专业工程暂估价		
3.3	计日工		
3.4	总承包服务费		
4	规费	152.46	
5	税金	199.49	
招标控制价合计=1+2+3+4+5		5998.61	2854.82

3. 分部分项工程量清单计价表（见表 4-71）

表 4-71 **分部分项工程量清单计价表**

工程名称：工业管道工程 第 1 页 共 1 页

序号	项目编码	项目名称	项目特征描述	计量单位	工程量	金额（元）			
						综合单价	合价	其中：人工费	其中：暂估价
1	030602002001	中压碳钢管	20 号无缝钢管 $\phi133\times6$，电弧焊连接，水压试验，人工除轻锈，刷防锈漆一度、银粉二度	m	29.2	49.16	1435.472	162.78	824.32
2	030602002002	中压碳钢管	20 号无缝钢管 $\phi108\times4$，电弧焊连接，水压试验，人工除轻锈，刷防锈漆一度、银粉二度	m	20	40.97	819.4	102.75	470.50
3	030605001001	中压碳钢管件	压制弯头，*DN*125，电弧焊连接	个	2	158.92	317.84	30.18	200
4	030605001002	中压碳钢管件	压制弯头，*DN*100，电弧焊连接	个	2	128.25	256.5	23.37	160
5	030605001003	中压碳钢管件	现场挖眼三通，*DN*125×100	个	1	58.92	58.92	15.09	0
6	030605001004	中压碳钢管件	现场挖眼三通，*DN*125×125	个	1	58.92	58.92	15.09	0
7	030605001005	中压碳钢管件	现场摔制异径管，*DN*125×100	个	2	58.92	117.84	15.09	0
8	030608002001	中压法兰阀门	法兰阀门，*DN*125，法兰连接	个	1	387.14	387.14	27.52	260
9	030608002002	中压法兰阀门	法兰阀门，*DN*100，法兰连接	个	2	337.23	674.46	21.8	240
10	030608004001	中压安全阀	安全阀，*DN*125，法兰连接	个	1	525.09	525.09	35.66	400
11	030611002001	中压碳钢法兰	对焊钢法兰，*DN*125	副	1.5	210.25	315.375	19.84	120
12	030611002002	中压碳钢法兰	对焊钢法兰，*DN*100	副	3	163.04	489.12	32.36	180
合计							5456.08	501.53	2854.82

4. 工程量清单综合单价分析表（见表 4-72～表 4-83）

表 4-72 工程量清单综合单价分析表

工程名称：工业管道工程　　标段：　　第1页　共12页

项目编码	030602002001			项目名称		中压无缝钢管 ϕ133×6				计量单位		m	
清单综合单价组成明细													
定额编号	定额名称	定额单位	数量	单价					合价				
				人工费	材料费	机械费	管理费	利润	人工费	材料费	机械费	管理费	利润
6-419	无缝钢管 ϕ133×6	10m	2.92	33.18	10.92	69.02	17.92	9.95	96.89	31.89	201.54	52.32	29.07
6-2491	管道水压试验 *DN*125	100m	0.29	124.52	44.94	20.29	67.24	37.36	36.11	13.03	5.88	19.50	10.83
11-1	管道人工除轻锈	$10m^2$	1.22	7.26	3.24	0.00	3.92	2.18	8.86	3.95	0.00	4.78	2.66
11-52	管道刷红丹一度	$10m^2$	1.22	5.65	26.32	0.00	3.05	1.70	6.89	32.11	0.00	3.72	2.07
11-57/58	管道刷银粉二度	$10m^2$	1.22	11.5	19.08	0.00	6.21	3.45	14.03	23.28	0.00	7.58	4.21
人工单价		小计							162.78	104.26	207.42	87.90	48.83
28元/工日		未计价材料费							824.32				
清单项目综合单价									49.16				
材料费明细	主要材料名称、规格、型号			单位	数量				单价（元）	合价（元）	暂估单价（元）	暂估合价（元）	
	无缝钢管 ϕ133×6			m	27.48						30.00	824.32	
	其他材料费											0.00	
	材料费小计											824.32	

表 4 - 73

工程量清单综合单价分析表

工程名称：工业管道工程　　标段：　　第 2 页　共 12 页

项目编码		030602002002		项目名称		中压无缝钢管 ϕ108×4					计量单位	m	
清单综合单价组成明细													
定额编号	定额名称	定额单位	数量	单价					合价				
				人工费	材料费	机械费	管理费	利润	人工费	材料费	机械费	管理费	利润
6-418	无缝钢管 ϕ108×4	10m	2.00	32.89	9.49	50.63	17.76	9.87	65.78	18.98	101.26	35.52	19.73
6-2490	管道水压试验 *DN*100	100m	0.20	101.86	19	14.02	55.00	30.56	20.37	3.80	2.80	11.00	6.11
11-1	管道人工除轻锈	$10m^2$	0.68	7.26	3.24	0.00	3.92	2.18	4.94	2.20	0.00	2.67	1.48
11-52	管道刷红丹一度	$10m^2$	0.68	5.65	26.32	0.00	3.05	1.70	3.84	17.90	0.00	2.07	1.15
11-57/58	管道刷银粉二度	$10m^2$	0.68	11.5	19.08	0.00	6.21	3.45	7.82	12.97	0.00	4.22	2.35
人工单价		小　计							102.75	55.86	104.06	55.49	30.83
28 元/工日		未计价材料费							470.50				
清单项目综合单价									40.97				
材料费明细	主要材料名称、规格、型号				单位	数量			单价（元）	合价（元）	暂估单价（元）	暂估合价（元）	
	无缝钢管 ϕ108×4				m	18.82					25.00	470.50	
	其他材料费											0.00	
	材料费小计											470.50	

表 4 - 74

工程量清单综合单价分析表

工程名称：工业管道工程　　　　标段：　　　　第 3 页　共 12 页

项目编码		030605001001		项目名称		压制弯头 *DN*125					计量单位	个	
清单综合单价组成明细													
定额编号	定额名称	定额单位	数量	单价					合价				
				人工费	材料费	机械费	管理费	利润	人工费	材料费	机械费	管理费	利润
6-1053	压制弯头 *DN*125	10 个	0.20	150.88	101.11	210.45	81.48	45.26	30.18	20.22	42.09	16.30	9.05
人工单价		小计							30.18	20.22	42.09	16.30	9.05
28 元/工日		未计价材料费							200.00				
清单项目综合单价									158.92				
材料费明细	主要材料名称、规格、型号					单位	数量		单价（元）	合价（元）	暂估单价（元）	暂估合价（元）	
	压制弯头 *DN*125					个	2.00				100.00	200.00	
	其他材料费											0.00	
	材料费小计											200.00	

表 4 - 75

工程量清单综合单价分析表

工程名称：工业管道工程　　　　标段：　　　　第 4 页　共 12 页

项目编码		030605001002		项目名称		压制弯头 *DN*100					计量单位	个	
清单综合单价组成明细													
定额编号	定额名称	定额单位	数量	单价					合价				
				人工费	材料费	机械费	管理费	利润	人工费	材料费	机械费	管理费	利润
6-1052	压制弯头 *DN*100	10 个	0.20	116.84	87.83	179.69	63.09	35.05	23.37	17.57	35.94	12.62	7.01
人工单价		小计							23.37	17.57	35.94	12.62	7.01
28 元/工日		未计价材料费							160.00				
清单项目综合单价									128.25				
材料费明细	主要材料名称、规格、型号					单位	数量		单价（元）	合价（元）	暂估单价（元）	暂估合价（元）	
	压制弯头 *DN*100					个	2.00				80.00	160.00	
	其他材料费											0.00	
	材料费小计											160.00	

表 4-76

工程量清单综合单价分析表

工程名称：工业管道工程　　　　标段：　　　　第 5 页　共 12 页

项目编码		030605001003		项目名称		挖眼三通 *DN*125×100					计量单位	个	
清单综合单价组成明细													
定额编号	定额名称	定额单位	数量	单价					合价				
				人工费	材料费	机械费	管理费	利润	人工费	材料费	机械费	管理费	利润
6-1053	三通 *DN*125×100	10 个	0.10	150.88	101.11	210.45	81.48	45.26	15.09	10.11	21.05	8.15	4.53
人工单价		小计							15.09	10.11	21.05	8.15	4.53
28 元/工日		未计价材料费							0.00				
清单项目综合单价									58.92				
材料费明细	主要材料名称、规格、型号					单位	数量		单价（元）	合价（元）	暂估单价（元）	暂估合价（元）	
	三通 *DN*125×100					个	1.00				0.00	0.00	
	其他材料费											0.00	
	材料费小计											0.00	

表 4-77

工程量清单综合单价分析表

工程名称：工业管道工程　　　　标段：　　　　第 6 页　共 12 页

项目编码		030605001004		项目名称		挖眼三通 *DN*125×125					计量单位	个	
清单综合单价组成明细													
定额编号	定额名称	定额单位	数量	单价					合价				
				人工费	材料费	机械费	管理费	利润	人工费	材料费	机械费	管理费	利润
6-1053	三通 *DN*125×125	10 个	0.10	150.88	101.11	210.45	81.48	45.26	15.09	10.11	21.05	8.15	4.53
人工单价		小计							15.09	10.11	21.05	8.15	4.53
28 元/工日		未计价材料费							0.00				
清单项目综合单价									58.92				
材料费明细	主要材料名称、规格、型号					单位	数量		单价（元）	合价（元）	暂估单价（元）	暂估合价（元）	
	三通 *DN*125×125					个	1.00				0.00	0.00	
	其他材料费											0.00	
	材料费小计											0.00	

表 4-78

工程量清单综合单价分析表

工程名称：工业管道工程　　　　标段：　　　　第 7 页　共 12 页

项目编码		030605001005		项目名称		异径管 $DN125\times100$					计量单位	个	
清单综合单价组成明细													
定额编号	定额名称	定额单位	数量	单价					合价				
				人工费	材料费	机械费	管理费	利润	人工费	材料费	机械费	管理费	利润
6-1053	异径管 $DN125\times100$	10 个	0.20	150.88	101.11	210.45	81.48	45.26	30.18	20.22	42.09	16.30	9.05
人工单价		小　计							30.18	20.22	42.09	16.30	9.05
28 元/工日		未计价材料费							0.00				
清单项目综合单价									58.92				
材料费明细	主要材料名称、规格、型号					单位	数量		单价（元）	合价（元）	暂估单价（元）	暂估合价（元）	
	异径管 $DN125\times100$					个	2.00				0.00	0.00	
	其他材料费											0.00	
	材料费小计											0.00	

表 4-79

工程量清单综合单价分析表

工程名称：工业管道工程　　　　标段：　　　　第 8 页　共 12 页

项目编码		030608002001		项目名称		中压法兰阀门 $DN125$					计量单位	个	
清单综合单价组成明细													
定额编号	定额名称	定额单位	数量	单价					合价				
				人工费	材料费	机械费	管理费	利润	人工费	材料费	机械费	管理费	利润
6-1437	法兰阀门 $DN125$	个	1.00	27.52	68.69	7.81	14.86	8.26	27.52	68.89	7.81	14.86	8.26
人工单价		小　计							27.52	68.89	7.81	14.86	8.26
28 元/工日		未计价材料费							260.00				
清单项目综合单价									387.14				
材料费明细	主要材料名称、规格、型号					单位	数量		单价（元）	合价（元）	暂估单价（元）	暂估合价（元）	
	中压法兰阀门 $DN125$					个	1.00				260.00	260.00	
	其他材料费											0.00	
	材料费小计											260.00	

表 4-80

工程量清单综合单价分析表

工程名称：工业管道工程　　　　标段：　　　　第 9 页　共 12 页

项目编码	030608002002	项目名称	中压法兰阀门 DN100					计量单位	个				
清单综合单价组成明细													
定额编号	定额名称	定额单位	数量	单价					合价				
				人工费	材料费	机械费	管理费	利润	人工费	材料费	机械费	管理费	利润
6-1436	法兰阀门 DN100	个	1.00	21.80	51.89	5.23	11.77	6.54	21.80	51.89	5.23	11.77	6.54
人工单价		小计							21.80	51.89	5.23	11.77	6.54
28 元/工日		未计价材料费							240.00				
清单项目综合单价									337.23				

材料费明细	主要材料名称、规格、型号	单位	数量	单价（元）	合价（元）	暂估单价（元）	暂估合价（元）
	中压法兰阀门 DN100	个	1.00			240.00	240.00
	其他材料费						0.00
	材料费小计						240.00

表 4-81

工程量清单综合单价分析表

工程名称：工业管道工程　　　　标段：　　　　第 10 页　共 12 页

项目编码	030608004001	项目名称	中压法兰安全阀 DN125					计量单位	个				
清单综合单价组成明细													
定额编号	定额名称	定额单位	数量	单价					合价				
				人工费	材料费	机械费	管理费	利润	人工费	材料费	机械费	管理费	利润
6-1490	法兰安全阀 DN125	个	1.00	35.66	52.90	6.58	19.26	10.70	35.66	52.90	6.58	19.26	10.70
人工单价		小计							35.66	52.90	6.58	19.26	10.70
28 元/工日		未计价材料费							400.00				
清单项目综合单价									525.09				

材料费明细	主要材料名称、规格、型号	单位	数量	单价（元）	合价（元）	暂估单价（元）	暂估合价（元）
	中压法兰 DN125	个	1.00			400.00	400.00
	其他材料费						0.00
	材料费小计						400.00

表 4-82　　工程量清单综合单价分析表

工程名称：工业管道工程　　标段：　　第 11 页　共 12 页

项目编码	030611002001			项目名称		中压法兰 *DN*125					计量单位	副	
清单综合单价组成明细													
定额编号	定额名称	定额单位	数量	单价					合价				
				人工费	材料费	机械费	管理费	利润	人工费	材料费	机械费	管理费	利润
6-1782	法兰 *DN*125	副	1.00	12.32	77.59	21.09	6.65	3.70	12.32	77.59	21.09	6.65	3.70
6-1782×0.61	法兰 *DN*125	片	1.00	7.52	47.33	12.86	4.06	2.25	7.52	47.33	12.86	4.06	2.25
人工单价		小计							19.84	124.92	33.95	10.71	5.95
28 元/工日		未计价材料费							120.00				
清单项目综合单价									210.25				
材料费明细	主要材料名称、规格、型号					单位	数量		单价（元）	合价（元）	暂估单价（元）	暂估合价（元）	
	中压法兰 *DN*125					副	1.50				80.00	120.00	
	其他材料费											0.00	
	材料费小计											120.00	

表 4-83　　工程量清单综合单价分析表

工程名称：工业管道工程　　标段：　　第 12 页　共 12 页

项目编码	030611002002			项目名称		中压法兰 *DN*100					计量单位	副	
清单综合单价组成明细													
定额编号	定额名称	定额单位	数量	单价					合价				
				人工费	材料费	机械费	管理费	利润	人工费	材料费	机械费	管理费	利润
6-1781	法兰 *DN*100	副	2.00	10.05	59.51	18.00	5.43	3.02	20.10	119.02	36.00	10.85	6.03
6-1781×0.61	法兰 *DN*100	片	2.00	6.13	36.30	10.98	3.31	1.84	12.26	72.60	21.96	6.62	3.68
人工单价		小计							32.36	191.62	57.96	17.47	9.71
28 元/工日		未计价材料费							180.00				
清单项目综合单价									163.04				
材料费明细	主要材料名称、规格、型号					单位	数量		单价（元）	合价（元）	暂估单价（元）	暂估合价（元）	
	中压法兰 *DN*100					副	3.00				60.00	180.00	
	其他材料费											0.00	
	材料费小计											180.00	

5. 措施项目清单与计价表（见表4-84）

表4-84　　措施项目清单与计价表

工程名称：工业管道工程　　标段：　　第1页　共1页

序号	项目名称	计算基础	费率（%）	金额（元）
1	安全文明施工费	501.53	5.5	27.58
2	夜间施工费	501.53	3.0	15.05
3	二次搬运费	501.53	2.6	13.04
4	冬、雨期施工	501.53	3.3	16.55
5	大型机械设备进出场及安拆费	501.53	0.0	0.00
6	施工排水	501.53	0.0	0.00
7	施工降水	501.53	0.0	0.00
8	地上、地下设施、建筑物的临时保护设施	501.53	15.0	75.23
9	已完工程及设备保护	501.53	1.6	8.02
10	脚手架搭拆费	501.53	7.0	35.11
合　计				190.58

注　计算基础为人工费。

6. 规费、税金项目清单与计价表（见表4-85）

表4-85　　规费、税金项目清单与计价表

工程名称：工业管道工程　　标段：　　第1页　共1页

序号	项目名称	计算基础	费率（%）	金额（元）
1	规费			152.46
1.1	工程排污费			
1.2	社会保障费	5456.08＋190.58	2.60	146.81
(1)	养老保险费			
(2)	失业保险费			
(3)	医疗保险费			
1.3	住房公积金			
1.4	危险作业意外伤害保险			
1.5	工程定额测定费	5456.08＋190.58	0.10	5.65
2	税金	分部分项工程费＋措施项目费＋其他项目费＋规费	3.44	199.49
合　计				351.95

注　规费计算基础为分部分项工程费＋措施项目费＋其他项目费，其他项目费本例不计。

第三节　消防及安全防范设备工程计量计价与应用

一、消防及安全防范设备工程定额计价工程量计算规则

与消防及安全防范设备工程施工图预算编制有关的主要是《全国统一安装工程预算定额》第七册“消防及安全防范设备安装工程”及第二册“电气设备安装工程”。

（一）火灾自动报警系统安装

（1）点型探测器不分接线制、不分规格、型号、安装方式与位置，以“只”为计量单

位。探测器安装包括了探头、底座以及接线盒的安装和本体调试。

(2) 红外光束探测器以“对”为计量单位（红外线探测器是成对使用的）。定额中包括了探头支架安装和探测器的调试、对中以及接线盒的安装。

(3) 火焰探测器、可燃气体探测器不分线制、规格、型号、安装方式与位置，以“只”为计量单位。探测器安装包括了探头、底座、接线盒的安装及本体调试。

(4) 线型探测器的安装方式按环绕、正弦及直线综合考虑，不分线制及保护形式，以“10m”为计量单位。定额中未包括探测器连接的模块和终端，其工程量按相应定额另行计算。

(5) 按钮包括消火栓按钮、手动报警按钮、气体灭火起/停按钮，以“只”为计量单位。定额已包括其接线盒的安装，并按照在轻质墙体和硬质墙体上安装两种方式综合考虑。

(6) 控制模块（接口）是指仅能起控制作用的模块（接口），亦称中继器，依据其给出控制信号的数量，分为单输出和多输出两种形式。执行时不分安装方式，按照输出数量以“只”为计量单位。

(7) 报警模块（接口）不起控制作用，只能起监视、报警作用，执行时不分安装方式，以“只”为计量单位。

(8) 报警控制器不分线制，按其安装方式不同分为壁挂式和落地式。按照“点”数的不同划分子目，以“台”为计量单位。“点”是指报警控制器所带的有地址编码的报警器件（探测器、报警按钮、模块等）的数量，如果一个模块带数个探测器，则只能计为一点。

(9) 联动控制器不分线制，按其安装方式不同分为壁挂式和落地式，并按照“点”数不同划分子目，以“台”为计量单位。“点”是指联动控制器所带有的控制模块（接口）的数量。

(10) 报警联动一体机不分线制，按其安装方式不同分为壁挂式和落地式，并按照“点”数不同划分子目，以“台”为计量单位。“点”是指报警联动一体机所带的有地址编码的报警器件与控制模块（接口）的数量。

(11) 重复显示器（楼层显示器）不分线制，不分规格、型号、安装方式，以“台”为计量单位。

(12) 警报装置分为声光报警和警铃报警两种形式，均以“只”为计量单位。

(13) 远程控制器按其控制回路数以“台”为计量单位。

(14) 报警备用电源综合考虑了规格、型号，以“台”为计量单位。

(15) 正压送风阀、排烟阀、防火阀检查接线，以“10个”为计量单位。

（二）水灭火系统安装

(1) 管道安装按设计管道中心线长度，以“10m”为计量单位，不扣除阀门、管件及各种组件所占长度。管件安装，支架制作安装及除锈刷油，管道强度、严密性试验，管网水冲洗、吹扫均已综合在管道安装定额中。

(2) 镀锌钢管法兰连接定额中，管件是按成品管件现场（接短管）焊法兰考虑的。管件、法兰及螺栓的主材数量应按设计图纸另行计算。

(3) 喷头安装按有吊顶、无吊顶分别以“10个”为计量单位。

(4) 报警装置安装按成套产品以“组”为计量单位。雨淋、干式（含干湿两用）及预作用报警装置的安装，执行湿式报警装置安装定额，其人工乘以系数1.14，其余不变。成套产品包括的内容详见表4-86。

表 4 - 86　**成套产品包括的内容**

序号	项目名称	型　号	包　括　内　容
1	湿式报警装置	ZSS	湿式阀、蝶阀、装配管、供水压力表、装置压力表、试验阀、泄放试验阀、泄放试验管、试验管流量计、过滤器、延时器、水力警铃、报警截止阀、漏斗、压力开关等
2	干式（含干湿两用）报警装置	ZSL	两用阀、蝶阀、装配管、加速器、加速器压力表、供水压力表、试验阀、泄放试验阀（湿式）、泄放试验阀（干式）、挠性接头、泄放试验管、试验管流量计、排气阀、截止阀、漏斗、过滤器、延时器、水力警铃、压力开关等
3	电动雨淋报警装置	ZSY1	雨淋阀、蝶阀（2 个）、装配管、压力表、泄放试验阀、流量表、截止阀、注水阀、止回阀、电磁阀、排水阀、手动应急球阀、报警试验阀、漏斗、压力开关、过滤器、水力警铃等
4	预作用报警装置	ZSU	干式报警阀、控制蝶阀（2 个）、压力表（2 块）、流量表、截止阀、排放阀、注水阀、止回阀、泄放阀、报警试验阀、液压切断阀、装配管、供水检验管、气压开关（2 个）、试压电磁阀、应急手动试压器、漏斗、过滤器、水力警铃等
5	室内消火栓	SN	消火栓箱、消火栓、水枪、水龙带、水龙带接扣、挂架、消防按钮
6	室外消火栓	地上式 SS 地下式 SX	地上式消火栓、法兰接管、弯管底座； 地下式消火栓、法兰接管、弯管底座或消火栓三通
7	消防水泵接合器	地上式 SQ 地下式 SQX 墙壁式 SQB	消防接口本体、止回阀、安全阀、闸阀、弯管底座、放水阀； 消防接口本体、止回阀、安全阀、闸阀、弯管底座、放水阀； 消防接口本体、止回阀、安全阀、闸阀、弯管底座、放水阀、标牌
8	室内消火栓组合卷盘	SN	消火栓箱、消火栓、水枪、水龙带、水龙带接扣、挂架、消防按钮、消防软管卷盘

（5）温感式水幕装置安装，按不同型号和规格以“组”为计量单位。定额中已包括给水三通后至水幕系统的管道、管件、阀门、喷头等全部安装内容，但管道主材数量按设计管道中心线长度另加损耗计算，喷头数量按设计数量另加损耗计算。

（6）水流指示器、减压孔板安装，按不同规格以“个”为计量单位。

（7）末端试水装置按不同规格以“组”为计量单位。

（8）集热板制作安装以“个”为计量单位。

（9）室内消火栓安装，分单口栓、双口栓、自救式三种形式，以“套”为计量单位，所带消防按钮的安装另行计算。

（10）室内消火栓组合卷盘安装，执行室内消火栓安装定额乘以系数 1.2。

（11）室外消火栓安装，工作压力按 1.6MPa 考虑，按不同规格和覆土深度，以“套”为计量单位。

（12）消防水泵接合器安装，区分不同安装方式和规格以“套”为计量单位。如设计要求用短管时，其本身价值可另行计算，其余不变。

（13）隔膜式气压水罐安装，区分不同规格以“台”为计量单位。地脚螺栓按设备自带考虑，定额中包括指导二次灌浆用工，但二次灌浆工程量应按第一册《机械设备安装工程》中相应定额另行计算。

(14) 阀门、法兰安装、各种套管的制作安装、泵房间管道安装，以及水喷雾灭火系统管道安装，可执行第六册《工业管道工程》相应项目。

(15) 消火栓管道、室外给水管道安装及水箱制作安装，执行第八册《给排水、采暖、燃气工程》相应项目。

(16) 各种消防泵、稳压泵等的安装及二次灌浆，执行第一册《机械设备安装工程》相应项目。

(17) 各种仪表的安装，水流指示器、压力开关的接线、校线，执行第十册《自动化控制仪表安装工程》相应项目。

(18) 各种设备支架的制作安装等，执行第五册《静置设备与工艺金属结构制作安装工程》相应项目。

(19) 设备及支架、法兰焊口除锈刷油，执行第十一册《刷油、防腐蚀、绝热工程》相应项目。

(三) 气体灭火系统安装

(1) 各种管道安装按设计管道中心线长度，以“10m”为计量单位，不扣除阀门、管件及各种组件所占长度，主材数量应按定额用量计算。

(2) 管道安装综合了管件安装，支架制作安装及除锈刷油，管道强度及严密性试验、吹扫等。

(3) 无缝钢管法兰连接定额，管件是按成品管件现场接短管焊法兰考虑的，包括了直管、管件、法兰等预装和安装的全部工作内容，但管件、法兰及螺栓的主材数量应按设计图纸另行计算。

(4) 螺纹连接的不锈钢管、铜管安装时，按无缝钢管安装相应定额（不包括主材）乘以系数 1.20。

(5) 无缝钢管和钢制管件内外镀锌及场外运输费用另行计算。

(6) 气动驱动装置管道安装定额，已包括卡套连接件的安装，其数量按设计用量计算。

(7) 喷头安装按不同规格以“10 个”为计量单位。

(8) 选择阀安装按不同规格和连接方式分别以“个”为计量单位，定额内已包括水压强度试验和气压严密性试验。

(9) 储存装置安装中包括支框架、灭火剂储存容器和驱动气瓶的安装固定、系统组件（集流管、容器阀、单向阀、高压软管）安装、强度和严密性试验、安全阀安装等及氮气增压。储存装置安装按储存容器和驱动气瓶的规格（L）以“套”为计量单位。

(10) 二氧化碳储存装置安装时不需增压，应扣除定额中高纯氮气，其余不变。

(11) 二氧化碳称重检漏装置包括泄漏报警开关、配重、支架等。以“套”为计量单位。

(12) 二氧化碳灭火系统中的无缝钢管、选择阀安装，按相应定额（不包括主材）分别乘以系数 1.16。

(13) 焊接或法兰连接的不锈钢管、铜管及管件，各种套管的制作安装等执行第六册《工业管道工程》相应项目。

(14) 定额中的二氧化碳灭火系统属高压二氧化碳系统。本定额不适用于低压二氧化碳灭火系统，其管道安装等应执行第六册《工业管道工程》相应项目。

(15) 阀驱动装置与泄漏报警开关的电气接线等执行第十册《自动化控制仪表安装工程》

相应项目。

（四）泡沫灭火系统安装

（1）泡沫发生器及泡沫比例混合器安装中已包括整体安装、焊法兰、单体调试及配合管道试压时隔离本体所消耗的人工和材料，不包括支架的制作安装和二次灌浆的工作内容，其工程量应按相应定额另行计算，地脚螺栓按设备自带考虑。

（2）泡沫发生器安装均按不同型号以“台”为计量单位，法兰、螺栓按设备自带考虑。

（3）泡沫比例混合器安装均按不同型号以“台”为计量单位，法兰、螺栓按设备自带考虑。

（4）泡沫灭火系统的管道、管件、法兰、阀门、管道支架的安装及管道系统水冲洗、强度试验、严密性试验等执行第六册《工业管道工程》相应项目。

（5）消防泵等机械设备安装及二次灌浆执行第一册《机械设备安装工程》相应项目。

（6）除锈、刷油、保温等执行第十一册《刷油、防腐蚀、绝热工程》相应项目。

（7）泡沫液储罐、设备支架制作安装执行第五册《静置设备与工艺金属结构制作安装工程》相应项目。

（8）泡沫液充装是按生产厂在施工现场充装考虑的，若由施工单位充装时，可另行计算。

（9）油罐上安装的泡沫发生器及化学泡沫室执行第五册《静置设备与工艺金属结构制作安装工程》相应项目。

（五）安全防范设备安装

（1）设备、部件按设计成品以“台”或“套”为计量单位。

（2）模拟盘以“m^2”为计量单位。

（3）除入侵报警系统和电视监控系统外，其他联动设备的调试已考虑在单机调试中，其工程量不得另行计算。

（六）电话通信设备安装

（1）交换机安装已包括附属设备的安装，按门数以“套”为计量单位。

（2）电话分线箱分明装和暗装两种安装方式，按半周长以“个”为计量单位。未包括接线等工作内容。

（3）话机、消防电话插孔、电话插座、出线口不分安装方式，分别以“部”、“个”为计量单位。

（4）消防电话插孔，电话插座、出线口定额已综合了接线盒的安装，不再另行计算。

（5）设备及接线端子板接线是指电话电缆与设备连接或在电话分线箱内与端子板连接，按电缆对数，以实接电缆端头数量“个”为计量单位。

（6）通信电缆分为穿管、埋地和沿墙壁三种敷设方式，按电缆对数，以“100m”为计量单位，其附加和预留长度按第二册《电气设备安装工科》中的电缆工程量计算规则计算。市话电缆沿墙壁吊线式敷设定额中已包括吊线的架设，不再另行计算。

（七）共用电视天线系统、广播系统装置安装

（1）天线按成套装置考虑，其架设包括天线底座、支撑杆和避雷装置安装，以“套”为计量单位。

（2）前端箱分明装和暗装两种方式，按半周长以“个”为计量单位。

（3）放大器、分支器、分配器、混合器分明装和暗装两种方式，以“个”为计量单位。

(4) 均衡器、衰减器不分安装方式以“个”为计量单位。

(5) 用户终端盒分明装和暗装两种方式,以“个”为计量单位。

(6) FM音箱不分安装方式,以“个”为计量单位。

(7) 用户终端盒是指安装电视插座的接线盒,不分安装方式,以“个”为计量单位。

(8) 同轴电缆分沿桥架、支架和穿管两种敷设方式,以“100m”为计量单位。

(9) 同轴电缆头制作,适用于各种接头和端头,以“个”为计量单位。

(10) 同轴电缆敷设中附加和预留长度按第二册《电气设备安装工程》中的电缆工程量计算规则计算。

(11) 广播控制柜是指安装成套广播设备的成品机柜,不分规格、型号以“台”为计量单位。

(12) 扬声器区分吸顶式和壁挂式两种安装方式,以“只”为计量单位。

(13) 广播分配器是指单独安装的分配器(操作盘),以“台”为计量单位。

(14) 功放机、录音机的安装按柜内及台上两种方式综合考虑,均以“台”为计量单位。

(15) 子母钟区分母钟和子钟分别以“部”和“个”为计量单位。

(八) 系统调试

(1) 自动报警系统包括各种探测器、报警按钮、报警控制器组成的报警系统,分不同点数以“系统”为计量单位,其点数按报警控制器的点数计算。

(2) 水灭火系统控制装置按照不同点数以“系统”为计量单位,其点数按联动控制器的点数计算。

(3) 广播、通信、消防广播、消防通信系统调试按系统中的广播喇叭、音箱、电话分机、电话插孔的数量,以“10只(个)”为计量单位。

(4) 消防电梯调试,指电梯与控制中心间的控制调试,以“部”为计量单位。

(5) 电动防火门、防火卷帘门指可由消防控制中心显示与控制的电动防火门、防火卷帘门,以“10处”为计量单位,每樘为一处。

(6) 正压送风阀、排烟阀、防火阀以“10处”为计量单位,一个阀为一处。

(7) 气体灭火系统装置调试包括模拟喷气试验,备用灭火剂储存容器切换操作试验,按试验容器的规格(L),分别以“个”为计量单位。试验容器的数量包括系统调试、检测和验收所消耗的试验容器的总数,试验介质不同时可以换算。

(8) 入侵报警系统调试以“系统”为计量单位,其点数按实际调试点数计算。

(9) 电视监控系统调试以“系统”为计量单位,其头尾数包括摄像机、监视器数量之和。

(10) 楼栋放大器、用户终端的调试,按放大器、用户终端的数量以“个(户)”为计量单位。

(九) 相关内容

下列内容是按相应定额消耗量为基础计价后进行测算综合取定,其计算方法规定如下:

(1) 高层建筑(指高度在6层或20m以上的工业与民用建筑)增加费,可按定额附表计算(其中人工工资占70%,其余为机械费)。

(2) 脚手架搭拆费可按定额人工费的5%计算,其中人工工资占25%。

二、消防及安全防范设备工程施工图预算编制实例

【例4-5】 某餐厅火灾自动报警工程施工图(图4-3)预算编制。

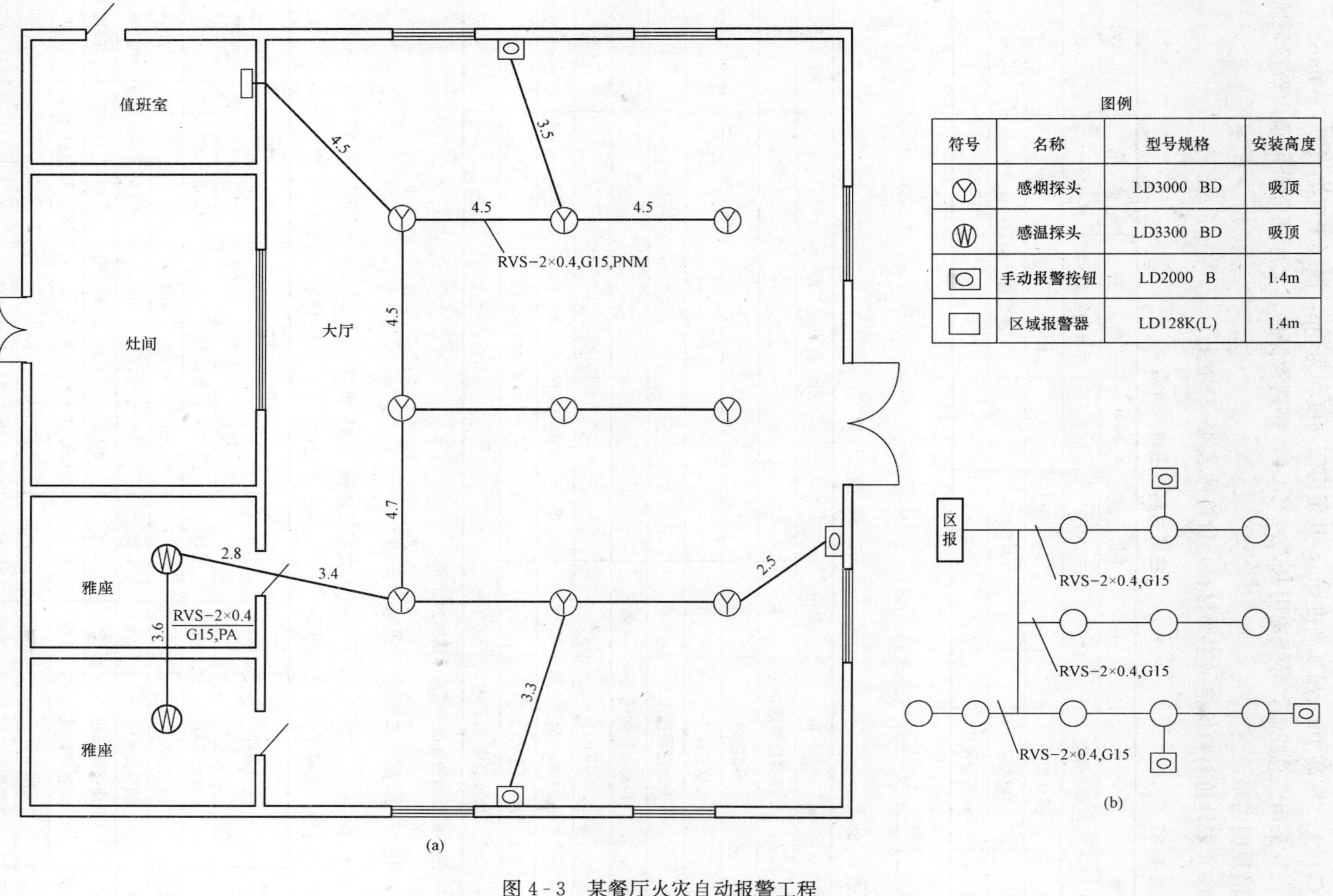

图4-3　某餐厅火灾自动报警工程

(a) 某餐厅火灾自动报警工程平面图；(b) 某餐厅火灾自动报警工程系统图

（一）设计说明

（1）大厅层高4m，吊顶高度3m，其余房间高度均为3m，混凝土现浇板厚100mm。

（2）采用二总线制，导线选用RVS-2×0.4，穿钢管保护，大厅部分沿吊顶内敷设，雅座间沿顶棚内暗设。

（3）未计价材料价格（主要材料）价格按表4-87执行。

表4-87　　主要材料（主材）价格

序号	名　称	单　位	单价（元）	序号	名　称	单　位	单价（元）
1	报警控制器	台	500.00	5	焊接钢管 *DN*15	m	3.00
2	感烟探头	个	100.00	6	RVS-2×0.4	m	2.00
3	感温探头	个	100.00	7	接线盒	个	2.00
4	手动报警按钮	个	40.00				

（二）工程量计算（见表4-88）

表4-88　　工 程 量 计 算 书

序号	项目名称	单位	计 算 公 式	数　量
1	报警控制器	台		1
2	感烟探头	个		9
3	感温探头	个		2
4	手动报警按钮	个		3
5	自动报警调试	系统		1
6	G15（A）	m	2.8+3.6+<u>(3−1.4)×4</u>	12.8
7	G15（M）	m	2.5+4.5+3.3+(4.5+4.5)×3+4.5+4.7+3.5+3.4	53.4
8	管内穿RVS-2×0.4	m	12.8+53.4	66.2
9	墙体剔槽20以内	m	(3−1.4)×4	6.4

注　带下画横线的数值为需墙体剔槽的管道。

（三）计算直接工程费（见表4-89）

表4-89　　安装工程预（结）算书

工程名称：某餐厅火灾自动报警　　施工单位：　　共1页　第1页　　年　月　日

定额编号	项目名称	单位	数量	单价			合价		
				基价	人工费	主材费	合价	人工费	主材费
7-11	区域报警器	台	1.00	389.69	213.18	500.00	389.69	213.18	500.00
7-1	感烟探头	个	9.00	13.90	9.02	102.04	125.10	81.18	918.36
7-2	感温探头	个	2.00	13.30	9.02	102.04	26.60	18.04	204.08
7-7	手动报警按钮	个	3.00	19.91	12.34	42.04	59.73	37.02	126.12
7-365	自动报警调试	系统	1.00	1835.17	1175.24		1835.17	1175.24	0.00
	7册小计						2436.29	1524.66	1748.56
2-1209	钢管明配G15	100m	0.53	585.49	247.46	309.00	310.31	131.15	163.77
2-1220	钢管暗配G15	100m	0.13	240.08	141.09	309.00	31.21	18.34	40.17

续表

定额编号	项目名称	单位	数量	单价			合价		
				基价	人工费	主材费	合价	人工费	主材费
2-808	管内穿线 RVS-2×0.4	100m	0.66	85.48	77.88	203.00	56.42	51.40	133.98
2-1553	墙体剔槽 20 以内	10m	0.64	40.89	6.82		26.17	4.36	0.00
	2 册小计						424.11	205.26	337.92
	2 册 7 册合计						2860.40	1729.92	2086.48
	脚手架搭拆费	2 册脚手架搭拆费＋7 册脚手架搭拆费					84.44	21.11	
	其中：2 册脚手架搭拆费	2 册人工费×4%×25%＝205.26×4%×25%					8.21	2.05	
	7 册脚手架搭拆费	7 册人工费×5%×25%＝1524.66×5%×25%					76.23	19.06	
	直接工程费	2860.40＋2086.48＋84.44					5031.32	1751.03	

（四）计算安装工程费用（造价）

按工程类别及计费标准，计算工程造价。

查阅表 2-4 可知属于Ⅱ类工程。查阅表 2-3 计取各类费用，详见表 4-90。

表 4-90　　定额计价的计算程序

项目名称：某餐厅火灾报警工程　　Ⅱ类

序号	费用项目名称	计 算 方 法	金　额
一	直接费	5031.32＋677.65	5708.97
	（一）直接工程费	定额表	5031.32
	其中：人工费（R1）	定额表	1751.03
	（二）措施费		677.65
	1. 环境保护费	R1×费率＝1751.03×2.7%	47.28
	2. 文明施工费	R1×费率＝1751.03×5.5%	96.31
	3. 临时设施费	R1×费率＝1751.03×15%	262.65
	4. 夜间施工增加费	R1×费率＝1751.03×3%	52.53
	5. 二次搬运费	R1×费率＝1751.03×2.6%	45.53
	6. 冬、雨期施工增加费	R1×费率＝1751.03×3.3%	57.78
	7. 已完工程及设备保护费	R1×费率＝1751.03×1.6%	28.02
	8. 总承包服务费	R1×费率＝1751.03×5%	87.55
	其中：人工费（R2）	（47.28＋96.31＋262.65＋28.02）×25%＋52.53×50%＋（45.53＋57.78）×40%	176.15
二	企业管理费	（1751.03＋176.15）×54%	1040.68
三	利润	（1751.03＋176.15）×30%	578.15
四	规费		197.85
	1. 工程排污费	—	
	2. 工程定额测定费	（5708.97＋1040.68＋578.15）×0.1%	7.33
	3. 社会保障费	（5708.97＋1040.68＋578.15）×2.6%	190.52
	4. 住房公积金	—	
	5. 危险作业意外伤害保险	—	
	6. 安全施工费	—	
五	税金	（5708.97＋1040.68＋578.15＋197.85）×3.44%	258.88
六	安装工程费用合计	5708.97＋1040.68＋578.15＋197.85＋258.88	7784.53

三、消防及安全防范设备工程工程清单计价计算规则

与消防及安全防范设备工程工程清单计价有关的是《计价规范》的附录 C“安装工程工程量清单项目及计算规则”中的“C.7 消防工程”。常用的项目包括以下内容。

（一）水灭火系统

工程量清单项目设置及工程量计算规则，应按表 4-91 的规定执行。

表 4-91　　水灭火系统（编码：030701）

项目编码	项目名称	项目特征	计量单位	工程量计算规则	工程内容
030701001	水喷淋镀锌钢管	1. 安装部位（室内、外） 2. 材质 3. 型号、规格 4. 连接方式 5. 除锈标准、刷油、防腐设计要求 6. 水冲洗、水压试验设计要求	m	按设计图示管道中心线长度以延长米计算，不扣除阀门、管件及各种组件所占长度；方形补偿器以其所占长度按管道安装工程量计算	1. 管道及管件安装 2. 套管（包括防水套管）制作、安装 3. 管道除锈、刷油、防腐 4. 管网水冲洗 5. 无缝钢管镀锌 6. 水压试验
030701002	水喷淋镀锌无缝钢管				
030701003	消火栓镀锌钢管				
030701004	消火栓钢管				
030701005	螺纹阀门	1. 阀门类型、材质、型号、规格 2. 法兰结构、材质、规格、焊接形式	个	按设计图示数量计算	1. 法兰安装 2. 阀门安装
030701006	螺纹法兰阀门				
030701007	法兰阀门				
030701008	带短管甲乙的法兰阀门				
030701009	水表	1. 材质 2. 型号、规格 3. 连接方式	组		安装
030701010	消防水箱制作安装	1. 材质 2. 形状 3. 容量 4. 支架材质、型号、规格 5. 除锈标准、刷油设计要求	台		1. 制作 2. 安装 3. 支架制作、安装及除锈、刷油 4. 除锈、刷油
030701011	水喷头	1. 有吊顶、无吊顶 2. 材质 3. 型号、规格	个	按设计图示数量计算	1. 安装 2. 密封性试验
030701012	报警装置	1. 名称、型号 2. 规格	组	按设计图示数量计算（包括湿式报警装置、干湿两用报警装置、电动雨淋报警装置、预作用报警装置）	安装
030701013	温感式水幕装置	1. 型号、规格 2. 连接方式		按设计图示数量计算（包括给水三通至喷头、阀门间的管道、管件、阀门、喷头等的全部安装内容）	

续表

项目编码	项目名称	项目特征	计量单位	工程量计算规则	工程内容
030701014	水流指示器	规格、型号	个	按设计图示数量计算	安装
030701015	减压孔板	规格			
030701016	末端试水装置	1. 规格 2. 组装形式	组	按设计图示数量计算（包括连接管、压力表、控制阀及排水管等）	
030701017	集热板制作安装	材质	个	按设计图示数量计算	制作、安装
030701018	消火栓	1. 安装部位（室内、外） 2. 型号、规格 3. 单栓、双栓	套	按设计图示数量计算（安装包括：室内消火栓、室外地上式消火栓、室外地下式消火栓）	安装
030701019	消防水泵接合器	1. 安装部位 2. 型号、规格		按设计图示数量计算（包括消防接口本体、止回阀、安全阀、闸阀、弯管底座、放水阀、标牌）	
030701020	隔膜式气压水罐	1. 型号、规格 2. 灌浆材料	台	按设计图示数量计算	1. 安装 2. 二次灌浆

（二）气体灭火系统

工程量清单项目设置及工程量计算规则，应按表 4-92 的规定执行。

表 4-92　　气体灭火系统（编码：030702）

项目编码	项目名称	项目特征	计量单位	工程量计算规则	工程内容
030702001	无缝钢管	1. 卤代烷灭火系统、二氧化碳灭火系统 2. 材质 3. 规格 4. 连接方式 5. 除锈、刷油、防腐及无缝钢管镀锌设计要求 6. 压力试验、吹扫设计要求	m	按设计图示管道中心线长度以延长米计算，不扣除阀门、管件及各种组件所占长度	1. 管道安装 2. 管件安装 3. 套管制作、安装（包括防水套管） 4. 钢管除锈、刷油、防腐 5. 管道压力试验 6. 管道系统吹扫 7. 无缝钢管镀锌
030702002	不锈钢管				
030702003	铜管				
030702004	气体驱动装置管道				
030702005	选择阀	1. 材质 2. 规格 3. 连接方式	个	按设计图示数量计算	1. 安装 2. 压力试验
030702006	气体喷头	型号、规格			安装
030702007	储存装置	规格	套	按设计图示数量计算（包括灭火剂存储器、驱动气瓶、支框架、集流阀、容器阀、单向阀、高压软管和安全阀等储存装置和阀驱动装置）	
030702008	二氧化碳称重检漏装置			按设计图示数量计算（包括泄漏开关、配重、支架等）	

（三）泡沫灭火系统

工程量清单项目设置及工程量计算规则，应按表 4 - 93 的规定执行。

表 4 - 93　　　　泡沫灭火系统（编码：030703）

项目编码	项目名称	项目特征	计量单位	工程量计算规则	工程内容
030703001	碳钢管	1. 材质 2. 型号、规格 3. 焊接方式 4. 除锈、刷油、防腐设计要求 5. 压力试验、吹扫的设计要求	m	按设计图示管道中心线长度以延长米计算，不扣除阀门、管件及各种组件所占长度	1. 管道安装 2. 管件安装 3. 套管制作、安装 4. 钢管除锈、刷油、防腐 5. 管道压力试验 6. 管道系统吹扫
030703002	不锈钢管				
030703003	铜管				
030703004	法兰	1. 材质 2. 型号、规格 3. 连接方式	副		法兰安装
030703005	法兰阀门		个		阀门安装
030703006	泡沫发生器	1. 水轮机式、电动机式 2. 型号、规格 3. 支架材质、规格 4. 除锈、刷油设计要求 5. 灌浆材料	台	按设计图示数量计算	1. 安装 2. 设备支架制作、安装 3. 设备支架除锈、刷油 4. 二次灌浆
030703007	泡沫比例混合器	1. 类型 2. 型号、规格 3. 支架材质、规格 4. 除锈、刷油设计要求 5. 灌浆材料			
030703008	泡沫液贮罐	1. 质量 2. 灌浆材料			1. 安装 2. 二次灌浆

（四）管道支架制作安装

工程量清单项目设置及工程量计算规则，应按表 4 - 94 的规定执行。

表 4 - 94　　　　管道支架制作安装（编码：030704）

项目编码	项目名称	项目特征	计量单位	工程量计算规则	工程内容
030704001	管道支架制作安装	1. 管架形式 2. 材质 3. 除锈、刷油设计要求	kg	按设计图示质量计算	1. 制作、安装 2. 除锈、刷油

（五）火灾自动报警系统

工程量清单项目设置及工程量计算规则，应按表 4 - 95 的规定执行。

表 4-95　火灾自动报警系统（编码：030705）

项目编码	项目名称	项目特征	计量单位	工程量计算规则	工程内容
030705001	点型探测器	1. 名称 2. 多线制 3. 总线制 4. 类型	只	按设计图示数量计算	1. 探头安装 2. 底座安装 3. 校接线 4. 探测器调试
030705002	线型探测器	安装方式	m		1. 探测器安装 2. 控制模块安装 3. 报警终端安装 4. 校接线 5. 系统调试
030705003	按钮	规格	只		1. 安装 2. 校接线 3. 调试
030705004	模块（接口）	1. 名称 2. 输出形式			1. 安装 2. 调试
030705005	报警控制器	1. 多线制 2. 总线制 3. 安装方式 4. 控制点数量	台		1. 本体安装 2. 消防报警备用电源 3. 校接线 4. 调试
030705006	联动控制器				
030705007	报警联动一体机				
030705008	重复显示器	1. 多线制 2. 总线制			1. 安装 2. 调试
030705009	报警装置	形式			
030705010	远程控制器	控制回路			

（六）消防系统调试

工程量清单项目设置及工程量计算规则，应按表 4-96 的规定执行。

表 4-96　消防系统调试（编码：030706）

项目编码	项目名称	项目特征	计量单位	工程量计算规则	工程内容
030706001	自动报警系统装置调试	点数	系统	按设计图示数量计算（由探测器、报警按钮、报警控制器组成的报警系统；点数按多线制、总线制报警器的点数计算）	系统装置调试
030706002	水灭火系统控制装置调试			按设计图示数量计算（由消火栓、自动喷水、卤代烷、二氧化碳等灭火系统组成的灭火系统装置；点数按多线制、总线制联动控制器的点数计算）	
030706003	防火控制系统装置调试	1. 名称 2. 类型	处	按设计图示数量计算（包括电动防火门、防火卷帘门、正压送风阀、排烟阀、防火控制阀）	
030706004	气体灭火系统装置调试	试验容器规格	个	按调试、检验和验收所消耗的试验容器总数计算	1. 模拟喷气试验 2. 备用灭火器储存容器切换操作试验

（七）管道界限的划分

喷淋系统水灭火管道：室内外界限应以建筑物外墙皮 1.5m 为界，入口处设阀门者应以阀门为界；设在高层建筑物内的消防泵间管道应以泵间外墙皮为界。

消火栓管道：给水管道室内外界限划分应以外墙皮 1.5m 为界，入口处设阀门者应以阀门为界。与市政给水管道的界限应以水表井为界；无水表井的，应以与市政给水管道碰头点为界。

四、消防及安全防范设备工程工程清单计价编制实例

【例 4-6】 图 4-4 所示某餐厅火灾自动报警工程工程量清单及清单计价的编制。

（一）工程量清单编制

应参照第三章第二节工程量清单编制的相关内容及施工图说编制。根据《计价规范》的要求，其编制使用的表格包括封-1、表 3-1、表 3-8、表 3-10～表 3-17、表 3-21。本例只列出其中的几个表。

1. 分部分项工程量清单表

各项目工程量见表 4-97（计算过程可参见表 4-88）。

表 4-97　　分部分项工程量清单表

工程名称：某餐厅火灾自动报警工程　　第 1 页　共 1 页

序号	项目编码	项目名称	项目特征描述	计量单位	工程量
1	030705005001	报警控制器	总线制，壁挂式，200 点以下	台	1
2	030705001001	点型探测器	感烟探头，总线制，吸顶式	只	9
3	030705001002	点型探测器	感温探头，总线制，吸顶式	只	2
4	030705003001	按钮	手动报警按钮	只	3
5	030706001001	自动报警调试	200 点以下	系统	1
6	030212001001	电气配管	钢管，*DN*15，沿墙及屋顶暗装	m	12.8
7	030212001002	电气配管	钢管，*DN*15，沿吊顶安装	m	52.5
8	030612003001	电气配线	钢管内穿线 RVS－2×0.4	m	65.3

2. 材料暂估单价表

材料暂估单价表见表 4-98。

表 4-98　　材料暂估单价表

工程名称：某餐厅火灾自动报警工程　　第 1 页　共 1 页

序　号	材料名称、规格、型号	计量单位	单价（元）	备　　注
1	报警控制器	台	500.00	
2	感烟探头	只	100.00	
3	感温探头	只	100.00	
4	手动报警按钮	只	40.00	
5	焊接钢管 *DN*15	m	3.00	
6	RVS-2×0.4	m	2.00	
7	接线盒	个	2.00	

3. 其他

措施项目清单、其他措施项目清单及规费、税金项目清单未作特别约定，按规定计取。

（二）工程量清单计价编制

根据《计价规范》的要求，投标报价使用的表格包括：封-3、表 3-1～表 3-4、表 3-8～

表3-17、表3-21。本例只列出其中主要的几个表。

1. 总说明（见表4-99）

表4-99　　总　说　明

工程名称：某餐厅火灾自动报警工程　　第1页　共1页

1. 工程概况：某餐厅火灾自动报警工程
2. 招标范围：图纸范围内所有项目
3. 工程质量要求：合格
4. 工程量清单编制依据：《建设工程工程量清单计价规范》、参考费率等
5. 本工程以定额人工费为取费基数，其中管理费费率为54%，利润率为30%，规费费率2.6%，税金3.44%。人工单价为28元/工日

2. 单位工程招标控制价/投标报价汇总表（见表4-100）

表4-100　　单位工程招标控制价/投标报价汇总表

工程名称：某餐厅火灾自动报警工程　　标段：　　第1页　共1页

序号	汇总内容	金　额（元）	其中：暂估价（元）
1	分部分项工程	6369.83	2084.45
1.1	报警控制器	1052.87	500.00
1.2	感烟探头	26.12	918.36
1.3	感温探头	18.57	204.08
1.4	手动报警按钮	904.68	126.12
1.5	自动报警调试	147.7	0.00
1.6	钢管 *DN*15 暗配	116.77	40.17
1.7	钢管 *DN*15 明配	1906.98	163.77
1.8	钢管内穿线 RVS-2×0.4	795.74	131.95
2	措施项目	620.92	
2.1	安全文明施工费	94.86	
2.2	夜间施工费	51.74	
2.3	二次搬运费	44.84	
2.4	冬雨期施工	56.92	
2.5	大型机械设备进出场及安拆费	0.00	
2.6	施工排水	0.00	
2.7	施工降水	0.00	
2.8	地上、地下设施、建筑物的临时保护设施	258.72	
2.9	已完工程及设备保护	27.60	
2.10	脚手架搭拆费	86.24	
3	其他项目	0.00	
3.1	暂列金额		
3.2	专业工程暂估价		
3.3	计日工		
3.4	总承包服务费		
4	规费	188.75	
5	税金	246.97	
	招标控制价合计=1+2+3+4+5	7426.47	2084.45

3. 分部分项工程量清单计价表（见表 4-101）

表 4-101 **分部分项工程量清单计价表**

工程名称：某餐厅火灾自动报警工程 第1页 共1页

序号	项目编码	项目名称	项目特征描述	计量单位	工程量	金额（元）			
						综合单价	合价	其中：人工费	其中：暂估价
1	030705005001	报警控制器	总线制，壁挂式，200 点以下	台	1	1077.76	1077.76	213.18	500.00
2	030705001001	点型探测器	感烟探头，总线制，吸顶式	只	9	123.52	1111.68	81.18	918.36
3	030705001002	点型探测器	感温探头，总线制，吸顶式	只	2	122.92	245.84	18.04	204.08
4	030705003001	按钮	手动报警按钮	只	3	72.32	216.96	37.02	126.12
5	030706001001	自动报警调试	200 点以下	系统	1	2822.37	2822.37	1175.24	0
6	030212001001	电气配管	钢管，*DN*15，沿墙及屋顶暗装	m	12.8	6.68	85.504	18.34	40.17
7	030212001002	电气配管	钢管，*DN*15，沿吊顶安装	m	52.5	11.02	578.55	131.15	163.77
8	030612003001	电气配线	钢管内穿线 RVS－2×0.4	m	65.3	3.54	231.162	50.62	131.95
合计							6369.83	1724.77	2084.45

4. 工程量清单综合单价分析表（见表 4 - 102～表 4 - 109）

表 4 - 102

工程量清单综合单价分析表

工程名称：某餐厅火灾自动报警工程　　标段：　　第 1 页　共 8 页

项目编码		030705005001		项目名称		报警控制器					计量单位	台	
清单综合单价组成明细													
定额编号	定额名称	定额单位	数量	单价					合价				
				人工费	材料费	机械费	管理费	利润	人工费	材料费	机械费	管理费	利润
7-11	报警控制器	台	1.00	213.18	30.46	155.05	115.12	63.95	213.18	30.46	155.05	115.12	63.95
人工单价		小计							213.18	30.46	155.05	115.12	63.95
28 元/工日		未计价材料费							500.00				
清单项目综合单价									1077.76				
材料费明细	主要材料名称、规格、型号				单位	数量			单价（元）	合价（元）	暂估单价（元）	暂估合价（元）	
	报警控制器				台	1.00					500.00	500.00	
	其他材料费											0.00	
	材料费小计											500.00	

表 4 - 103

工程量清单综合单价分析表

工程名称：某餐厅火灾自动报警工程　　标段：　　第 2 页　共 8 页

项目编码		030705001001		项目名称		点型探测器					计量单位	只	
清单综合单价组成明细													
定额编号	定额名称	定额单位	数量	单价					合价				
				人工费	材料费	机械费	管理费	利润	人工费	材料费	机械费	管理费	利润
7-1	感烟探头	只	9.00	9.02	4.01	0.87	4.87	2.71	81.18	36.09	7.83	43.84	24.35
人工单价		小计							81.18	36.09	7.83	43.84	24.35
28 元/工日		未计价材料费							918.36				
清单项目综合单价									123.52				
材料费明细	主要材料名称、规格、型号				单位	数量			单价（元）	合价（元）	暂估单价（元）	暂估合价（元）	
	感烟探头				只	9.00					100.00	900.00	
	接线盒				个	9.18					2.00	18.36	
	其他材料费											0.00	
	材料费小计											918.36	

表 4 - 104

工程量清单综合单价分析表

工程名称：某餐厅火灾自动报警工程　　标段：　　第 3 页　共 8 页

项目编码	030705001002			项目名称		点型探测器					计量单位	只	
清单综合单价组成明细													
定额编号	定额名称	定额单位	数量	单价					合价				
				人工费	材料费	机械费	管理费	利润	人工费	材料费	机械费	管理费	利润
7-2	感烟探头	只	2.00	9.02	4.01	0.27	4.87	2.71	18.04	8.02	0.54	9.74	5.41
人工单价		小计							18.04	8.02	0.54	9.74	5.41
28 元/工日		未计价材料费							204.08				
清单项目综合单价									122.92				
材料费明细	主要材料名称、规格、型号				单位	数量			单价（元）	合价（元）	暂估单价（元）	暂估合价（元）	
	感烟探头				只	2.00					100.00	200.00	
	接线盒				个	2.04					2.00	4.08	
	其他材料费											0.00	
	材料费小计											204.08	

表 4 - 105

工程量清单综合单价分析表

工程名称：某餐厅火灾自动报警工程　　标段：　　第 4 页　共 8 页

项目编码	030705003001			项目名称		按　钮					计量单位	只	
清单综合单价组成明细													
定额编号	定额名称	定额单位	数量	单价					合价				
				人工费	材料费	机械费	管理费	利润	人工费	材料费	机械费	管理费	利润
7-7	手动报警按钮	只	3.00	12.34	6.25	1.32	6.66	3.70	37.02	18.75	3.96	19.99	11.11
人工单价		小计							37.02	18.75	3.96	19.99	11.11
28 元/工日		未计价材料费							126.12				
清单项目综合单价									72.32				
材料费明细	主要材料名称、规格、型号				单位	数量			单价（元）	合价（元）	暂估单价（元）	暂估合价（元）	
	手动报警按钮				套	3.00					40.00	120.00	
	接线盒				个	3.06					2.00	6.12	
	其他材料费											0.00	
	材料费小计											126.12	

表 4-106

工程量清单综合单价分析表

工程名称：某餐厅火灾自动报警工程　　标段：　　第 5 页　共 8 页

项目编码		030706001001		项目名称		自动报警调试					计量单位	系　统	
清单综合单价组成明细													
定额编号	定额名称	定额单位	数量	单价					合价				
				人工费	材料费	机械费	管理费	利润	人工费	材料费	机械费	管理费	利润
7-365	自动报警调试	系统	1.00	1175.24	98.85	561.08	634.63	352.57	1175.24	98.85	561.08	634.63	352.57
人工单价		小　计							1175.24	98.85	561.08	634.63	352.57
28 元/工日		未计价材料费							0.00				
清单项目综合单价									2822.37				
材料费明细	主要材料名称、规格、型号					单位	数量		单价（元）	合价（元）	暂估单价（元）	暂估合价（元）	
	其他材料费											0.00	
	材料费小计											0.00	

表 4-107

工程量清单综合单价分析表

工程名称：某餐厅火灾自动报警工程　　标段：　　第 6 页　共 8 页

项目编码		030212001001		项目名称		电气配管 *DN*15 暗配					计量单位	m	
清单综合单价组成明细													
定额编号	定额名称	定额单位	数量	单价					合价				
				人工费	材料费	机械费	管理费	利润	人工费	材料费	机械费	管理费	利润
2-1220	电气配管 *DN*15 暗配	100m	0.13	141.09	85.7	13.29	76.19	42.33	18.34	11.14	1.73	9.90	5.50
2-1553	墙体剔槽 *DN*15	10m	0.64	6.82	25.82	8.25	3.68	2.05	4.36	16.52	5.28	2.36	1.31
人工单价		小　计							18.34	11.14	1.73	9.90	5.50
28 元/工日		未计价材料费							40.17				
清单项目综合单价									6.68				
材料费明细	主要材料名称、规格、型号					单位	数量		单价（元）	合价（元）	暂估单价（元）	暂估合价（元）	
	钢管 *DN*15					m	13.39				3.00	40.17	
	其他材料费											0.00	
	材料费小计											40.17	

表 4-108 工程量清单综合单价分析表

工程名称：某餐厅火灾自动报警工程　　标段：　　第 7 页　共 8 页

项目编码	030212001002		项目名称		电气配管 DN15 明配						计量单位	m	
清单综合单价组成明细													
定额编号	定额名称	定额单位	数量	单价					合价				
				人工费	材料费	机械费	管理费	利润	人工费	材料费	机械费	管理费	利润
2-1209	电气配管 DN15 明配	100m	0.53	247.46	306.68	31.35	133.63	74.24	131.15	162.54	16.62	70.82	39.35
人工单价		小计							131.15	162.54	16.62	70.82	39.35
28 元/工日		未计价材料费							163.77				
清单项目综合单价									11.02				
材料费明细	主要材料名称、规格、型号					单位	数量		单价（元）	合价（元）	暂估单价（元）	暂估合价（元）	
	钢管 DN15					m	54.59				3.00	163.77	
	其他材料费											0.00	
	材料费小计											163.77	

表 4-109 工程量清单综合单价分析表

工程名称：某餐厅火灾自动报警工程　　标段：　　第 8 页　共 8 页

项目编码	030612003001		项目名称		电气配线 RVS-2×0.4						计量单位	m	
清单综合单价组成明细													
定额编号	定额名称	定额单位	数量	单价					合价				
				人工费	材料费	机械费	管理费	利润	人工费	材料费	机械费	管理费	利润
2-808	管内穿线 RVS-2×0.4	100m	0.65	77.88	7.60	0.00	42.06	23.36	50.62	4.94	0.00	27.34	15.19
人工单价		小计							50.62	4.94	0.00	27.34	15.19
28 元/工日		未计价材料费							131.95				
清单项目综合单价									3.54				
材料费明细	主要材料名称、规格、型号					单位	数量		单价（元）	合价（元）	暂估单价（元）	暂估合价（元）	
	RVS-2×0.4					m	65.98				2.00	131.95	
	其他材料费											0.00	
	材料费小计											131.95	

5. 措施项目清单与计价表（见表 4-110）

表 4-110 **措施项目清单与计价表**

工程名称：某餐厅火灾自动报警工程 标段： 第1页 共1页

序号	项目名称	计算基础	费 率（%）	金 额（元）
1	安全文明施工费	1724.77	5.5	94.86
2	夜间施工费	1724.77	3.0	51.74
3	二次搬运费	1724.77	2.6	44.84
4	冬雨期施工	1724.77	3.3	56.92
5	大型机械设备进出场及安拆费	1724.77	0.0	0.00
6	施工排水	1724.77	0.0	0.00
7	施工降水	1724.77	0.0	0.00
8	地上、地下设施、建筑物的临时保护设施	1724.77	15.0	258.72
9	已完工程及设备保护	1724.77	1.6	27.60
10	脚手架搭拆费	1724.77	5.0	86.24
合 计				620.92

注 计算基础为人工费。

6. 规费、税金项目清单与计价表（见表 4-111）

表 4-111 **规费、税金项目清单与计价表**

工程名称：某餐厅火灾自动报警工程 标段： 第1页 共1页

序号	项目名称	计算基础	费 率（%）	金 额（元）
1	规费			188.75
1.1	工程排污费			
1.2	社会保障费	6369.83＋620.92	2.60	181.76
(1)	养老保险费			
(2)	失业保险费			
(3)	医疗保险费			
1.3	住房公积金			
1.4	危险作业意外伤害保险			
1.5	工程定额测定费	6369.83＋620.92	0.10	6.99
2	税金	分部分项工程费＋措施项目费＋其他项目费＋规费	3.44	246.97
合 计				435.73

注 规费计算基础为分部分项工程费＋措施项目费＋其他项目费，其他项目费本例不计。

第四节 给排水、采暖工程计量计价与应用

一、给排水、采暖工程定额计价工程量计算规则

与给排水、采暖工程施工图预算编制有关的主要是《全国统一安装工程预算定额》的第八册“给排水、采暖、煤气工程”和第十一册“刷油、防腐蚀、绝热工程”。

第八册定额的主要内容适用于生活给水、排水、煤气、采暖热源管道以及附件配件安装。有关附属配套的刷油、保温部分使用第十一册。现以山东省安装工程工程量计算规则为例介绍给排水、采暖工程的计量计价与应用。

（一）采暖管道安装

(1) 各种管道均以施工图所示中心线长度，以“10m”为计量单位，不扣除管件、阀类及各种管道附件（包括减压器、疏水器等组成安装）所占的长度。

(2) 室内管道已包括管卡、托钩、管道支架制作安装及其除锈刷漆，不再另行计算。

(3) 室内外管道均已包括了方形伸缩器制作安装（其两臂长度计入管道延长米）、管道水压试验及冲洗以及碳钢管道除锈刷底漆，不再另行计算。

(4) 保温绝热工程、室外管道支架，按设计要求另行计算。

（二）供暖器具安装

(1) 各型铸铁散热器组成安装以“10 片”为计量单位，其垫片不作换算。铸铁成组散热器安装（成品）以“组”为计量单位。

(2) 光排管散热器制作安装以“10m”为计量单位，定额内已包括联管材料，不再另行计算。

(3) 暖风机、热空气幕安装以“台”为计量单位，其支架制作安装除单重 500kg 以上暖风机外均已包括在定额内，不再另计。

（三）空调水管道安装

(1) 各种管道均以施工图所示中心线长度，以“10m”为计量单位，不扣除阀门、管件、伸缩器等所占长度。

(2) 管道安装定额内已包括了支（吊）架制作安装及除锈刷漆、管道水压试验与冲洗、碳钢管除锈刷底漆，不再另行计算。

(3) 管道绝热及外保护层，按设计要求另行计算。

(4) 空调水室外管道按采暖室外管道安装计算。

（四）给排水管道安装

(1) 各类给排水管道分材质、管径，按施工图所示中心线长度以“10m”为计量单位，不扣除阀门、管件、器具组成和井类所占长度。

(2) 室内管道安装（室内铸铁给水管除外）定额内已包括了管卡（座）、托钩、支吊架制安及除锈刷漆，以及碳钢管、铸铁排水管除锈刷底漆内容，不再另行计算。

(3) 室外给水碳钢管已包括除锈刷底漆，其面漆或防腐层按设计要求另计。排水铸铁管已包括沥青漆防腐，不再另行计算。

(4) 给水铸铁管（包括采用给水铸铁管材的雨水管）按出厂已带有沥青防腐涂层考虑，若实际发生现场防腐或加强防腐时，按设计要求另行计算。

（5）室内外给排水管道均已包括水压（或灌水）试验、给水管道消毒冲洗，不再另行计算。

（6）室内给水铝塑复合管、塑料管等，若设计规定嵌墙或楼（地）面暗敷时，定额人工乘以系数0.80，同时按实调整管件及管卡、扣座、支架类材料用量。

（7）室外管道安装不分地上与埋设，均使用同一定额。

（8）室内外管沟、土方、井类砌筑、管道基础以及墙（地）面暗敷管道水泥砂浆保护层等应按建筑工程消耗量定额相应项目计算。

（五）卫生器具安装

（1）各种卫生器具安装以“10组（套）”为计量单位，已按标准图综合了卫生器具与给水管、排水管连接的人工与材料用量，以及短管、支托架等零星刷漆工料，不再另行计算。

（2）浴盆安装不包括支座和周边的砌砖及瓷砖粘贴。

（3）蹲式大便器安装已包括了固定大便器的垫砖，但不包括大便器蹲台的砌筑。

（4）大便槽、小便槽自动冲洗水箱安装以“10套”为计量单位，已包括了水箱托架的制作安装，不再另行计算。

（5）小便槽冲洗管制作与安装以“10m”为计量单位，不包括阀门安装，其工程量可按相应定额另行计算。

（6）脚踏开关安装，已包括了弯管与喷头的安装，不再另行计算。

（7）水嘴、地漏、地面扫除口安装以“10个”为计量单位。

（六）阀门、法兰、水位标尺等安装

（1）各种阀门安装均以“个”为计量单位。法兰阀门安装如仅为一侧法兰连接时，定额所列法兰、带帽螺栓及垫圈数量减半，其余不变。

（2）各种法兰连接用垫片，均按石棉橡胶板计算。如用其他材料可作调整。

（3）法兰阀（带短管甲乙）安装，当接口材料不同时，可作调整。

（4）浮球阀安装均以“个”为计量单位，已包括了联杆及浮球的安装。

（5）浮标液面计、水位标尺均按国标编制，如设计与国标不符时，可作调整。

（6）自动排气阀安装以“个”为计量单位，已包括了支架制作安装，不再另行计算。

（7）各种伸缩器安装均以“个”为计量单位。

（七）低压器具、水表组成与安装

（1）减压器、疏水器组成安装以“组”为计量单位，如设计组成与定额不同时，阀门和压力表数量可按设计用量进行调整，其余不变。

（2）减压器安装按高压侧的直径计算。

（3）法兰水表安装以“组”为计量单位，按设计选用的不同安装形式计算。

（4）减压阀、疏水阀单体安装的，应按阀门安装相应项目计算。

（5）分水器安装已包括支托架配制，不再另行计算。若设计选用成品托架时，可按外购成品计算并扣除定额内型钢用量，其余不变。

（八）开水炉及箱罐

（1）电热水器、电开水炉安装以“台”为计量单位，只考虑本体安装，连接管、连接件等工程量可按相应定额另行计算。

（2）容积式热交换器安装以“台”为计量单位，不包括安全阀安装、保温与基础砌筑，可按相应定额另行计算。

（3）冷热水混合器安装以“10套”为计量单位，不包括支架制作安装及阀门安装，其工程量可按相应定额另行计算。

（4）蒸汽—水加热器安装以“10套”为计量单位，包括莲蓬头安装，不包括支架制作安装及阀门、疏水器安装，其工程量可按相应定额另行计算。

（5）饮水器安装以“套”为计量单位，阀门和脚踏开关工程量可按相应定额另行计算。

（6）钢板水箱制作按施工图所示尺寸，不扣除人孔、手孔的重量，以“100kg”为计量单位，水位计、内外人梯可按相应定额另行计算。

（7）钢板水箱安装按国家标准图集水箱容量“m^3”使用相应定额，各种水箱安装均以“个”为计量单位。

（九）燃气管道、附件及器具安装

（1）各种管道安装均按设计管道中心线长度以“10m”为计量单位，不扣除各种管件和阀门所占长度。

（2）各种管道安装均已包括管件安装。

（3）室外钢管安装中已包括挖眼接管工作，不再另行计算。

（4）调长器及调长器与阀门联装，包括一副法兰安装，螺栓规格和数量以压力为0.6MPa的法兰装配，如压力不同可按设计要求的规格、数量进行调整，其他不变。

（5）燃气表安装按不同规格、型号分别以“块”为计量单位。民用燃气表安装已包括表托或支架；公用燃气表安装，其支架或支墩可另行计算。

（6）燃气加热设备、灶具等按不同用途、规格、型号分别以“台”为计量单位。

（7）砖砌灶燃烧器气嘴安装分别按燃烧器气嘴数量以“组”为计量单位。

（十）除锈、防腐蚀、绝热工程

（1）除锈项目，管道以“$10m^2$”为计量单位，一般金属结构以“100kg”为计量单位。

（2）定额不包括除微锈（标准：氧化皮完全紧附，仅有少量锈点），发生时按轻锈定额乘以系数0.2。

（3）因施工需要发生的二次除锈。其工程量另行计算。

（4）刷油工程和防腐蚀工程中，设备、管道以“$10m^2$”计量单位，一般金属结构以“100kg”计量单位。

（5）刷油定额按安装位置就地刷（喷）油漆考虑，如安装前集中刷油，人工应乘以系数0.7（暖气片除外）。

（6）标志色环等零星刷油，执行本章定额相应项目，其人工乘以系数2.0，材料消耗量乘以系数1.2。

（7）定额中油漆与稀干料可换算，但人工与材料量不变。

（8）用管材制作的钢结构除锈、刷油和防腐蚀工程，按管道定额项目乘以系数1.20。

（9）计算设备、管道内壁防腐蚀工程量时，当壁厚大于等于10mm时，按其内径计算；当壁厚小于10mm时，按其外径计算。

（10）绝热工程中绝热层以“m^3”为计量单位，防潮层、保护层以“$10m^2$”为计量单位。

（11）金属薄板保护层镀锌铁皮厚度是按0.8mm以下综合考虑的，若厚度大于0.8mm

时，其人工乘以系数 1.2；卧式设备铁皮保护层安装，其人工乘以系数 1.05。

(12) 设备和管道绝热均按现场安装后绝热施工考虑，若先绝热后安装时，其绝热人工乘以系数 0.9。

(13) 采用不锈钢薄板保护层安装时，其人工乘以系数 1.25，钻头用量乘以系数 2.0，机械台班用量乘以系数 1.15。

(14) 现场补口、补伤等零星绝热工程，按相应材质定额项目，其人工、机械乘以系数 2.0，材料消耗量乘以系数 1.20。

(十一) 管道界线划分

1. 给水管道

(1) 室内外界线：入口处设阀门者以阀门为界，无阀门者以建筑物外墙皮 1.5m 为界；

(2) 与市政管道界线以水表井为界，无水表井者，以与市政管道碰头点为界。

2. 排水管道

(1) 室内外以出户第一个排水检查井为界；

(2) 室外管道与市政管道界线以与市政管道碰头井为界。

3. 采暖管道

(1) 室内外以入口阀门或建筑物外墙皮 1.5m 为界；

(2) 与工业管道界线以空调、制冷机房（站）外墙皮 1.5m 为界；

(3) 与设在高层建筑内的机房（站）间管道的界线，以站间外墙皮为界。

(十二) 相关内容

下列内容是按相应定额消耗量为基础计价后进行测算综合取定，其计算方法规定如下：

(1) 高层建筑（指高度在 6 层或 20m 以上的工业与民用建筑）增加费，可按定额附表计算（其中人工工资占 70%，其余为机械费)。

(2) 八册脚手架搭拆费可按定额人工费的 5%计算，其中人工工资占 25%。

(3) 采暖工程系统调整费可按采暖工程定额人工费的 15%计算，其中人工工资占 20%。

(4) 十一册刷油工程脚手架搭拆费按定额人工费的 8%；防腐蚀工程脚手架搭拆费按定额人工费的 12%；绝热工程脚手架搭拆费按定额人工费的 20%计取。其中人工工资占 25%。

二、给排水工程施工图预算编制实例

【例 4-7】 某住宅楼室内给排水工程（图 4-4、图 4-5）施工图预算编制。

(一) 施工图设计说明

(1) 图示尺寸，标高以 m 计，其余均以 mm 计；墙厚 240mm。

(2) 给水管采用镀锌钢管，螺纹连接；排水管采用铸铁排水管，水泥接口。

(3) 卫生设备：蹲式高水箱大便器；洗涤盆；安装达到施工及验收规范要求。

(4) 防腐处理：镀锌钢管明装刷银粉二度，埋地管刷沥青二度；铸铁管明装刷红丹二度，银粉二度；埋地管刷沥青二度。

(5) 主要材料价格见表 4-112。

(二) 工程量计算

根据图纸，结合《全国统一安装工程预算定额》及《山东省安装工程消耗量定额》有关工程量计算规则进行计算。

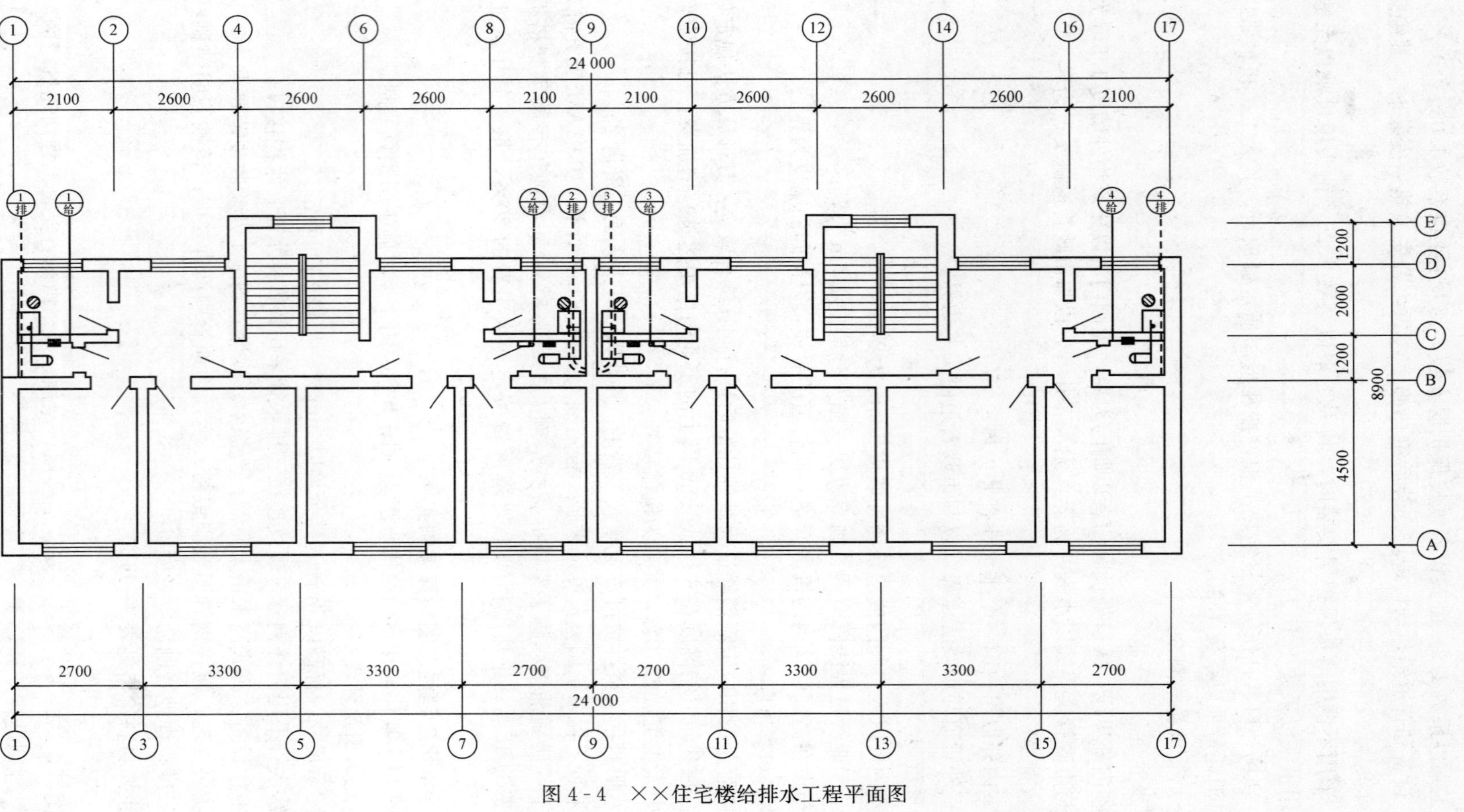

图 4-4 ××住宅楼给排水工程平面图

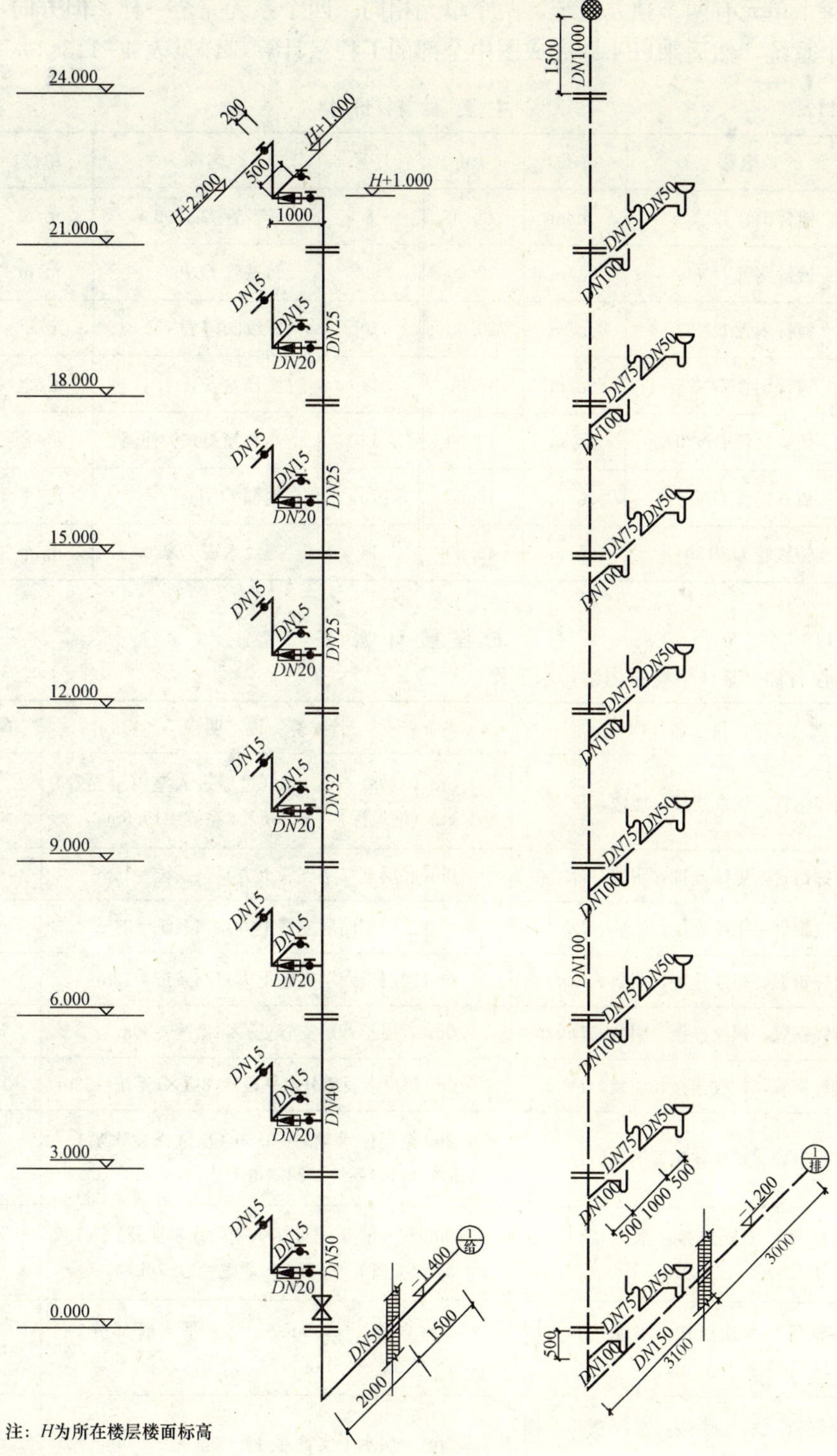

注：H为所在楼层楼面标高

图 4-5　××住宅楼给排水工程系统图

(a) 给水系统图；(b) 排水系统图

图示每个单元有两个独立系统，两个单元相同。四个系统完全一样，但方向不同，只要计算出一个系统，然后乘以 4 即完成图中全部的工程量计算，详见表 4-113。

表 4-112　主要材料价格

序号	名称	单位	单价	序号	名称	单位	单价
1	镀锌钢管 *DN*50	元/m	25.00	8	铸铁管 *DN*100	元/m	35.00
2	镀锌钢管 *DN*40	元/m	22.00	9	铸铁管 *DN*50	元/m	20.00
3	镀锌钢管 *DN*32	元/m	20.00	10	螺纹阀门 *DN*50	元/个	80.00
4	镀锌钢管 *DN*25	元/m	18.00	11	洗涤盆安装	元/组	120.00
5	镀锌钢管 *DN*20	元/m	16.00	12	高水箱蹲式大便器	元/套	250.00
6	镀锌钢管 *DN*15	元/m	15.00	13	地漏 *DN*50	元/个	15.00
7	铸铁管 *DN*150	元/m	40.00	14	螺纹水表 *DN*20	元/个	50.00

表 4-113　工程量计算表

单位工程名称：某住宅楼室内给排水工程

序号	项目名称	计算说明	单位	数量
1	镀锌钢管，螺纹连接，埋地，*DN*50	1.5m（室外）+2.0m（过墙进入室内至立管）+1.4m（埋地深）=4.9m×4 系统=19.6m	m	19.6
2	镀锌钢管，螺纹连接，明装，*DN*50	4.0m(底层至二层支管上方)×4系统=16m	m	16
3	镀锌钢管，螺纹连接，明装，*DN*40	6.0m(二层至四层支管上方)×4系统=24m	m	24
4	镀锌钢管，螺纹连接，明装，*DN*32	3.0m(四层至六层支管上方)×4系统=12m	m	12
5	镀锌钢管，螺纹连接，明装，*DN*25	9.0m(六层至八层支管处)×4系统=36m	m	36
6	镀锌钢管，螺纹连接，明装，*DN*20	1.0m(每户水表部分水平段)×8层×4系统=32m	m	32
7	镀锌钢管，螺纹连接，明装，*DN*15	1.2m(至高位水箱)+0.5m(至洗涤盆水嘴)=1.7m×8层×4系统=54.4m	m	54.4
8	铸铁管，承插连接，水泥接口，埋地，*DN*150	3.0m(室外部分)+3.1m(室内水平部分)+(1.2−0.5)m(立管)=6.8m×4系统=27.2m	m	27.2
9	铸铁管，承插连接，水泥接口，埋地，*DN*100	0.5m(立管)+0.5m(一层水平支管部分)=1.0m×4系统=4.0m	m	4
10	铸铁管，承插连接，水泥接口，埋地，*DN*75	1.0m(一层水平支管部分)×4系统=4.0m	m	4
11	铸铁管，承插连接，水泥接口，埋地，*DN*50	0.5m(一层水平支管部分)+0.5m(一层洗涤盆排水管地下部分)+0.5m(一层地漏地下部分)=1.5m×4系统=6.0m	m	6

续表

序号	项 目 名 称	计 算 说 明	单位	数量
12	铸铁管，承插连接，水泥接口，明装，DN100	24m(8层楼层高)+1.5m(通气管)+0.5m(水平支管部分)×7层=29m×4系统=116.0m	m	116
13	铸铁管，承插连接，水泥接口，明装，DN75	1.0(水平支管部分)×7层=7m×4系统=28m	m	28
14	铸铁管，承插连接，水泥接口，明装，DN50	0.5m(水平支管部分)+0.5m(洗涤盆排水管楼板下部分)+0.5m(地漏楼板下部分)=1.5m×7层×4系统=42.0m	m	42
15	洗涤盆安装	1组×8层×4系统=32组	组	32
16	高水箱蹲式大便器	1套×8层×4系统=32个	套	32
17	地漏安装，DN50	1个×8层×4系统=32个	个	32
18	阀门安装，螺纹连接，DN50	1个×4系统=4个	个	4
19	水表安装，螺纹连接，DN20	1个×8层×4系统=32个	个	32
20	镀锌管刷银粉漆	16m×0.19m^2/m+24m×0.15m^2/m+24m×0.13m^2/m+24m×0.11m^2/m+32m×0.084m^2/m+54.4m×0.08m^2/m=19.44m^2	m^2	19.44
21	镀锌管刷沥青漆	19.6m×0.19m^2/m=3.72m^2	m^2	3.72
22	铸铁管刷银粉漆	116m×0.36m^2/m×1.2+28m×0.28m^2/m×1.2+42m×0.19m^2/m×1.2=69.10m^2	m^2	69.10
23	铸铁管刷沥青漆	27.2m×0.52m^2/m×1.2+4m×0.36m^2/m×1.2+4m×0.28m^2/m×1.2+6m×0.19m^2/m×1.2=21.41	m^2	21.41

注 铸铁排水管的表面积，可根据管壁厚度按实际计算，一般习惯上是将焊接钢管表面积乘系数1.2，即为铸铁管的表面积（包括承口部分）。

（三）计算直接工程费

根据以上工程量，套用《全国统一安装工程预算定额山东省价目表》及主要材料的价格，列表计算此单位工程直接工程费，见表4-114。

（四）计算安装工程费用（造价）

按工程类别及计费标准，计算工程造价。

本例题为8层居住建筑，查阅表2-5可知属于Ⅲ类工程。查阅表2-3计取各类费用，详见表4-115。

表 4-114 安装工程预（结）算书

工程名称：某宿舍楼给排水工程 ×年×月×日

序号	定额编号	项目名称	规格	单位	数量	单价			合计		
						基价	人工费	主材费	合价	人工费	主材费
1	8-292	镀锌钢管（丝接）	DN50	10m	3.56	143.30	66.77	255.00	510.15	237.70	907.80
2	8-291	镀锌钢管（丝接）	DN40	10m	2.40	117.60	63.10	224.40	282.24	151.44	538.56
3	8-290	镀锌钢管（丝接）	DN32	10m	2.40	78.93	47.06	204.00	189.43	112.94	489.60
4	8-289	镀锌钢管（丝接）	DN25	10m	2.40	73.30	47.06	183.60	175.92	112.94	440.64
5	8-288	镀锌钢管（丝接）	DN20	10m	3.20	58.85	39.34	163.20	188.32	125.89	522.24
6	8-287	镀锌钢管（丝接）	DN15	10m	5.44	58.71	39.34	153.00	319.38	214.01	832.32
7	8-395	铸铁污水管（水泥接口）	DN150	10m	2.72	475.79	90.51	384.00	1294.15	246.19	1044.48
8	8-394	铸铁污水管（水泥接口）	DN100	10m	12.00	463.28	81.73	311.50	5559.36	980.76	3738.00
9	8-394	铸铁污水管（水泥接口）	DN75	10m	3.20	393.42	81.03	279.00	1258.94	259.30	892.80
10	8-392	铸铁污水管（水泥接口）	DN50	10m	4.80	187.44	52.03	176.00	899.71	249.74	844.80
11	8-457	洗涤盆	单嘴	10组	3.20	556.24	111.10	1212.00	1779.97	355.52	3878.40
12	8-474	高水箱蹲便器		10套	3.20	1313.49	216.28	2525.00	4203.17	692.10	8080.00
13	8-514	地漏	DN50	10个	3.20	55.47	35.99	150.00	177.50	115.17	480.00
14	8-531	螺纹阀门安装	DN50	个	4.00	14.04	5.50	80.80	56.16	22.00	323.20
15	8-697	室内用户水表安装（螺纹）	DN20	个	32.00	25.02	8.80	50.00	800.64	281.60	1600.00
16		8册小计							17 695.05	4157.30	24 612.84
17	11-57/58	镀锌钢管刷银粉二度		$10m^2$	1.94	30.58	11.50	0.00	59.33	22.31	0.00
18	11-67/68	镀锌钢管刷沥青二度		$10m^2$	0.37	58.13	11.50	0.00	21.51	4.26	0.00
19	11-174/175	铸铁管刷银粉二度		$10m^2$	6.91	36.49	14.02	0.00	252.15	96.88	0.00
20	11-176/177	铸铁管刷沥青二度		$10m^2$	2.14	63.71	14.85	0.00	136.34	31.78	0.00
21		11册小计							469.32	155.22	0.00
22		8册、11册合计							18 164.37	4312.52	24 612.84
23		脚手架搭拆费	8册脚手架搭拆费＋11册脚手架搭拆费						220.28	55.07	
24		其中：8册脚手架搭拆费	8册人工费×5%×25%＝4157.30×5%×25%						207.86	51.97	
25		11册脚手架搭拆费	11册人工费×8%×25%＝155.22×8%×25%						12.42	3.10	
26		高层建筑增加费	合计人工费×17%×70%＝(4312.52＋55.07)×17%×70%						742.49	519.74	
27		直接工程费	18 164.37＋24 612.84＋220.28＋742.49						43 739.98	4887.33	

表 4-115　定额计价的计算程序

项目名称：住宅楼给排水工程　Ⅲ类

序号	费用项目名称	计 算 方 法	金额
一	直接费	43 739.98+1485.75	45 225.73
	(一) 直接工程费	定额表	43 739.98
	其中：人工费 (R1)	定额表	4887.33
	(二) 措施费		1485.75
	1. 环境保护费	R1×费率=4887.33×2.2%	107.52
	2. 文明施工费	R1×费率=4887.33×4.5%	219.93
	3. 临时设施费	R1×费率=4887.33×12%	586.48
	4. 夜间施工增加费	R1×费率=4887.33×2.5%	122.18
	5. 二次搬运费	R1×费率=4887.33×2.1%	102.63
	6. 冬雨期施工增加费	R1×费率=4887.33×2.8%	136.85
	7. 已完工程及设备保护费	R1×费率=4887.33×1.3%	63.54
	8. 总承包服务费	R1×费率=4887.33×3%	146.62
	其中：人工费 (R2)	(107.52+219.93+586.48+63.54)×25%+122.18×50%+(102.63+136.85)×40%	401.25
二	企业管理费	(4887.33+401.25)×42%	2221.20
三	利润	(4887.33+401.25)×20%	1057.72
四	规费		1309.63
	1. 工程排污费	—	
	2. 工程定额测定费	(45 225.73+2221.20+1057.72)×0.1%	48.50
	3. 社会保障费	(45 225.73+2221.20+1057.72)×2.6%	1261.12
	4. 住房公积金	—	
	5. 危险作业意外伤害保险	—	
	6. 安全施工费	—	
五	税金	(45 225.73+2221.20+1057.72+1309.63)×3.44%	1713.61
六	安装工程费用合计	45 225.73+2221.20+1057.72+1309.63+1713.61	51 527.88

三、采暖工程施工图预算编制实例

【例 4-8】 某车间采暖工程（图 4-6）施工图预算编制。

（一）施工图设计说明

(1) 图 4-6 为某车间的部分热水采暖系统图，图中尺寸标高以 m 计，其余均以 mm 计。

(2) 管道均采用焊接钢管，*DN*80 为手工电弧焊，*DN*≤25 的为螺纹连接。未标注支管管径为 *DN*20。

(3) 散热器为成品板式钢制散热器（H500×1000），散热器连接立管顶部及根部均设一阀门（J11T-1.0），每组散热器设一手动放风阀（手动跑风）。

(4) 管道表面人工除轻锈后，均刷红丹防锈漆一度。明装管道刷银粉二度，地下管道用岩棉管壳（δ=30mm）保温，外缠玻璃丝布一道，玻璃丝布外刷冷底子油一道。

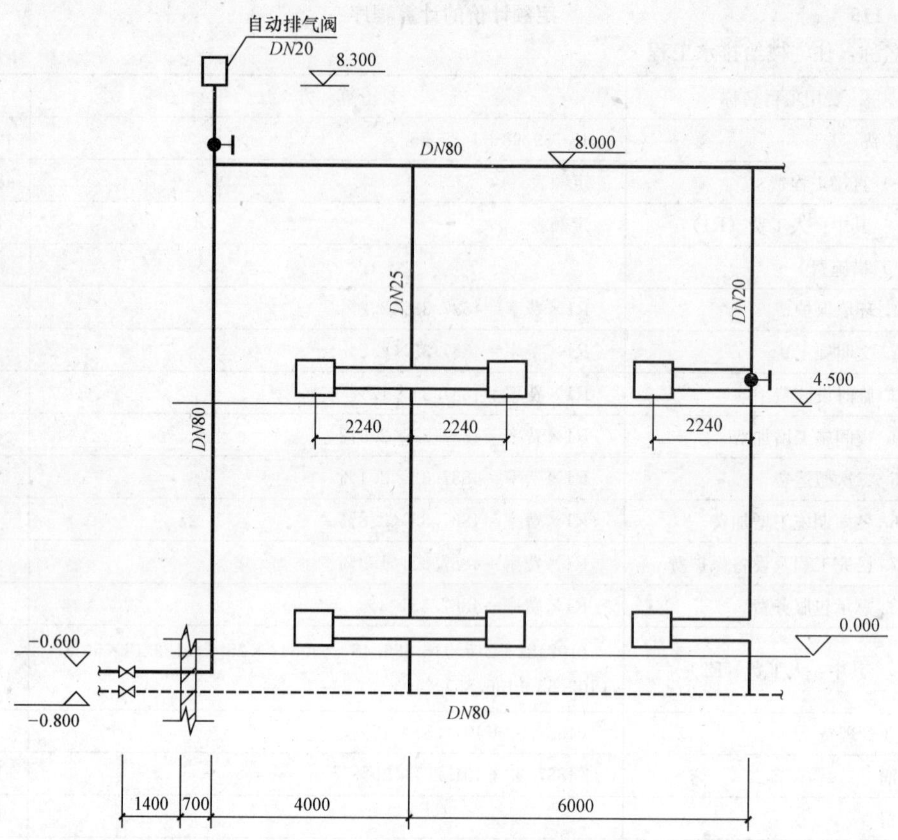

图 4-6 某车间采暖工程系统图

(5) 主要材料价格见表 4-116。

表 4-116 主要材料(主材)价格

序号	名称	规格型号	单位	单价(元)
1	焊接钢管	*DN*80	m	15.00
2	焊接钢管	*DN*25	m	8.00
3	焊接钢管	*DN*20	m	5.00
4	散热器	H500×1000	组	300.00
5	自动排气阀	*DN*20	个	40.00
6	手动放风阀	*DN*8	个	1.50
7	弯头	*DN*80	个	20.00
8	法兰阀	*DN*80	个	250.00
9	螺纹阀	*DN*25	个	30.00
10	螺纹阀	*DN*20	个	25.00
11	法兰	*DN*80	副	50.00
12	岩棉管	30mm	m^3	500.00
13	玻璃丝布		m^2	10.00

（二）工程量计算

根据图纸，结合《全国统一安装工程预算定额》及《山东省安装工程消耗量定额》有关工程量计算规则进行计算（见表4-117）。

表4-117　　工程量计算书

序号	项目名称	单位	计算公式	工程数量
1	焊接钢管焊接 *DN*80	m	1.4×2+0.7×2+0.6+8+4+6+4+6	32.8（14.8）
2	焊接钢管丝接 *DN*25	m	8+0.8−0.5×2	7.8（0.8）
3	焊接钢管丝接 *DN*20	m	8.3−8+8+0.8−0.5+(2.24−0.5)×12	29.48（0.8）
4	板式散热器 H500×1000	组		6
5	法兰阀 *DN*80	个		2
6	螺纹阀 *DN*25	个		2
7	螺纹阀 *DN*20	个		4
8	自动排气阀 *DN*20	个		1
9	手动放风阀 *DN*8	个		6
10	焊接法兰 *DN*80	副		2
11	管道刷银粉漆两遍	m^2	27.79×18/100+10.52×7/100+8.4×28.68/100	8.16
12	管道岩棉保温（δ=30mm）	m^3	1.16×14.8/100+0.63×0.8/100+0.56×0.8/100	0.18
13	玻璃丝布保护层	m^2	50.15×14.8/100+32.88×0.8/100+30.77×0.8/100	7.93
14	玻璃丝布外冷底子油	m^2	50.15×14.8/100+32.88×0.8/100+30.77×0.8/100	7.93

注　1. 带下画线数字，例如：0.8为地面以下管道，标注的目的是便于计算保温、保护层数量。

2. 除锈、刷油、保温及保护层数量计算参照第十一册附录。

（三）计算直接工程费（见表 4-118）

表 4-118 **安装工程预（结）算书**

工程名称：某车间采暖预算　　施工单位：　　共 1 页　第 1 页　　年　月　日

序号	定额编号	项目名称	单位	数量	单价			合计		
					基价	人工费	主材费	合价	人工费	主材费
1	8-63	焊管焊接 *DN*80	10m	3.28	266.99	93.79	153.00	875.73	307.63	501.84
2		弯头 *DN*80	个	2.34			20.00			46.77
3	8-50	焊管丝接 *DN*25	10m	0.78	88.74	51.30	81.60	69.22	40.01	63.65
4	8-49	焊管丝接 *DN*20	10m	2.95	64.94	41.71	51.00	191.57	123.04	150.45
5	8-87	板式散热器 H500×1000	组	6.00	10.99	6.82	300.00	65.94	40.92	1800.00
6	8-545	法兰阀 *DN*80	个	2.00	137.64	16.50	250.00	275.28	33.00	500.00
7	8-528	螺纹阀 *DN*25	个	2.00	5.91	2.64	30.30	11.82	5.28	60.60
8	8-527	螺纹阀 *DN*20	个	4.00	4.80	2.20	25.25	19.20	8.80	101.00
9	8-617	法兰焊接 *DN*80	副	2.00	43.84	9.90	50.00	87.68	19.80	100.00
10	8-641	手动跑风 *DN*8	个	6.00	0.69	0.66	1.52	4.14	3.96	9.09
11	8-639	自动排气阀 *DN*20	个	1.00	11.26	5.15	40.00	11.26	5.15	40.00
12		8 册小计						1611.84	587.60	3373.40
13	11-57/58	管道刷银粉漆两遍	$10m^2$	0.82	30.58	11.50	0.00	25.08	9.43	0.00
14	11-953	管道岩棉保温	m^3	0.18	79.76	60.28	515.00	14.36	10.85	92.70
15	11-1045	玻璃丝布保护层	$10m^2$	0.79	9.96	9.83	140.00	7.87	7.77	110.60
16	11-229	玻璃丝布外冷底子油	$10m^2$	0.79	36.75	17.97	0.00	29.03	14.20	0.00
17		11 册小计						76.33	42.24	203.30
18		脚手架搭拆费	8 册脚手架搭拆费＋11 册刷油脚手架搭拆费＋11 册保温脚手架搭拆费					36.28	9.07	
19		其中：8 册脚手架搭拆费		8 册人工费×5%×25%				29.38	7.34	
20		11 册刷油脚手架搭拆费		11 册刷油人工费×8%×25%				3.17	0.79	
21		11 册保温脚手架搭拆费		11 册保温人工费×20%×25%				3.72	0.93	
22		合计						1724.45	638.91	3576.70
23		采暖系统调整费		合计人工费×15%×20%					95.84	19.17
24		直接工程费		1724.45＋3576.70＋95.84					5396.98	658.08

(四) 计算安装工程费用(造价)

按工程类别及计费标准，计算工程造价。

本例题为2层工业建筑，檐高30m以下，查阅表2-5可知属于Ⅲ类工程。查阅表2-3计取各类费用，详见表4-119。

表4-119　定额计价的计算程序

项目名称：某车间采暖　Ⅲ类

序号	费用项目名称	计算方法	金额
一	直接费	5396.98+200.06	5597.04
	(一) 直接工程费	定额表	5396.98
	其中：人工费(R1)	定额表	658.08
	(二) 措施费		200.06
	1. 环境保护费	R1×费率=658.08×2.2%	14.48
	2. 文明施工费	R1×费率=658.08×4.5%	29.61
	3. 临时设施费	R1×费率=658.08×12%	78.97
	4. 夜间施工增加费	R1×费率=658.08×2.5%	16.45
	5. 二次搬运费	R1×费率=658.08×2.1%	13.82
	6. 冬、雨期施工增加费	R1×费率=658.08×2.8%	18.43
	7. 已完工程及设备保护费	R1×费率=658.08×1.3%	8.56
	8. 总承包服务费	R1×费率=658.08×3%	19.74
	其中：人工费(R2)	(14.48+29.61+78.97+8.56)×25%+16.45×50%+(13.82+18.43)×40%	54.03
二	企业管理费	(658.08+54.03)×42%	299.09
三	利润	(658.08+54.03)×20%	142.42
四	规费		163.04
	1. 工程排污费	—	
	2. 工程定额测定费	(5597.04+299.09+142.42)×0.1%	6.04
	3. 社会保障费	(5597.04+299.09+142.42)×2.6%	157.00
	4. 住房公积金	—	
	5. 危险作业意外伤害保险	—	
	6. 安全施工费	—	
五	税金	(5597.04+299.09+142.42+163.04)×3.44%	213.33
六	安装工程费用合计	5597.04+299.09+142.42+163.04+213.33	6414.92

四、给排水、采暖工程工程量清单计价计算规则

与给排水、采暖工程清单计价有关的是《计价规范》的附录C“安装工程工程量清单项目及计算规则”中的“C. 8给排水、采暖、燃气工程”。常用的项目包括以下内容：

（一）给排水、采暖管道（见表 4 - 120）

表 4 - 120　　给排水、采暖管道（编码：030801）

项目编码	项目名称	项目特征	计量单位	工程量计算规则	工程内容
030801001	镀锌钢管	1. 安装部位（室内、外） 2. 输送介质（给水、排水、热媒、燃气、雨水） 3. 材质 4. 型号、规格 5. 连接方式 6. 套管形式、材质、规格 7. 接口材料 8. 除锈、刷油、防腐、绝热及保护层设计要求	m	按设计图示管道中心线长度以延长米计算，不扣除阀门、管件（包括减压器、疏水器、水表、伸缩器等组成安装）及各种井类所占的长度；方形补偿器以其所占长度按管道安装工程量计算	1. 管道、管件及弯管的制作、安装 2. 管件安装（指铜管管件、不锈钢管管件） 3. 套管（包括防水套管）制作、安装 4. 管道除锈、刷油、防腐 5. 管道绝热及保护层安装、除锈、刷油 6. 给水管道消毒、冲洗 7. 水压及泄漏试验
030801002	钢管				
030801003	承插铸铁管				
030801004	柔性抗震铸铁管				
030801005	塑料管（UPVC、PVC、PPC、PP-R、PE 管等）				
030801006	橡胶连接管				
030801007	塑料复合管				
030801008	钢骨架塑料复合管				
030801009	不锈钢管				
030801010	铜管				
030801011	承插缸瓦管				
030801012	承插水泥管				
030801013	承插陶土管				

（二）管道支架制作安装

管道支架制作安装工程清单项目设置可参见表 4 - 121。

表 4 - 121　　管道支架制作安装（编码：030802）

项目编码	项目名称	项目特征	计量单位	工程量计算规则	工程内容
030802001	管道支架制作安装	1. 形式 2. 除锈、刷油设计要求	kg	按设计图示质量计算	1. 制作、安装 2. 除锈、刷油

（三）管道附件

管道附件制作安装工程清单项目设置可参见表 4 - 122。

表 4 - 122　　管道附件（编码：030803）

项目编码	项目名称	项目特征	计量单位	工程量计算规则	工程内容
030803001	螺纹阀门	1. 类型 2. 材质 3. 型号、规格	个	按设计图示数量计算	安装
030803002	螺纹法兰阀门				
030803003	焊接法兰阀门				
030803004	带短管甲乙的法兰阀				
030803005	自动排气阀				
030803006	安全阀				
030803007	减压器	1. 材质 2. 型号、规格 3. 连接方式	组		
030803008	疏水器				
030803009	法兰		副		
030803010	水表		组		

续表

<table>
<tr><th>项目编码</th><th>项目名称</th><th>项目特征</th><th>计量单位</th><th>工程量计算规则</th><th>工程内容</th></tr>
<tr><td>030803012</td><td>塑料排水管消声器</td><td>型号、规格</td><td rowspan="2">个</td><td rowspan="2">按设计图示数量计算</td><td rowspan="2">安装</td></tr>
<tr><td>030803013</td><td>伸缩器</td><td>1. 类型
2. 材质
3. 型号、规格
4. 连接方式</td></tr>
</table>

（四）卫生器具制作安装

卫生器具制作安装工程清单项目设置（部分项目）可参见表 4-123。

表 4-123　　卫生器具制作安装（编码：030804）

<table>
<tr><th>项目编码</th><th>项目名称</th><th>项目特征</th><th>计量单位</th><th>工程量计算规则</th><th>工程内容</th></tr>
<tr><td>030804001</td><td>浴盆</td><td rowspan="6">1. 材质
2. 组装形式
3. 型号
4. 开关</td><td rowspan="7">组</td><td rowspan="20">按设计图示数量计算</td><td rowspan="13">器具、附件安装</td></tr>
<tr><td>030804002</td><td>净身盆</td></tr>
<tr><td>030804003</td><td>洗脸盆</td></tr>
<tr><td>030804004</td><td>洗手盆</td></tr>
<tr><td>030804005</td><td>洗涤盆（洗菜盆）</td></tr>
<tr><td>030804006</td><td>化验盆</td></tr>
<tr><td>030804007</td><td>淋浴器</td><td rowspan="7">1. 材质
2. 组装方式
3. 型号、规格</td></tr>
<tr><td>030804008</td><td>淋浴间</td><td rowspan="7">套</td></tr>
<tr><td>030804009</td><td>桑拿浴房</td></tr>
<tr><td>030804010</td><td>按摩浴缸</td></tr>
<tr><td>030804011</td><td>烘手机</td></tr>
<tr><td>030804012</td><td>大便器</td></tr>
<tr><td>030804013</td><td>小便器</td></tr>
<tr><td>030804014</td><td>水箱
制作安装</td><td>1. 材质
2. 类型
3. 型号、规格</td><td>1. 制作
2. 安装
3. 支架制作、安装及除锈、刷油
4. 除锈、刷油</td></tr>
<tr><td>030804015</td><td>排水栓</td><td>1. 带存水弯、不带存水弯
2. 材质
3. 型号、规格</td><td>组</td><td rowspan="4">安装</td></tr>
<tr><td>030804016</td><td>水龙头</td><td rowspan="4">1. 材质
2. 型号、规格</td><td rowspan="3">个</td></tr>
<tr><td>030804017</td><td>地漏</td></tr>
<tr><td>030804018</td><td>地面扫除口</td></tr>
<tr><td>030804019</td><td>小便槽冲洗
管制作安装</td><td>m</td><td>制作、安装</td></tr>
<tr><td>030804020</td><td>热水器</td><td>1. 电能源
2. 太阳能源</td><td>台</td><td>1. 安装
2. 管道、管件、附件安装
3. 保温</td></tr>
</table>

续表

项目编码	项目名称	项目特征	计量单位	工程量计算规则	工程内容
030804021	开水炉	1. 类型 2. 型号、规格 3. 安装方式	台	按设计图示数量计算	安装
030804022	容积式热交换器				1. 安装 2. 保温 3. 基础砌筑
030804023	蒸汽—水加热器	1. 类型 2. 型号、规格	套		1. 安装 2. 支架制作、安装 3. 支架除锈、刷油
030804024	冷热水混合器				
030804025	电消毒器		台		安装
030804026	消毒锅				
030804027	饮水器		套		

（五）采暖器具安装

采暖器具安装工程清单项目设置可参见表 4 - 124。

表 4 - 124　　采暖器具（编码：030805）

项目编码	项目名称	项目特征	计量单位	工程量计算规则	工程内容
030805001	铸铁散热器	1. 型号、规格 2. 除锈、刷油	片	按设计图示数量计算	1. 安装 2. 除锈、刷油
030805002	钢制闭式散热器				安装
030805003	钢制板式散热器		组		
030805004	光排管散热器	1. 型号、规格 2. 管径 3. 除锈、刷油	m		1. 制作、安装 2. 除锈、刷油
030805005	钢制壁式散热器	1. 质量 2. 型号、规格	组		安装
030805006	钢制柱式散热器	1. 片数 2. 型号、规格			
030805007	暖风机	1. 质量 2. 型号、规格	台		
030805008	空气幕				

（六）采暖工程系统调整

表 4 - 125　　采暖工程系统调整（编码：030807）

项目编码	项目名称	项目特征	计量单位	工程量计算规则	工程内容
030807001	采暖工程系统调整	系统	系统	按由采暖管道、管件、阀门、法兰、供暖器具组成采暖工程系统计算	系统调整

（七）有关问题的处理

1. 管道界限的划分

（1）给水管道室内外界限划分：以建筑物外墙皮 1.5m 为界，入口处设阀门者以阀门为界。与市政给水管道的界限应以水表井为界；无水表井的，应以与市政给水管道碰头点为界。

（2）排水管道室内外界限划分：应以出户第一个排水检查井为界。室外排水管道与市政排水界限应以与市政管道碰头井为界。

（3）采暖热源管道室内外界限划分：应以建筑物外墙皮 1.5m 为界，入口处设阀门者应以阀门为界；与工业管道界限的应以锅炉房或泵站外墙皮 1.5m 为界。

2. 其他

凡涉及管沟及井类的土石方开挖、垫层、基础、砌筑、抹灰、地井盖板预制安装、回填、运输，路面开挖及修复、管道支墩等，应按《计价规范》附录 A、附录 D 相关项目编码列项。

五、给排水工程工程量清单及计价编制实例

【例 4-9】 如图 4-4、图 4-5 所示××住宅楼室内给排水工程工程量清单及清单计价的编制。

（一）工程量清单编制

应参照第三章第二节工程量清单编制的相关内容及施工图说编制。根据《计价规范》的要求，其编制使用的表格包括封-1、表 3-1、表 3-8、表 3-10～表 3-17、表 3-21。本例只列出其中的几个表。

1. 分部分项工程量清单表

各项目工程量见表 4-126（计算过程可参见表 4-113）。

表 4-126　　分部分项工程量清单表

工程名称：××住宅楼室内给排水工程　　　　第 1 页　共 1 页

序号	项目编码	项目名称	项目特征描述	计量单位	工程量
1	030801001001	镀锌钢管	*DN*50，室内给水工程，螺纹连接，埋地敷设，刷沥青二度	m	19.6
2	030801001002	镀锌钢管	*DN*50，室内给水工程，螺纹连接，明装，刷银粉二度	m	16
3	030801001003	镀锌钢管	*DN*40，室内给水工程，螺纹连接，明装，刷银粉二度	m	24
4	030801001004	镀锌钢管	*DN*32，室内给水工程，螺纹连接，明装，刷银粉二度	m	24
5	030801001005	镀锌钢管	*DN*25，室内给水工程，螺纹连接，明装，刷银粉二度	m	24
6	030801001006	镀锌钢管	*DN*20，室内给水工程，螺纹连接，明装，刷银粉二度	m	32
7	030801001007	镀锌钢管	*DN*15，室内给水工程，螺纹连接，明装，刷银粉二度	m	54.4
8	030801003001	承插铸铁管	*DN*150，室内排水工程，水泥接口，埋地敷设，刷沥青二度	m	27.2
9	030801003002	承插铸铁管	*DN*100，室内排水工程，水泥接口，埋地敷设，刷沥青二度	m	8

续表

序号	项目编码	项目名称	项目特征描述	计量单位	工程量
10	030801003003	承插铸铁管	DN75，室内排水工程，水泥接口，埋地敷设，刷沥青二度	m	4
11	030801003004	承插铸铁管	DN50，室内排水工程，水泥接口，埋地敷设，刷沥青二度	m	6
12	030801003005	承插铸铁管	DN100，室内排水工程，水泥接口，明装，刷红丹二度刷，银粉二度	m	116
13	030801003006	承插铸铁管	DN75，室内排水工程，水泥接口，明装，刷红丹二度刷，银粉二度	m	28
14	030801003007	承插铸铁管	DN50，室内排水工程，水泥接口，明装，刷红丹二度刷，银粉二度	m	42
15	030803001001	螺纹阀门	DN50，截止阀，螺纹连接	个	4
16	030803010001	水表	DN20，螺纹连接	个	32
17	030804005001	洗涤盆安装	陶瓷，成组安装	组	32
18	030804012001	大便器	蹲便器，带高水箱，成套安装	套	32
19	030804017001	地漏	DN50，铸铁	个	32

2. 材料暂估单价表

材料暂估单价表见表 4-127。

表 4-127　　材料暂估单价表

工程名称：××住宅楼室内给排水工程　　第1页　共1页

序号	材料名称、规格、型号	计量单位	单价（元）	备注
1	镀锌钢管 DN50	元/m	25.00	
2	镀锌钢管 DN40	元/m	22.00	
3	镀锌钢管 DN32	元/m	20.00	
4	镀锌钢管 DN25	元/m	18.00	
5	镀锌钢管 DN20	元/m	16.00	
6	镀锌钢管 DN15	元/m	15.00	
7	铸铁管 DN150	元/m	40.00	
8	铸铁管 DN100	元/m	35.00	
9	铸铁管 DN50	元/m	20.00	
10	螺纹阀门 DN50	元/个	80.00	
11	洗涤盆安装	元/组	120.00	
12	高水箱蹲式大便器	元/套	250.00	
13	地漏 DN50	元/个	15.00	
14	螺纹水表 DN20	元/个	50.00	

3. 其他

措施项目清单、其他措施项目清单及规费、税金项目清单未作特别约定，按规定计取。

(二) 工程量清单计价编制

根据《计价规范》的要求，投标报价使用的表格包括：封-3、表3-1～表3-4、表3-8～表3-17、表3-21。本例只列出其中主要的几个表。

1. 总说明（见表 4-128）

表 4-128　　总　说　明

工程名称：××住宅楼给排水工程　　第1页　共1页

1. 工程概况：××住宅楼给排水工程
2. 招标范围：图纸范围内所有项目
3. 工程质量要求：合格
4. 工程量清单编制依据：《建设工程工程量清单计价规范》、参考费率等
5. 本工程以定额人工费为取费基数，其中管理费费率为 62%，利润率为 51%，规费费率 2.6%，税金 3.44%。人工单价为 28 元/工日

2. 单位工程招标控制价/投标报价汇总表（见表 4-129）

表 4-129　　单位工程招标控制价/投标报价汇总表

工程名称：××住宅楼给排水工程　　标段：　　第1页　共1页

序号	汇 总 内 容	金额（元）	其中：暂估价（元）
1	分部分项工程	48 606.24	24 435.24
1.1	镀锌钢管 *DN*50 埋地	997.05	499.80
1.2	镀锌钢管 *DN*50 明装	806.40	408.00
1.3	镀锌钢管 *DN*40 明装	1055.04	538.56
1.4	镀锌钢管 *DN*32 明装	428.04	244.80
1.5	镀锌钢管 *DN*25 明装	1186.20	660.96
1.6	镀锌钢管 *DN*20 明装	904.00	522.24
1.7	镀锌钢管 *DN*15 明装	1479.68	832.32
1.8	承插铸铁管 *DN*150 埋地	2838.86	1044.48
1.9	承插铸铁管 *DN*100 埋地	372.12	124.60
1.10	承插铸铁管 *DN*50 埋地	285.40	119.04
1.11	承插铸铁管 *DN*100 明装	276.60	105.60
1.12	承插铸铁管 *DN*50 明装	10 924.88	3613.40
1.13	承插铸铁管 *DN*75 埋地	2021.6	833.28
1.14	承插铸铁管 *DN*75 明装	1962.24	739.20
1.15	螺纹阀门 *DN*50	410.92	323.20
1.16	水表 *DN*20	2804.48	1600.00
1.17	洗涤盆安装	6168.32	3878.40
1.18	大便器	13 275.84	8080.00
1.19	地漏	822.72	480.00
2	措施项目	1470.74	
2.1	安全文明施工费	219.18	
2.2	夜间施工费	121.77	
2.3	二次搬运费	102.28	
2.4	冬雨期施工	136.38	
2.5	大型机械设备进出场及安拆费	0.00	
2.6	施工排水	0.00	
2.7	施工降水	0.00	
2.8	地上、地下设施、建筑物的临时保护设施	584.48	
2.9	已完工程及设备保护	63.32	
2.10	脚手架搭拆费	243.53	
3	其他项目	0.00	
3.1	暂列金额		
3.2	专业工程暂估价		
3.3	计日工		
3.4	总承包服务费		
4	规费	1363.27	
5	税金	1783.80	
招标控制价合计=1+2+3+4+5		53 638.20	24 647.88

3. 分部分项工程量清单计价表（见表 4-130）

表 4-130 **分部分项工程量清单计价表**

工程名称：××住宅楼给排水工程 标段： 第 1 页 共 1 页

序号	项目编码	项目名称	项目特征描述	计量单位	工程量	金额（元）			
						综合单价	合价	其中：人工费	其中：暂估价
1	030801001001	镀锌钢管	*DN*50，室内给水工程，螺纹连接，埋地敷设，刷沥青二度	m	19.6	50.87	997.05	151.20	499.80
2	030801001002	镀锌钢管	*DN*50，室内给水工程，螺纹连接，明装，刷银粉二度	m	16	50.40	806.40	123.41	408.00
3	030801001003	镀锌钢管	*DN*40，室内给水工程，螺纹连接，明装，刷银粉二度	m	24	43.96	1055.04	174.09	538.56
4	030801001004	镀锌钢管	*DN*32，室内给水工程，螺纹连接，明装，刷银粉二度	m	12	35.67	428.04	65.25	244.80
5	030801001005	镀锌钢管	*DN*25，室内给水工程，螺纹连接，明装，刷银粉二度	m	36	32.95	1186.20	194.60	660.96
6	030801001006	镀锌钢管	*DN*20，室内给水工程，螺纹连接，明装，刷银粉二度	m	32	28.25	904.00	144.34	522.24
7	030801001007	镀锌钢管	*DN*15，室内给水工程，螺纹连接，明装，刷银粉二度	m	54.4	27.20	1479.68	245.14	832.32
8	030801003001	承插铸铁管	*DN*150，室内排水工程，水泥接口，埋地敷设，刷沥青二度	m	27.2	104.37	2838.86	304.23	1044.48
9	030801003002	承插铸铁管	*DN*100，室内排水工程，水泥接口，埋地敷设，刷沥青二度	m	4	93.03	372.12	39.57	124.60
10	030801003003	承插铸铁管	*DN*75，室内排水工程，水泥接口，埋地敷设，刷沥青二度	m	4	71.35	285.40	30.83	119.04
11	030801003004	承插铸铁管	*DN*50，室内排水工程，水泥接口，埋地敷设，刷沥青二度	m	6	46.10	276.60	37.26	105.60
12	030801003005	承插铸铁管	*DN*100，室内排水工程，水泥接口，明装，刷红丹二度，刷银粉二度	m	116	94.18	10 924.88	1216.96	3613.40
13	030801003006	承插铸铁管	*DN*75，室内排水工程，水泥接口，明装，刷红丹二度，制银粉二度	m	28	72.20	2012.6	228.46	833.28
14	030801003007	承插铸铁管	*DN*50，室内排水工程，水泥接口，明装，刷红丹二度刷，银粉二度	m	42	46.72	1962.24	274.44	739.20

续表

序号	项目编码	项目名称	项目特征描述	计量单位	工程量	金额（元）			
						综合单价	合价	其中：人工费	其中：暂估价
15	030803001001	螺纹阀门	*DN*50，截止阀，螺纹连接	个	4	102.73	410.92	24.62	323.20
16	030803010001	水表	*DN*20，螺纹连接	个	32	87.64	2804.48	315.11	1600.00
17	030804005001	洗涤盆安装	陶瓷，成组安装	组	32	192.76	6168.32	397.83	3878.40
18	030804012001	大便器	蹲便器，带高水箱，成套安装	套	32	414.87	13 275.84	774.46	8080.00
19	030804017001	地漏	*DN*50，铸铁	个	32	25.71	822.72	128.87	480.00
合计							49 020.39	4870.67	24 647.88

4. 工程量清单综合单价分析表（见表 4-131～表 4-149）

表 4-131 **工程量清单综合单价分析表**

工程名称：××住宅楼给排水工程　　标段：　　第 1 页　共 19 页

项目编码		030801001001		项目名称		镀锌钢管 *DN*50					计量单位	m	
清单综合单价组成明细													
定额编号	定额名称	定额单位	数量	单价					合价				
				人工费	材料费	机械费	管理费	利润	人工费	材料费	机械费	管理费	利润
8-292	镀锌钢管 *DN*50	10m	1.96	66.77	60.41	16.65	41.40	34.05	130.87	118.40	32.63	81.14	66.74
11-67	镀锌钢管刷沥青一度	$10m^2$	0.37	5.85	25.08	0.00	3.63	2.98	2.16	9.28	0.00	1.34	1.10
11-68	镀锌钢管刷沥青二度	$10m^2$	0.37	5.65	21.55	0.00	3.50	2.88	2.09	7.97	0.00	1.30	1.07
	高层建筑增加费	元							16.08		6.89	9.97	8.20
人工单价		小计							151.20	135.66	39.53	93.75	77.11
28 元/工日		未计价材料费							499.80				
清单项目综合单价									50.87				
材料费明细	主要材料名称、规格、型号					单位	数量		单价（元）	合价（元）	暂估单价（元）	暂估合价（元）	
	镀锌钢管 *DN*50					m	19.99				25.00	499.80	
	其他材料费											0.00	
	材料费小计											499.80	

注　高层建筑增加费按人工费的 17%计，其中人工费占 70%，机械费占 30%。

表 4 - 132 **工程量清单综合单价分析表**

工程名称：××住宅楼给排水工程　　　　标段：　　　　第 2 页　共 19 页

项目编码	030801001002			项目名称	镀锌钢管 DN50						计量单位	m	
清单综合单价组成明细													
定额编号	定额名称	定额单位	数量	单价					合价				
				人工费	材料费	机械费	管理费	利润	人工费	材料费	机械费	管理费	利润
8-292	镀锌钢管 DN50	10m	1.60	66.77	60.41	16.65	41.40	34.05	106.83	96.66	26.64	66.24	54.48
11-57	镀锌钢管刷银粉一度	$10m^2$	0.30	5.85	9.98	0.00	3.63	2.98	1.76	2.99	0.00	1.09	0.90
11-58	镀锌钢管刷银粉二度	$10m^2$	0.30	5.65	9.10	0.00	3.50	2.88	1.70	2.73	0.00	1.05	0.86
	高层建筑增加费	元							13.12		5.62	8.14	6.69
人工单价		小计							123.41	102.38	32.26	76.51	62.94
28 元/工日		未计价材料费							408.00				
清单项目综合单价									50.34				
材料费明细	主要材料名称、规格、型号					单位	数量		单价（元）	合价（元）	暂估单价（元）	暂估合价（元）	
	镀锌钢管 DN50					m	16.32				25.00	408.00	
	其他材料费											0.00	
	材料费小计											408.00	

注　高层建筑增加费按人工费的 17%计，其中人工费占 70%，机械费占 30%。

表 4-133

工程量清单综合单价分析表

工程名称：××住宅楼给排水工程　　　　标段：　　　　第 3 页　共 19 页

项目编码		030801001003		项目名称		镀锌钢管 $DN40$					计量单位	m	
清单综合单价组成明细													
定额编号	定额名称	定额单位	数量	单价					合价				
				人工费	材料费	机械费	管理费	利润	人工费	材料费	机械费	管理费	利润
8-291	镀锌钢管 $DN40$	10m	2.40	63.1	42.92	11.58	39.12	32.18	151.44	103.01	27.79	93.89	77.23
11-57	镀锌钢管刷银粉一度	$10m^2$	0.36	5.85	9.98	0.00	3.63	2.98	2.11	3.59	0.00	1.31	1.07
11-58	镀锌钢管刷银粉二度	$10m^2$	0.36	5.65	9.10	0.00	3.50	2.88	2.03	3.28	0.00	1.26	1.04
	高层建筑增加费	元							18.51		7.93	11.48	9.44
人工单价		小计							174.09	109.88	35.73	107.94	88.79
28 元/工日		未计价材料费							538.56				
清单项目综合单价									43.96				
材料费明细	主要材料名称、规格、型号					单位	数量		单价（元）	合价（元）	暂估单价（元）	暂估合价（元）	
	镀锌钢管 $DN40$					m	24.48				22.00	538.56	
	其他材料费											0.00	
	材料费小计											538.56	

注　高层建筑增加费按人工费的 17%计，其中人工费占 70%，机械费占 30%。

表 4-134

工程量清单综合单价分析表

工程名称：××住宅楼给排水工程　　　　标段：　　　　第 4 页　共 19 页

项目编码	030801001004			项目名称		镀锌钢管 $DN32$					计量单位	m	
清单综合单价组成明细													
定额编号	定额名称	定额单位	数量	单价					合价				
				人工费	材料费	机械费	管理费	利润	人工费	材料费	机械费	管理费	利润
8-290	镀锌钢管 $DN32$	10m	1.20	47.06	30.36	1.51	29.18	24.00	56.47	36.43	1.81	35.02	28.80
11-57	镀锌钢管刷银粉一度	$10m^2$	0.16	5.85	9.98	0.00	3.63	2.98	0.94	1.60	0.00	0.58	0.48
11-58	镀锌钢管刷银粉二度	$10m^2$	0.16	5.65	9.10	0.00	3.50	2.88	0.90	1.46	0.00	0.56	0.46
	高层建筑增加费	元							6.94		2.97	4.30	3.54
人工单价		小计							65.25	39.48	4.79	40.46	33.28
28 元/工日		未计价材料费							244.80				
清单项目综合单价									35.67				
材料费明细	主要材料名称、规格、型号					单位	数量		单价（元）	合价（元）	暂估单价（元）	暂估合价（元）	
	镀锌钢管 $DN32$					m	12.24				20.00	244.80	
	其他材料费											0.00	
	材料费小计											244.80	

注 高层建筑增加费按人工费的 17%计，其中人工费占 70%，机械费占 30%。

表 4 - 135

工程量清单综合单价分析表

工程名称：××住宅楼给排水工程　　　　标段：　　　　第 5 页　共 19 页

项目编码	030801001005			项目名称		镀锌钢管 *DN*25					计量单位	m	
清单综合单价组成明细													
定额编号	定额名称	定额单位	数量	单价					合价				
				人工费	材料费	机械费	管理费	利润	人工费	材料费	机械费	管理费	利润
8-289	镀锌钢管 *DN*25	10m	3.60	47.06	24.73	1.51	29.18	24.00	169.42	89.03	5.44	105.05	86.40
11-57	镀锌钢管刷银粉一度	10m²	0.39	5.85	9.98	0.00	3.63	2.98	2.28	3.89	0.00	1.42	1.16
11-58	镀锌钢管刷银粉二度	10m²	0.39	5.65	9.10	0.00	3.50	2.88	2.20	3.55	0.00	1.37	1.12
	高层建筑增加费	元							20.69		8.87	12.83	10.55
人工单价		小计							194.60	96.47	14.30	120.66	99.24
28 元/工日		未计价材料费							660.96				
清单项目综合单价									32.95				
材料费明细	主要材料名称、规格、型号					单位	数量		单价（元）	合价（元）	暂估单价（元）	暂估合价（元）	
	镀锌钢管 *DN*25					m	36.72				18.00	660.96	
	其他材料费											0.00	
	材料费小计											660.96	

注　高层建筑增加费按人工费的 17%计，其中人工费占 70%，机械费占 30%。

表 4-136 **工程量清单综合单价分析表**

工程名称：××住宅楼给排水工程　　标段：　　第 6 页　共 19 页

项目编码		030801001006		项目名称		镀锌钢管 $DN20$					计量单位	m	
清单综合单价组成明细													
定额编号	定额名称	定额单位	数量	单价					合价				
				人工费	材料费	机械费	管理费	利润	人工费	材料费	机械费	管理费	利润
8-288	镀锌钢管 $DN20$	10m	3.20	39.34	19.51	0.00	24.39	20.06	125.89	62.43	0.00	78.05	64.20
11-57	镀锌钢管刷银粉一度	$10m^2$	0.27	5.85	9.98	0.00	3.63	2.98	1.58	2.69	0.00	0.98	0.81
11-58	镀锌钢管刷银粉二度	$10m^2$	0.27	5.65	9.10	0.00	3.50	2.88	1.53	2.46	0.00	0.95	0.78
	高层建筑增加费	元							15.35		6.58	9.52	7.83
人工单价		小计							144.34	67.58	6.58	89.50	73.62
28 元/工日		未计价材料费							522.24				
清单项目综合单价									28.25				
材料费明细	主要材料名称、规格、型号					单位	数量		单价（元）	合价（元）	暂估单价（元）	暂估合价（元）	
	镀锌钢管 $DN20$					m	32.64				16	522.24	
	其他材料费											0.00	
	材料费小计											522.24	

注　高层建筑增加费按人工费的 17%计，其中人工费占 70%，机械费占 30%。

表 4-137

工程量清单综合单价分析表

工程名称：××住宅楼给排水工程　　　　标段：　　　　第 7 页　共 19 页

项目编码	030801001007	项目名称		镀锌钢管 $DN15$							计量单位	m	
清单综合单价组成明细													
定额编号	定额名称	定额单位	数量	单价					合价				
				人工费	材料费	机械费	管理费	利润	人工费	材料费	机械费	管理费	利润
8-287	镀锌钢管 $DN15$	10m	5.44	39.34	19.37	0.00	24.39	20.06	214.01	105.37	0.00	132.69	109.14
11-57	镀锌钢管刷银粉一度	$10m^2$	0.44	5.85	9.98	0.00	3.63	2.98	2.57	4.39	0.00	1.60	1.31
11-58	镀锌钢管刷银粉二度	$10m^2$	0.44	5.65	9.10	0.00	3.5	2.88	2.49	4	0.00	1.54	1.27
	高层建筑增加费	元							26.07		11.17	16.16	13.30
人工单价		小计							245.14	113.77	11.17	151.99	125.02
28 元/工日		未计价材料费							832.32				
清单项目综合单价									27.20				
材料费明细	主要材料名称、规格、型号			单位		数量			单价（元）	合价（元）	暂估单价（元）	暂估合价（元）	
	镀锌钢管 $DN15$			m		55.49					15	832.32	
	其他材料费											0.00	
	材料费小计											832.32	

注　高层建筑增加费按人工费的 17%计，其中人工费占 70%，机械费占 30%。

表 4-138　　**工程量清单综合单价分析表**

工程名称：××住宅楼给排水工程　　标段：　　第 8 页　共 19 页

项目编码		030801003001		项目名称		承插铸铁管 $DN150$					计量单位	m	
清单综合单价组成明细													
定额编号	定额名称	定额单位	数量	单价					合价				
				人工费	材料费	机械费	管理费	利润	人工费	材料费	机械费	管理费	利润
8-395	承插铸铁管 $DN150$	10m	2.72	90.51	376.03	9.25	56.12	46.16	246.19	1022.8	25.16	152.64	125.56
11-176	铸铁管刷沥青漆一度	$10m^2$	1.73	7.52	25.08	0.00	4.66	3.84	13.01	43.39	0.00	8.07	6.63
11-177	铸铁管刷沥青漆二度	$10m^2$	1.73	7.33	23.78	0.00	4.54	3.74	12.68	41.14	0.00	7.86	6.47
	高层建筑增加费	元							32.35		13.87	20.06	16.50
人工单价		小计							304.23	1107.33	39.03	188.63	155.16
28 元/工日		未计价材料费							1044.48				
清单项目综合单价									104.37				
材料费明细	主要材料名称、规格、型号			单位	数量				单价（元）	合价（元）	暂估单价（元）	暂估合价（元）	
	铸铁管 $DN150$			m	26.11						40	1044.48	
	其他材料费											0.00	
	材料费小计											1044.48	

注　高层建筑增加费按人工费的 17%计，其中人工费占 70%，机械费占 30%。

表 4 - 139

工程量清单综合单价分析表

工程名称：××住宅楼给排水工程　　　标段：　　　第 9 页　共 19 页

项目编码	030801003002	项目名称		承插铸铁管 *DN*100							计量单位		m
清单综合单价组成明细													
定额编号	定额名称	定额单位	数量	单价					合价				
				人工费	材料费	机械费	管理费	利润	人工费	材料费	机械费	管理费	利润
8-394	承插铸铁管 *DN*100	10m	0.40	81.73	372.34	9.21	50.67	41.68	32.69	148.94	3.68	20.27	16.67
11-176	铸铁管刷沥青漆一度	10m²	0.18	7.52	25.08	0.00	4.66	3.84	1.35	4.51	0.00	0.84	0.69
11-177	铸铁管刷沥青漆二度	10m²	0.18	7.33	23.78	0.00	4.54	3.74	1.32	4.28	0.00	0.82	0.67
	高层建筑增加费	元							4.21		1.80	2.61	2.15
人工单价		小计							39.57	157.73	5.49	24.53	20.18
28元/工日		未计价材料费							124.60				
清单项目综合单价									93.03				

材料费明细	主要材料名称、规格、型号	单位	数量	单价（元）	合价（元）	暂估单价（元）	暂估合价（元）
	铸铁管 *DN*100	m	3.56			35	124.60
	其他材料费						0.00
	材料费小计						124.60

注　高层建筑增加费按人工费的 17%计，其中人工费占 70%，机械费占 30%。

表 4 - 140 **工程量清单综合单价分析表**

工程名称：××住宅楼给排水工程　　标段：　　第 10 页　共 19 页

项目编码		030801003003		项目名称		承插铸铁管 DN75					计量单位	m	
清单综合单价组成明细													
定额编号	定额名称	定额单位	数量	单价					合价				
				人工费	材料费	机械费	管理费	利润	人工费	材料费	机械费	管理费	利润
8-393	承插铸铁管 DN75	10m	0.40	63.67	236.63	7.67	32.26	26.54	25.47	94.65	3.07	12.90	10.62
11-176	铸铁管刷沥青漆一度	$10m^2$	0.14	7.52	25.08	0.00	4.66	3.84	1.05	3.51	0.00	0.65	0.54
11-177	铸铁管刷沥青漆二度	$10m^2$	0.14	7.33	23.78	0.00	4.54	3.74	1.03	3.33	0.00	0.64	0.52
	高层建筑增加费	元							3.28		1.40	2.03	1.67
人工单价		小计							30.83	101.49	4.47	16.22	13.35
28 元/工日		未计价材料费							119.04				
清单项目综合单价									71.35				
材料费明细	主要材料名称、规格、型号			单位	数量				单价（元）	合价（元）	暂估单价（元）	暂估合价（元）	
	铸铁管 DN75			m	3.72						32	119.04	
	其他材料费											0.00	
	材料费小计											119.04	

注　高层建筑增加费按人工费的 17%计，其中人工费占 70%，机械费占 30%。

表 4-141　　　　**工程量清单综合单价分析表**

工程名称：××住宅楼给排水工程　　　　标段：　　　　第 11 页　共 19 页

项目编码	030801003004		项目名称		承插铸铁管 DN50						计量单位	m	
清单综合单价组成明细													
定额编号	定额名称	定额单位	数量	单价					合价				
				人工费	材料费	机械费	管理费	利润	人工费	材料费	机械费	管理费	利润
8-392	承插铸铁管 DN50	10m	0.60	52.03	129.24	9.21	32.26	26.54	31.22	77.54	5.53	19.36	15.92
11-176	铸铁管刷沥青漆一度	10m²	0.14	7.52	25.08	0.00	4.66	3.84	1.05	3.51	0.00	0.65	0.54
11-177	铸铁管刷沥青漆二度	10m²	0.14	7.33	23.78	0.00	4.54	3.74	1.03	3.33	0.00	0.64	0.52
	高层建筑增加费	元							3.96		1.70	2.46	2.02
人工单价		小计							37.26	84.38	7.22	23.10	19.01
28 元/工日		未计价材料费							105.60				
清单项目综合单价									46.10				
材料费明细	主要材料名称、规格、型号					单位	数量		单价（元）	合价（元）	暂估单价（元）	暂估合价（元）	
	铸铁管 DN50					m	5.28				20	105.60	
	其他材料费											0.00	
	材料费小计											105.60	

注　高层建筑增加费按人工费的 17%计，其中人工费占 70%，机械费占 30%。

表 4-142

工程量清单综合单价分析表

工程名称：××住宅楼给排水工程　　标段：　　第 12 页　共 19 页

项目编码		030801003005		项目名称		承插铸铁管 DN100				计量单位		m	
清单综合单价组成明细													
定额编号	定额名称	定额单位	数量	单价					合价				
				人工费	材料费	机械费	管理费	利润	人工费	材料费	机械费	管理费	利润
8-394	承插铸铁管 DN100	10m	11.60	81.73	372.34	9.21	50.67	41.68	948.07	4319.14	106.84	587.77	483.49
11-172	铸铁管刷红丹漆一度	10m²	5.01	6.91	16.45	0.00	4.28	3.52	34.62	82.41	0.00	21.44	17.64
11-173	铸铁管刷红丹漆一度	10m²	5.01	6.91	17.52	0.00	4.28	3.52	34.62	87.78	0.00	21.44	17.64
11-175	铸铁管刷银粉漆一度	10m²	5.01	7.11	11.83	0.00	4.41	3.63	35.62	59.27	0.00	22.09	18.19
11-176	铸铁管刷银粉漆二度	10m²	5.01	6.91	10.64	0.00	4.28	3.52	34.62	53.31	0.00	21.44	17.64
	高层建筑增加费	元							129.42		10.80	80.24	66.00
人工单价		小计							1216.96	4601.91	117.63	754.43	620.58
28 元/工日		未计价材料费							3613.40				
清单项目综合单价									94.18				
材料费明细	主要材料名称、规格、型号					单位	数量		单价（元）	合价（元）	暂估单价（元）	暂估合价（元）	
	铸铁管 DN100					m	103.24				35.00	3613.40	
	其他材料费											0.00	
	材料费小计											3613.40	

注　高层建筑增加费按人工费的 17%计，其中人工费占 70%，机械费占 30%。

表 4-143

工程量清单综合单价分析表

工程名称：××住宅楼给排水工程　　标段：　　第 13 页　共 19 页

项目编码		030801003006		项目名称		承插铸铁管 $DN75$					计量单位	m	
清单综合单价组成明细													
定额编号	定额名称	定额单位	数量	单价					合价				
				人工费	材料费	机械费	管理费	利润	人工费	材料费	机械费	管理费	利润
8-393	承插铸铁管 $DN75$	10m	2.8	63.67	236.63	7.67	32.26	26.54	178.28	662.56	21.48	90.33	74.31
11-172	铸铁管刷红丹漆一度	10m²	0.93	6.91	16.45	0.00	4.28	3.52	6.43	15.30	0.00	3.98	3.27
11-173	铸铁管刷红丹漆一度	10m²	0.93	6.91	17.52	0.00	4.28	3.52	6.43	16.29	0.00	3.98	3.27
11-175	铸铁管刷银粉漆一度	10m²	0.93	7.11	11.83	0.00	4.41	3.63	6.61	11.00	0.00	4.10	3.38
11-176	铸铁管刷银粉漆二度	10m²	0.93	6.91	10.64	0.00	4.28	3.52	6.43	9.90	0.00	3.98	3.27
	高层建筑增加费	元							24.30		2.09	15.06	12.39
人工单价		小计							228.46	715.05	23.56	121.43	99.90
28元/工日		未计价材料费							833.28				
清单项目综合单价									72.20				
材料费明细	主要材料名称、规格、型号					单位	数量		单价（元）	合价（元）	暂估单价（元）	暂估合价（元）	
	铸铁管 $DN75$					m	26.04				32.00	833.28	
	其他材料费											0.00	
	材料费小计											833.28	

注　高层建筑增加费按人工费的17%计，其中人工费占70%，机械费占30%。

表 4-144 **工程量清单综合单价分析表**

工程名称：××住宅楼给排水工程 标段： 第 14 页 共 19 页

项目编码		030801003007		项目名称		承插铸铁管 $DN50$					计量单位	m	
清单综合单价组成明细													
定额编号	定额名称	定额单位	数量	单价					合价				
				人工费	材料费	机械费	管理费	利润	人工费	材料费	机械费	管理费	利润
8-392	承插铸铁管 $DN50$	10m	4.20	52.03	129.24	9.21	32.26	26.54	218.53	542.81	38.68	135.49	111.47
11-172	铸铁管刷红丹漆一度	$10m^2$	0.96	6.91	16.45	0.00	4.28	3.52	6.63	15.79	4.11	3.38	
11-173	铸铁管刷红丹漆一度	$10m^2$	0.96	6.91	17.52	0.00	4.28	3.52	6.63	16.82	4.11	3.38	
11-175	铸铁管刷银粉漆一度	$10m^2$	0.96	7.11	11.83	0.00	4.41	3.63	6.83	11.36	0.00	4.23	3.18
11-176	铸铁管刷银粉漆二度	$10m^2$	0.96	6.91	10.64	0.00	4.28	3.52	6.63	10.21	0.00	4.11	3.38
	高层建筑增加费	元							29.19		3.00	18.09	14.88
人工单价		小计							274.44	596.99	41.68	170.15	139.97
28元/工日		未计价材料费							739.20				
清单项目综合单价									46.72				
材料费明细	主要材料名称、规格、型号					单位	数量		单价（元）	合价（元）	暂估单价（元）	暂估合价（元）	
	铸铁管 $DN50$					m	36.96				20.00	739.20	
	其他材料费											0.00	
	材料费小计											739.20	

注 高层建筑增加费按人工费的17%计，其中人工费占70%，机械费占30%。

表 4-145 **工程量清单综合单价分析表**

工程名称：××住宅楼给排水工程　　标段：　　第 15 页　共 19 页

项目编码		030801001001		项目名称		螺纹阀门 DN50					计量单位	个	
清单综合单价组成明细													
定额编号	定额名称	定额单位	数量	单价					合价				
				人工费	材料费	机械费	管理费	利润	人工费	材料费	机械费	管理费	利润
8-531	螺纹阀门 DN50	个	4	5.50	8.54	0.00	3.41	2.81	22.00	34.16	0.00	13.64	11.22
	高层建筑增加费	元							2.62		1.12	1.62	1.34
人工单价		小计							24.62	34.16	1.12	15.26	12.56
28 元/工日		未计价材料费							323.2				
清单项目综合单价									102.73				
材料费明细	主要材料名称、规格、型号				单位	数量			单价（元）	合价（元）	暂估单价（元）	暂估合价（元）	
	螺纹阀门 DN50				个	4.04					80	323.20	
	其他材料费											0.00	
	材料费小计											323.30	

注　高层建筑增加费按人工费的 17%计，其中人工费占 70%，机械费占 30%。

表 4-146

工程量清单综合单价分析表

工程名称：××住宅楼给排水工程　　标段：　　第 16 页　共 19 页

项目编码	030803001001	项目名称	螺纹水表 DN20					计量单位	个			
清单综合单价组成明细												
定额编号	定额名称	定额单位	数量	单价					合价			
				人工费	材料费	机械费	管理费	利润	人工费	材料费	机械费	管理费	利润
8-697	螺纹水表 DN20	组	32	8.80	16.22	0.00	5.46	4.49	281.60	519.04	0.00	174.59	143.62
	高层建筑增加费	元							33.51		14.36	20.78	17.09
人工单价		小计							315.11	519.04	14.36	195.37	160.71
28元/工日		未计价材料费							1600				
清单项目综合单价									87.64				
材料费明细	主要材料名称、规格、型号			单位		数量			单价（元）	合价（元）	暂估单价（元）	暂估合价（元）	
	螺纹水表 DN20			个		32					50	1600	
	其他材料费											0.00	
	材料费小计											1600	

注　高层建筑增加费按人工费的17%计，其中人工费占70%，机械费占30%。

表 4-147　　**工程量清单综合单价分析表**

工程名称：××住宅楼给排水工程　　标段：　　第 17 页　共 19 页

项目编码		030804005001		项目名称		洗涤盆安装					计量单位	组	
清单综合单价组成明细													
定额编号	定额名称	定额单位	数量	单价					合价				
				人工费	材料费	机械费	管理费	利润	人工费	材料费	机械费	管理费	利润
8-457	洗涤盆安装	10组	3.20	111.1	445.14	0.00	68.88	56.66	355.52	1424.45	0.00	220.42	181.32
	高层建筑增加费	元							42.31		18.13	26.23	21.58
人工单价		小计							397.83	1424.45	18.13	246.65	202.90
28元/工日		未计价材料费							3878.4				
清单项目综合单价									192.76				
材料费明细	主要材料名称、规格、型号					单位	数量		单价（元）	合价（元）	暂估单价（元）	暂估合价（元）	
	洗涤盆（带水嘴）					个	32.32				120	3878.40	
	其他材料费											0.00	
	材料费小计											3878.40	

注　高层建筑增加费按人工费的17%计，其中人工费占70%，机械费占30%。

表 4-148

工程量清单综合单价分析表

工程名称：××住宅楼给排水工程　　　　标段：　　　　第 18 页　共 19 页

项目编码		030804012001		项目名称	蹲便器安装							计量单位	套
清单综合单价组成明细													
定额编号	定额名称	定额单位	数量	单价					合价				
				人工费	材料费	机械费	管理费	利润	人工费	材料费	机械费	管理费	利润
8-474	蹲便器安装	10 组	3.20	216.28	1097.21	0.00	134.09	110.30	692.10	3511.07	0.00	429.10	352.97
	高层建筑增加费	元							82.36		35.30	51.06	42.00
人工单价		小　计							774.46	3511.07	35.30	480.16	394.97
28 元/工日		未计价材料费							8080				
清单项目综合单价									414.87				
材料费明细	主要材料名称、规格、型号					单位	数量		单价（元）	合价（元）	暂估单价（元）	暂估合价（元）	
	蹲便器					个	32.32				250	8080	
	其他材料费											0.00	
	材料费小计											8080	

注　高层建筑增加费按人工费的 17%计，其中人工费占 70%，机械费占 30%。

表 4-149　　**工程量清单综合单价分析表**

工程名称：××住宅楼给排水工程　　标段：　　第 19 页　共 19 页

项目编码			030804017001		项目名称		地漏安装 DN50				计量单位	个	
清单综合单价组成明细													
定额编号	定额名称	定额单位	数量	单价					合价				
				人工费	材料费	机械费	管理费	利润	人工费	材料费	机械费	管理费	利润
8-514	地漏安装 DN50	10 个	3.20	35.99	19.48	0.00	22.31	18.35	115.17	62.34	0.00	71.40	58.74
	高层建筑增加费	元							13.70		5.87	8.49	6.99
人工单价		小计							128.87	62.34	5.87	79.89	65.73
28 元/工日		未计价材料费							480				
清单项目综合单价									25.71				
材料费明细	主要材料名称、规格、型号					单位	数量		单价（元）	合价（元）	暂估单价（元）	暂估合价（元）	
	地漏 DN50					个	32				15	480	
	其他材料费											0.00	
	材料费小计											480	

注　高层建筑增加费按人工费的 17%计，其中人工费占 70%，机械费占 30%。

5. 措施项目清单与计价（见表 4-150）

表 4-150　　措施项目清单与计价表

工程名称：住宅楼给排水工程　　标段：　　第 1 页　共 1 页

序号	项 目 名 称	计算基础	费 率（%）	金 额（元）
1	安全文明施工费	4870.67	4.50	219.18
2	夜间施工费	4870.67	2.50	121.77
3	二次搬运费	4870.67	2.10	102.28
4	冬、雨期施工	4870.67	2.80	136.38
5	大型机械设备进出场及安拆费	4870.67	0.00	0.00
6	施工排水	4870.67	0.00	0.00
7	施工降水	4870.67	0.00	0.00
8	地上、地下设施、建筑物的临时保护设施	4870.67	12.00	584.48
9	已完工程及设备保护	4870.67	1.30	63.32
10	脚手架搭拆费	4870.67	5.00	243.53
合 计				1470.94

注 计算基础为人工费。

6. 规费、税金项目清单与计价表（见表 4-151）

表 4-151　　规费、税金项目清单与计价表

工程名称：住宅楼给排水工程　　标段：　　第 1 页　共 1 页

序号	项目名称	计算基础	费率（%）	金额（元）
1	规费	1.1+…+1.5		1363.27
1.1	工程排污费			
1.2	社会保障费	49 020.39+1470.94	2.60	1312.77
(1)	养老保险费			
(2)	失业保险费			
(3)	医疗保险费			
1.3	住房公积金			
1.4	危险作业意外伤害保险			
1.5	工程定额测定费	49 020.39+1470.94	0.10	50.49
2	税金	分部分项工程费+措施项目费+其他项目费+规费	3.44	1783.80
合 计				3147.06

注 计算基础为分部分项工程费+措施项目费+其他项目费，其他项目费本例不计。

六、采暖工程工程量清单及计价编制实例

【例 4-10】 图 4-6 所示某车间采暖工程工程量清单及清单计价的编制。

（一）工程量清单编制

应参照第三章第二节工程量清单编制的相关内容及施工图说编制。根据《计价规范》的

要求，其编制使用的表格包括封-1、表3-1、表3-8、表3-10～表3-17、表3-21。本例只列出其中的几个表。

1. 分部分项工程量清单表

各项目工程量见表4-152（计算过程可参见表4-117）。

表4-152　　分部分项工程量清单表

工程名称：某车间采暖工程　　第1页　共1页

序号	项目编码	项目名称	项目特征描述	计量单位	工程量
1	030801002001	钢管	*DN*80，焊接钢管，焊接，室内采暖工程，暗装，除轻锈，刷红丹防锈漆一度，岩棉管壳（δ=30mm）保温，外缠玻璃丝布一道，玻璃丝布外刷冷底子油一道	m	14.8
2	030801002002	钢管	*DN*25，焊接钢管，螺纹连接，室内采暖工程，暗装，除轻锈，刷红丹防锈漆一度，岩棉管壳（δ=30mm）保温，外缠玻璃丝布一道，玻璃丝布外刷冷底子油一道	m	0.8
3	030801002003	钢管	*DN*20，焊接钢管，螺纹连接，室内采暖工程，暗装，除轻锈，刷红丹防锈漆一度，岩棉管壳（δ=30mm）保温，外缠玻璃丝布一道，玻璃丝布外刷冷底子油一道	m	0.8
4	030801002004	钢管	*DN*80，焊接钢管，焊接，室内采暖工程，明装，除轻锈，刷红丹防锈漆一度，刷银粉二度	m	18
5	030801002005	钢管	*DN*25，焊接钢管，螺纹连接，室内采暖工程，明装，除轻锈，刷红丹防锈漆一度，刷银粉二度	m	7
6	030801002006	钢管	*DN*20，焊接钢管，螺纹连接，室内采暖工程，明装，除轻锈，刷红丹防锈漆一度，刷银粉二度	m	28.68
7	030805003001	钢制板式散热器	H500×1000，成品，手动放风阀 *DN*8 安装	组	6
8	030803003001	焊接法兰阀门	钢制法兰阀 *DN*80，法兰连接	个	2
9	030803001001	螺纹阀门	钢制螺纹阀，*DN*25，螺纹连接	个	2
10	030803001002	螺纹阀门	钢制螺纹阀，*DN*20，螺纹连接	个	4
11	030803005001	自动排气阀	钢制自动排气阀，*DN*20，螺纹连接	个	1
12	030803009001	法兰	钢制法兰，*DN*80，焊接	副	2
13	030807001001	采暖工程系统调整费	系统	系统	1

2. 材料暂估单价表

材料暂估单价表见表4-153。

表4-153　　材料暂估单价表

工程名称：某车间采暖工程　　第1页　共1页

序号	材料名称、规格、型号	计量单位	单价（元）	备注
1	焊接钢管 *DN*80	m	15.00	
2	焊接钢管 *DN*25	m	8.00	
3	焊接钢管 *DN*20	m	5.00	
4	散热器 H500×1000	组	300.00	
5	自动排气阀 *DN*20	个	40.00	
6	手动放风阀 *DN*8	个	1.50	
7	法兰阀 *DN*80	个	250.00	
8	螺纹阀 *DN*25	个	30.00	
9	螺纹阀 *DN*20	个	25.00	
10	法兰 *DN*80	副	50.00	
11	岩棉管（厚30mm）	m^3	500.00	
12	玻璃丝布	m^2	10.00	

3. 其他

措施项目清单、其他措施项目清单及规费、税金项目清单未作特别约定，按规定计取。

（二）工程量清单计价编制

根据《计价规范》的要求，投标报价使用的表格包括：封-3、表3-1～表3-4、表3-8～表3-17、表3-21。本例只列出其中主要的几个表。

1. 总说明（见表4-154）

表4-154　　总　说　明

工程名称：某车间采暖工程　　第1页　共1页

1. 工程概况：某车间采暖工程
2. 招标范围：图纸范围内所有项目
3. 工程质量要求：合格
4. 工程量清单编制依据：《建设工程工程量清单计价规范》、参考费率等
5. 本工程以定额人工费为取费基数，其中管理费费率为42%，利润率为20%，规费费率2.6%，税金3.44%。人工单价为28元/工日

2. 单位工程招标控制价/投标报价汇总表（见表 4-155）

表 4-155　　单位工程招标控制价/投标报价汇总表

工程名称：某车间采暖工程　　标段：　　第1页　共1页

序号	汇总内容	金额（元）	其中：暂估价（元）
1	分部分项工程	5850.57	3592.20
1.1	钢管 *DN*80，焊接，暗装	1032.15	480.33
1.2	钢管 *DN*25，螺纹连接，暗装	25.59	13.33
1.3	钢管 *DN*20，螺纹连接，暗装	18.07	8.96
1.4	钢管 *DN*80，焊接，明装	879.48	275.40
1.5	钢管 *DN*25，螺纹连接，明装	144.13	57.12
1.6	钢管 *DN*20，螺纹连接，明装	497.60	146.37
1.7	钢制板式散热器 H500×1000	1906.98	1809.09
1.8	焊接法兰阀门 *DN*80	795.74	500.00
1.9	螺纹阀门 *DN*25	75.70	60.60
1.10	螺纹阀门 *DN*20	125.64	101.00
1.11	自动排气阀 *DN*20	54.45	40.00
1.12	法兰 *DN*80	199.96	100.00
1.13	采暖工程系统调整费	95.08	0.00
2	措施项目	202.98	
2.1	安全文明施工费	30.25	
2.2	夜间施工费	16.80	
2.3	二次搬运费	14.11	
2.4	冬、雨期施工	18.82	
2.5	大型机械设备进出场及安拆费	0.00	
2.6	施工排水	0.00	
2.7	施工降水	0.00	
2.8	地上、地下设施、建筑物的临时保护设施	80.65	
2.9	已完工程及设备保护	8.74	
2.10	脚手架搭拆费	33.61	
3	其他项目	0.00	
3.1	暂列金额		
3.2	专业工程暂估价		
3.3	计日工		
3.4	总承包服务费		
4	规费	163.45	
5	税金	213.86	
	招标控制价合计=1+2+3+4+5	6430.86	3592.20

3. 分部分项工程量清单计价表（见表 4-156）

表 4-156 **分部分项工程量清单计价表**

工程名称：某车间采暖工程　　标段：　　第 1 页　共 1 页

序号	项目编码	项目名称	项目特征描述	计量单位	工程量	金额（元）			
						综合单价	合价	其中：人工费	其中：暂估价
1	030801002001	钢管	*DN*80，焊接钢管，焊接，室内采暖工程，暗装，除轻锈，刷红丹防锈漆一度，岩棉管壳（δ=30mm）保温，外缠玻璃丝布一道，玻璃丝布外刷冷底子油一道	m	14.80	69.74	1032.15	170.41	480.33
2	030801002002	钢管	*DN*25，焊接钢管，螺纹连接，室内采暖工程，暗装，除轻锈，刷红丹防锈漆一度，岩棉管壳（δ=30mm）保温，外缠玻璃丝布一道，玻璃丝布外刷冷底子油一道	m	0.80	31.99	25.59	5.26	13.33
3	030801002003	钢管	*DN*20，焊接钢管，螺纹连接，室内采暖工程，暗装，除轻锈，刷红丹防锈漆一度，岩棉管壳（δ=30mm）保温，外缠玻璃丝布一道，玻璃丝布外刷冷底子油一道	m	0.80	22.59	18.07	4.16	8.96
4	030801002004	钢管	*DN*80，焊接钢管，焊接，室内采暖工程，明装，除轻锈，刷红丹防锈漆一度，刷银粉二度	m	18.00	48.86	879.48	174.58	275.40
5	030801002005	钢管	*DN*25，焊接钢管，螺纹连接，室内采暖工程，明装，除轻锈，刷红丹防锈漆一度，刷银粉二度	m	7.00	20.59	144.13	36.72	57.12
6	030801002006	钢管	*DN*20，焊接钢管，螺纹连接，室内采暖工程，明装，除轻锈，刷红丹防锈漆一度，刷银粉二度	m	28.68	17.35	497.60	147.43	146.37
7	030805003001	钢制板式散热器	H500×1000，成品，手动放风阀 *DN*8 安装	组	6.00	317.83	1906.98	44.88	1809.09
8	030803003001	焊接法兰阀门	钢制法兰阀 *DN*80，法兰连接	个	2.00	397.87	795.74	33.00	500.00
9	030803001001	螺纹阀门	钢制螺纹阀，*DN*25，螺纹连接	个	2.00	37.85	75.70	5.28	60.60
10	030801001002	螺纹阀门	钢制螺纹阀，*DN*20，螺纹连接	个	4.00	31.41	125.64	8.80	101.00
11	030803005001	自动排气阀	钢制自动排气阀，*DN*20，螺纹连接	个	1.00	54.45	54.45	5.15	40.00
12	030803009001	法兰	钢制法兰，*DN*80，焊接	副	2.00	99.98	199.96	19.80	100.00
13	030807001001	采暖工程系统调整费	系统	系统	1.00	95.08	95.08	16.65	0.00
合计							5850.57	672.12	3592.20

4. 工程量清单综合单价分析表（见表 4-157～表 4-169）

表 4-157

工程量清单综合单价分析表

工程名称：某车间采暖工程　　标段：　　第1页　共13页

项目编码	030801002001	项目名称	焊接钢管焊接 *DN*80	计量单位	m

清单综合单价组成明细													
定额编号	定额名称	定额单位	数量	单价					合价				
				人工费	材料费	机械费	管理费	利润	人工费	材料费	机械费	管理费	利润
8-63	焊接钢管 *DN*80	10m	1.48	93.79	89.05	84.15	39.39	18.76	138.81	131.79	124.54	58.30	27.76
11-953	管道岩棉保温	m^3	0.17	60.28	12.22	7.26	25.32	12.06	10.25	2.08	1.23	4.30	2.05
11-1045	管道玻璃布保护层	$10m^2$	0.74	9.83	0.13	0.00	4.13	1.97	7.27	0.10	0.00	3.06	1.45
11-228	玻璃布外冷底子油一度	$10m^2$	0.74	19.03	21.64	0.00	7.99	3.81	14.08	16.01	0.00	5.91	2.82
人工单价		小计							170.41	149.98	125.77	71.57	34.08
28元/工日		未计价材料费							480.33				
清单项目综合单价									69.74				

材料费明细	主要材料名称、规格、型号	单位	数量	单价（元）	合价（元）	暂估单价（元）	暂估合价（元）
	焊接钢管 *DN*80	m	15.10			15.00	226.44
	弯头 *DN*80	个	3.09			20.00	61.89
	岩棉管壳（δ=30mm）	m^3	0.18			500.00	88.40
	玻璃丝布	m^2	10.36			10.00	103.60
	其他材料费						0.00
	材料费小计						480.33

表 4-158

工程量清单综合单价分析表

工程名称：某车间采暖工程　　　　标段：　　　　第 2 页　共 13 页

项目编码		030801002002		项目名称		焊接钢管螺纹连接 DN25					计量单位		m
清单综合单价组成明细													
定额编号	定额名称	定额单位	数量	单价					合价				
				人工费	材料费	机械费	管理费	利润	人工费	材料费	机械费	管理费	利润
8-50	焊接钢管 DN25	10m	0.08	51.30	34.16	3.28	21.55	10.26	4.10	2.73	0.26	1.72	0.82
11-953	管道岩棉保温	m^3	0.005	60.28	12.22	7.26	25.32	12.06	0.30	0.06	0.04	0.13	0.06
11-1045	管道玻璃布保护层	$10m^2$	0.03	9.83	0.13	0.00	4.13	1.97	0.29	0.00	0.00	0.12	0.06
11-228	玻璃布外冷底子油一度	$10m^2$	0.03	19.03	21.64	0.00	7.99	3.81	0.57	0.65	0.00	0.24	0.11
人工单价		小计							5.26	3.44	0.30	2.21	1.05
28 元/工日		未计价材料费							13.33				
清单项目综合单价									31.99				
材料费明细	主要材料名称、规格、型号					单位		数量	单价（元）	合价（元）	暂估单价（元）	暂估合价（元）	
	焊接钢管 DN25					m		0.82			8.00	6.53	
	岩棉管壳（δ=30mm）					m^3		0.01			500.00	2.60	
	玻璃丝布					m^2		0.42			10.00	4.20	
	其他材料费											0.00	
	材料费小计											13.33	

表 4-159 **工程量清单综合单价分析表**

工程名称：某车间采暖工程　　标段：　　第 3 页　共 13 页

项目编码	030801002003			项目名称		焊接钢管螺纹连接 $DN20$				计量单位		m	
清单综合单价组成明细													
定额编号	定额名称	定额单位	数量	单价					合价				
				人工费	材料费	机械费	管理费	利润	人工费	材料费	机械费	管理费	利润
8-49	焊接钢管 $DN20$	10m	0.08	41.71	23.23	0.00	17.52	8.34	3.34	1.86	0.00	1.40	0.67
11-953	管道岩棉保温	m^3	0.004	60.28	12.22	7.26	25.32	12.06	0.24	0.05	0.03	0.10	0.05
11-1045	管道玻璃布保护层	$10m^2$	0.02	9.83	0.13	0.00	4.13	1.97	0.20	0.00	0.00	0.08	0.04
11-228	玻璃布外冷底子油一度	$10m^2$	0.02	19.03	21.64	0.00	7.99	3.81	0.38	0.43	0.00	0.16	0.08
人工单价		小计							4.16	2.34	0.03	1.74	0.84
28 元/工日		未计价材料费							8.96				
清单项目综合单价									22.59				
材料费明细	主要材料名称、规格、型号					单位	数量		单价（元）	合价（元）	暂估单价（元）	暂估合价（元）	
	焊接钢管 $DN20$					m	0.82				5.00	4.08	
	岩棉管壳（δ=30mm）					m^3	0.00				500.00	2.08	
	玻璃丝布					m^2	0.28				10.00	2.80	
	其他材料费											0.00	
	材料费小计											8.96	

表 4-160

工程量清单综合单价分析表

工程名称：某车间采暖工程　　　　标段：　　　　第 4 页　共 13 页

项目编码		030801002004		项目名称		焊接钢管焊接 DN80					计量单位	m	
清单综合单价组成明细													
定额编号	定额名称	定额单位	数量	单价					合价				
				人工费	材料费	机械费	管理费	利润	人工费	材料费	机械费	管理费	利润
8-63	焊接钢管 DN80	10m	1.80	93.79	89.05	84.15	39.39	18.76	168.82	160.29	151.47	70.91	33.76
11-57	焊接钢管刷银粉一度	$10m^3$	0.50	5.85	9.98	0.00	2.46	1.17	2.93	4.99	0.00	1.23	0.59
11-58	焊接钢管刷银粉二度	$10m^2$	0.50	5.65	9.10	0.00	2.37	1.13	2.83	4.55	0.00	1.19	0.57
人工单价		小计							174.58	169.83	151.47	73.33	34.92
28元/工日		未计价材料费							275.40				
清单项目综合单价									48.86				
材料费明细	主要材料名称、规格、型号					单位	数量		单价（元）	合价（元）	暂估单价（元）	暂估合价（元）	
	焊接钢管 DN80					m	18.36				15.00	275.40	
	其他材料费											0.00	
	材料费小计											275.40	

表 4 - 161

工程量清单综合单价分析表

工程名称：某车间采暖工程　　　　标段：　　　　第 5 页　共 13 页

项目编码		030801002005		项目名称		焊接钢管螺纹连接 $DN25$					计量单位	m	
清单综合单价组成明细													
定额编号	定额名称	定额单位	数量	单价					合价				
				人工费	材料费	机械费	管理费	利润	人工费	材料费	机械费	管理费	利润
8-50	焊接钢管 $DN25$	10m	0.70	51.30	34.16	3.28	21.55	10.26	35.91	23.91	2.30	15.08	7.18
11-57	焊接钢管刷银粉一度	$10m^2$	0.07	5.85	9.98	0.00	2.46	1.17	0.41	0.70	0.00	0.17	0.08
11-58	焊接钢管刷银粉二度	$10m^2$	0.07	5.65	9.10	0.00	2.37	1.13	0.40	0.64	0.00	0.17	0.08
人工单价		小计							36.72	25.25	2.30	15.42	7.34
28 元/工日		未计价材料费							57.12				
清单项目综合单价									20.59				
材料费明细	主要材料名称、规格、型号					单位	数量		单价（元）	合价（元）	暂估单价（元）	暂估合价（元）	
	焊接钢管 $DN25$					m	7.14				8.00	57.12	
	其他材料费											0.00	
	材料费小计											57.12	

表 4-162 **工程量清单综合单价分析表**

工程名称：某车间采暖工程 标段： 第 6 页 共 13 页

项目编码		030801002006		项目名称		焊接钢管螺纹连接 $DN20$					计量单位	m	
清单综合单价组成明细													
定额编号	定额名称	定额单位	数量	单价					合价				
				人工费	材料费	机械费	管理费	利润	人工费	材料费	机械费	管理费	利润
8-49	焊接钢管 $DN20$	10m	2.87	41.71	23.23	0.00	17.52	8.34	119.71	66.67	0.00	50.28	23.94
11-57	焊接钢管刷银粉一度	$10m^2$	2.41	5.85	9.98	0.00	2.46	1.17	14.10	24.05	0.00	5.92	2.82
11-58	焊接钢管刷银粉二度	$10m^2$	2.41	5.65	9.10	0.00	2.37	1.13	13.62	21.93	0.00	5.72	2.72
人工单价		小计							147.43	112.65	0.00	61.92	29.48
28 元/工日		未计价材料费							146.37				
清单项目综合单价									17.35				
材料费明细	主要材料名称、规格、型号					单位	数量		单价（元）	合价（元）	暂估单价（元）	暂估合价（元）	
	焊接钢管 $DN20$					m	29.27				5.00	146.37	
	其他材料费											0.00	
	材料费小计											146.37	

表 4-163

工程量清单综合单价分析表

工程名称：某车间采暖工程　　　　标段：　　　　第 7 页　共 13 页

项目编码	030805003001		项目名称	钢制板式散热器 H500×1000						计量单位	组		
清单综合单价组成明细													
定额编号	定额名称	定额单位	数量	单价					合价				
				人工费	材料费	机械费	管理费	利润	人工费	材料费	机械费	管理费	利润
8-87	板式散热器 H500×1000	组	6.00	6.82	4.17	0.00	2.86	1.36	40.92	25.02	0.00	17.19	8.18
8-641	手动放风阀 *DN*8	个	6.00	0.66	0.03	0.00	0.28	0.13	3.96	0.18	0.00	1.66	0.79
人工单价		小计							44.88	25.20	0.00	18.85	8.98
28 元/工日		未计价材料费							1809.09				
清单项目综合单价									317.83				
材料费明细	主要材料名称、规格、型号					单位	数量		单价（元）	合价（元）	暂估单价（元）	暂估合价（元）	
	板式散热器 H500×1000					组	6.00				300.00	1800.00	
	手动放风阀 *DN*8					个	6.06				1.50	9.09	
	其他材料费											0.00	
	材料费小计											1809.09	

表 4-164

工程量清单综合单价分析表

工程名称：某车间采暖工程　　　　标段：　　　　第 8 页　共 13 页

项目编码	030803003001		项目名称		焊接法兰阀 DN80						计量单位	个	
清单综合单价组成明细													
定额编号	定额名称	定额单位	数量	单价					合价				
				人工费	材料费	机械费	管理费	利润	人工费	材料费	机械费	管理费	利润
8-545	焊接法兰阀 DN80	个	2.00	16.50	103.55	17.59	6.93	3.30	33.00	207.10	35.18	13.86	6.60
人工单价		小计							33.00	207.10	35.18	13.86	6.60
28 元/工日		未计价材料费							500.00				
清单项目综合单价									397.87				
材料费明细	主要材料名称、规格、型号					单位	数量		单价（元）	合价（元）	暂估单价（元）	暂估合价（元）	
	焊接法兰阀 DN80					组	2.00				250.00	500.00	
	其他材料费											0.00	
	材料费小计											500.00	

表 4-165

工程量清单综合单价分析表

工程名称：某车间采暖工程　　　　标段：　　　　第 9 页　共 13 页

项目编码	030803001001		项目名称		螺纹阀 DN25						计量单位	个	
清单综合单价组成明细													
定额编号	定额名称	定额单位	数量	单价					合价				
				人工费	材料费	机械费	管理费	利润	人工费	材料费	机械费	管理费	利润
8-528	螺纹阀 DN25	个	2.00	2.64	3.27	0.00	1.11	0.53	5.28	6.54	0.00	2.22	1.06
人工单价		小计							5.28	6.54	0.00	2.22	1.06
28 元/工日		未计价材料费							60.60				
清单项目综合单价									37.85				
材料费明细	主要材料名称、规格、型号					单位	数量		单价（元）	合价（元）	暂估单价（元）	暂估合价（元）	
	螺纹阀 DN25					组	2.02				30.00	60.60	
	其他材料费											0.00	
	材料费小计											60.60	

表 4-166

工程量清单综合单价分析表

工程名称：某车间采暖工程　　　　标段：　　　　第 10 页　共 13 页

项目编码		030803001002		项目名称		螺纹阀 DN20					计量单位	个	
清单综合单价组成明细													
定额编号	定额名称	定额单位	数量	单价					合价				
				人工费	材料费	机械费	管理费	利润	人工费	材料费	机械费	管理费	利润
8-527	螺纹阀 DN20	个	4.00	2.20	2.60	0.00	0.92	0.44	8.80	10.40	0.00	3.70	1.76
人工单价		小计							8.80	10.40	0.00	3.70	1.76
28 元/工日		未计价材料费							101.00				
清单项目综合单价									31.41				
材料费明细	主要材料名称、规格、型号					单位	数量		单价（元）	合价（元）	暂估单价（元）	暂估合价（元）	
	螺纹阀 DN20					个	4.04				25.00	101.00	
	其他材料费											0.00	
	材料费小计											101.00	

表 4-167

工程量清单综合单价分析表

工程名称：某车间采暖工程　　　　标段：　　　　第 11 页　共 13 页

项目编码		030803005001		项目名称		自动排气阀 DN20					计量单位	个	
清单综合单价组成明细													
定额编号	定额名称	定额单位	数量	单价					合价				
				人工费	材料费	机械费	管理费	利润	人工费	材料费	机械费	管理费	利润
8-639	自动排气阀 DN20	个	1.00	5.15	6.11	0.00	2.16	1.03	5.15	6.11	0.00	2.16	1.03
人工单价		小计							5.15	6.11	0.00	2.16	1.03
28 元/工日		未计价材料费							40.00				
清单项目综合单价									54.45				
材料费明细	主要材料名称、规格、型号					单位	数量		单价（元）	合价（元）	暂估单价（元）	暂估合价（元）	
	自动排气阀 DN20					个	1.00				40.00	40.00	
	其他材料费											0.00	
	材料费小计											40.00	

表 4 - 168

工程量清单综合单价分析表

工程名称：某车间采暖工程　　标段：　　第 12 页　共 13 页

项目编码	030803009001	项目名称	法兰 $DN80$							计量单位	副		
清单综合单价组成明细													
定额编号	定额名称	定额单位	数量	单价					合价				
				人工费	材料费	机械费	管理费	利润	人工费	材料费	机械费	管理费	利润
8-617	法兰 $DN80$	副	2.00	9.90	16.35	17.59	4.16	1.98	19.80	32.70	35.18	8.32	3.96
人工单价		小计							19.80	32.70	35.18	8.32	3.96
28 元/工日		未计价材料费							100.00				
清单项目综合单价									99.98				

材料费明细	主要材料名称、规格、型号	单位	数量	单价（元）	合价（元）	暂估单价（元）	暂估合价（元）
	法兰 $DN80$	副	2.00			50.00	100.00
	其他材料费						0.00
	材料费小计						100.00

表 4 - 169

工程量清单综合单价分析表

工程名称：某车间采暖工程　　标段：　　第 13 页　共 13 页

项目编码	030807001001	项目名称	采暖工程系统调整费							计量单位	系统		
清单综合单价组成明细													
定额编号	定额名称	定额单位	数量	单价					合价				
				人工费	材料费	机械费	管理费	利润	人工费	材料费	机械费	管理费	利润
	采暖工程系统调整费	系统	1.00	9.90	16.35	17.59	4.16	1.98	9.90	16.35	17.59	4.16	1.98
人工单价		小计							9.90	16.35	17.59	4.16	1.98
28 元/工日		未计价材料费							0.00				
清单项目综合单价									49.98				

材料费明细	主要材料名称、规格、型号	单位	数量	单价（元）	合价（元）	暂估单价（元）	暂估合价（元）
							0.00
	其他材料费						0.00
	材料费小计						0.00

5. 措施项目清单与计价（见表4-170）

表4-170　　措施项目清单与计价表

工程名称：某车间采暖工程　　标段：　　第1页　共1页

序号	项目名称	计算基础	费　率（%）	金　额（元）
1	安全文明施工费	672.12	4.50	30.25
2	夜间施工费	672.12	2.50	16.80
3	二次搬运费	672.12	2.10	14.11
4	冬、雨期施工	672.12	2.80	18.82
5	大型机械设备进出场及安拆费	672.12	0.00	0.00
6	施工排水	672.12	0.00	0.00
7	施工降水	672.12	0.00	0.00
8	地上、地下设施、建筑物的临时保护设施	672.12	12.00	80.65
9	已完工程及设备保护	672.12	1.30	8.74
10	脚手架搭拆费	672.12	5.00	33.61
合　计				202.98

注　计算基础为人工费。

6. 规费、税金项目清单与计价表（见表4-171）

表4-171　　规费、税金项目清单与计价表

工程名称：某车间采暖工程　　标段：　　第1页　共1页

序号	项目名称	计算基础	费率（%）	金额（元）
1	规费			163.45
1.1	工程排污费			
1.2	社会保障费	5850.57＋202.98	2.60	157.39
(1)	养老保险费			
(2)	失业保险费			
(3)	医疗保险费			
1.3	住房公积金			
1.4	危险作业意外伤害保险			
1.5	工程定额测定费	5850.57＋202.98	0.10	6.05
2	税金	分部分项工程费＋措施项目费＋其他项目费＋规费	3.44	213.86
合　计				377.31

注　规费计算基础为分部分项工程费＋措施项目费＋其他项目费，其他项目费本例不计。

第五节　通风空调工程计量计价与应用

一、通风空调工程定额计价工程量计算规则

《全国统一安装工程预算定额》十一册中，与通风空调工程施工图预算编制有关的主要是第九册“通风空调工程”和第十一册“刷油、防腐蚀、绝热工程”。

（一）通风管道制作安装

（1）风管制作安装以施工图示风管规格按展开面积计算，不扣除检查孔、测定孔、送风口、吸风口等所占面积，以“$10m^2$”为计量单位。

$$圆形风管\ F=\pi\times D\times L$$

$$矩形风管\ F=2(A+B)\times L$$

式中 F——风管展开面积，m^2；

D——圆形风管直径，m；

L——管道中心线长度，m；

A——矩形风管长边尺寸，m；

B——矩形风管短边尺寸，m。

（2）风管长度一律以施工图示中心线长度为准（主管与支管以其中心线交点划分），包括弯头、三通、变径管、天圆地方等管件的长度，但不得包括部件所占长度。直径和周长以图示尺寸为准（变径管、天圆地方均按大头口径尺寸计算），咬口重叠部分已包括在定额内，不得另行增加。

（3）薄钢板及净化通风管制作安装不分截面尺寸，均以钢板厚度编列。其他通风管道均按截面尺寸、厚度编列。定额内所列风管规格其直径为内径，周长为内周长。

（4）整个通风系统设计采用渐缩管均匀送风者，圆形风管按平均直径，矩形风管按平均周长计算。

（5）柔性软风管安装按风管直径以“根”为计量单位。

（6）风管导流叶片制作安装，按图示叶片面积，以“m^2”为计量单位。

（7）软管（帆布接口）制作安装，按图示尺寸以“m^2”为计量单位。

（8）风管检查孔制作安装以“100kg”为计量单位，其重量可按定额附录的“国标通风部件标准重量表”计算。

（9）温度、风量测定孔制作安装，均以“个”为计量单位。

（10）风管及部件制作安装所用型钢及薄钢板的除锈刷漆消耗量（风管面漆除外）定额中已综合考虑，除另有说明或允许换算者外不得另行计算。

（11）薄钢板通风管道、净化通风管道、玻璃钢通风管道、复合型材料通风管道的制作安装中已包括法兰、加固框和吊托支架，除过跨风管落地式支架外，不得另行计算。

（12）不锈钢通风管道、铝板通风管道的制作安装中不包括法兰和吊托支架，可按相应定额以“100kg”为计量单位另行计算。

（13）塑料通风管道制作安装，不包括吊托支架，可按相应定额以“100kg”为计量单位另行计算。

（二）部件制作安装

（1）各类调节阀、风口的制作安装，按设计型号、规格（周长、直径或面积）以“个”为计量单位，分别使用相应项目定额。电动执行机构安装以“套”为计量单位，活动金属百叶风口制作安装以“m^2”为计量单位，条缝形风口安装以长度“m”为计量单位，不锈钢及铝制孔板风口制作安装以“100kg”为计量单位。

（2）各类钢制风帽制作安装和玻璃钢风帽安装按设计型号、规格或成品重量以“个”为计量单位，分别使用相应项目定额，其中风帽筝绳、泛水及筒形风帽的滴水盘已包括在定额中，不再另行计算。

（3）各类铝板、塑料板风帽制作安装，按图示成品重量以“100kg”为计量单位，定额中未包括风帽筝绳、泛水及滴水盘制作与安装，如发生时另行计算。

（4）标准型罩类制作安装，是按普通钢板考虑的，应按其成品重量以“100kg”为计量单位，采用镀锌钢板时可以换算。非标准型镀锌钢板排气罩制作安装和不锈钢排气罩安装以“m^2”为计量单位计算。

（5）消声器制作安装按型号及周长以“组”为计量单位，消声弯头按周长以“个”为计量单位。

（6）钢板密闭门、滤水器、溢水盘制作安装以“个”为计量单位。挡水板制作安装按空调器断面面积以“m^2”为计量单位。

（7）电加热器外壳、金属空调器壳体制作安装以“100kg”为计量单位。

（8）高、中、低效过滤器以“台”为计量单位；过滤器框架以“100kg”为计量单位。

（9）塑料通风部件制作安装，按其成品重量以“l00kg”为计量单位，其重量可根据定额附录计算。

（三）通风空调设备安装

（1）风机安装按设计不同型号以“台”为计量单位。

（2）整体式空调机组、分体式空调器安装按制冷量、风量和安装方式不同，分别以“台”为计量单位，分段组装式空调器按重量以“100kg”为计量单位。

（3）活塞式冷水机组、螺杆式冷水机组、离心式冷水机组及热泵机组安装均以“台”为计量单位，按设备类别、名称及机组重量“t”选用定额项目；机组重量按同一底座上的主机、电动机、附属设备及底座的总重量计算。

（4）模块式冷水机组按其基本模块单元制冷量（kW）以“块”为计量单位；如需现场配制基础型钢架及橡胶隔振垫时可另行计算。

（5）风机盘管、空气幕安装按安装方式不同以“台”为计量单位。

（6）空气加热器、除尘设备安装按重量不同以“台”为计量单位。

（7）净化工作台安装以“台”为计量单位；风淋室安装按不同重量以“台”为计量单位；洁净室安装按重量计算，以“100kg”为计量单位。

（四）相关内容

下列内容是按相应定额消耗量为基础计价后进行测算综合取定，其计算方法规定如下：

（1）高层建筑（指高度在6层或20m以上的工业与民用建筑）增加费，可按定额附表计算（其中人工工资占70%，其余为机械费）。

（2）脚手架搭拆费可按定额人工费的3%计算，其中人工工资占25%。

（3）系统调整费应按系统工程人工费的13%计算，其中人工工资占25%。

二、通风空调工程施工图预算编制实例

【例4-11】 某办公楼局部通风管路工程（图4-7）施工图预算编制

（一）施工图设计说明

（1）本工程风管采用镀锌铁皮，咬口连接。其中：矩形风管200mm×120mm，镀锌铁皮δ=0.50mm；矩形风管320mm×250mm，镀锌铁皮δ=0.75mm；其他尺寸矩形风管镀锌铁皮δ=1.0mm。

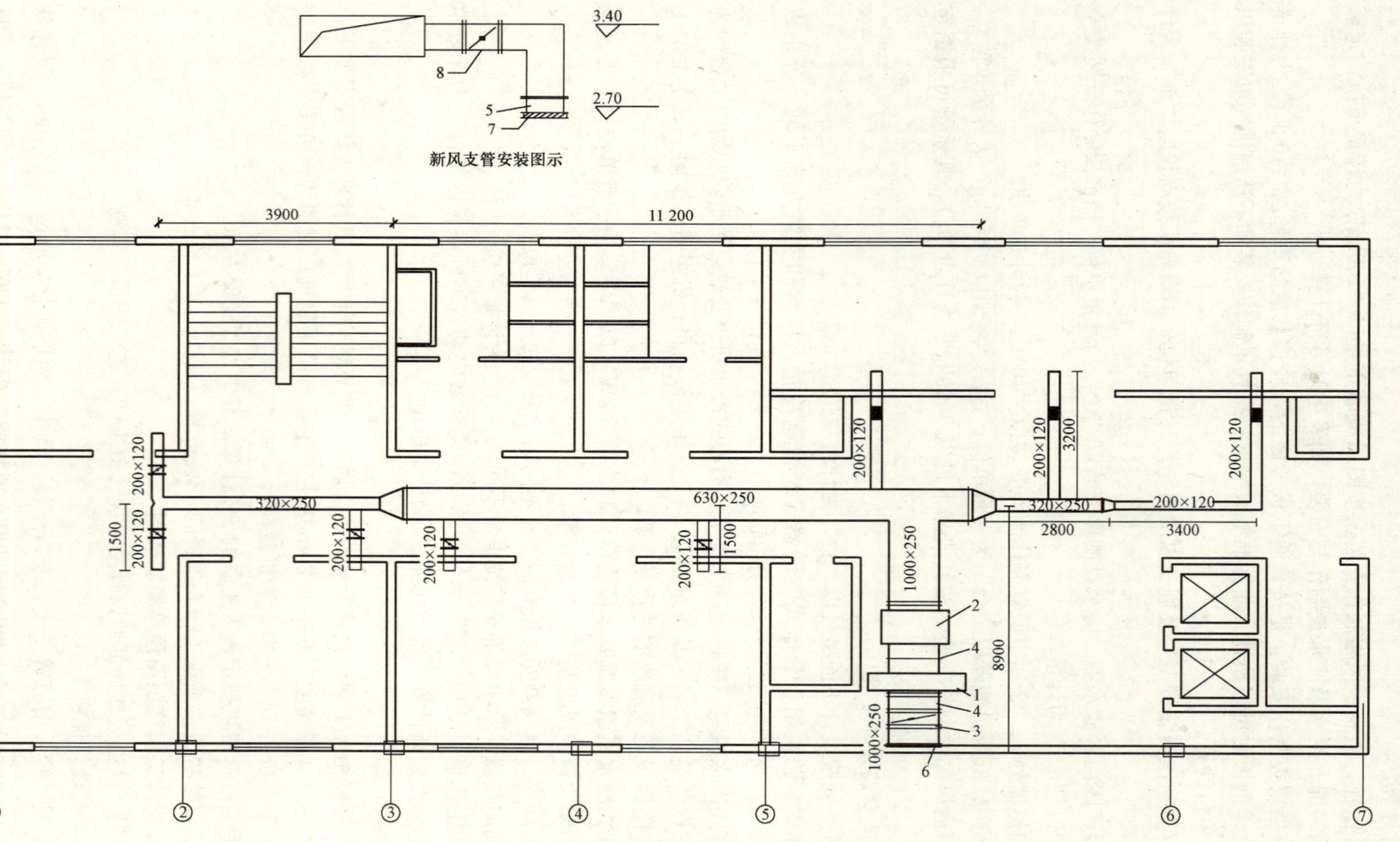

图 4-7　某办公楼部分房间通风管路平面图

1—新风机组 1000mm×700mm（H）；2—消声器 1760mm×800mm（H）；3—密闭对开多叶调节阀长 200mm；4—帆布软管长 300mm；5—帆布软管长 200mm；6—防雨单层百叶回风口（带过滤网）1000mm×250mm；7—铝合金双层百叶送风口 200mm×120mm；8—风量调节阀长 200mm

(2) 密闭对开多叶调节阀、风量调节阀、铝合金百叶送风口、铝合金百叶回风口、阻抗复合消声器均按成品考虑。

(3) 未尽事宜均参照有关标准或规范执行。

(4) 未计价主要材料(主材)价格按表4-172执行。

表4-172　主要材料(主材)价格

序号	名　称	单位	单价	序号	名　称	单位	单价
1	镀锌钢板 δ=0.5mm	元/m^2	60.0	5	风量调节阀 200×120	元/个	200.0
2	镀锌钢板 δ=0.75mm	元/m^2	70.0	6	铝合金百叶送风口 200×120	元/个	100.0
3	镀锌钢板 δ=1.0mm	元/m^2	80.0	7	铝合金百叶回风口 1000×250	元/个	500.0
4	密闭对开多叶调节阀 1000mm×250mm	元/个	600.0	8	阻抗复合消声器 1760×800	元/个	3000.0

(二) 工程量计算(见表4-173)

表4-173　工程量计算书

工程名称:某办公楼通风管路工程

序号	分部分项工程名称	单位	计算公式	工程量
1	镀锌钢板 200mm×120mm(咬口) δ=0.5mm	m^2	L=3.40+[3.20−0.20+(3.40−0.20−2.70)]×3+[1.50−0.20+(3.40−0.20−2.70)]×5=22.90 S=(0.20+0.12)×2×22.90=14.66	14.66
2	镀锌钢板 320mm×250mm(咬口) δ=0.75mm	m^2	L=2.80+3.90=6.70 S=(0.32+0.25)×2×6.70=7.64	7.64
3	镀锌钢板 630mm×250mm(咬口) δ=1.0mm	m^2	L=11.20 S=(0.63+0.25)×2×11.20=19.71	19.71
4	镀锌钢板 1000mm×250mm(咬口) δ=1.0mm	m^2	L=8.90−0.20−0.30−1.00−0.30−1.76=5.34 S=(00+0.25)×2×5.34=3.35	13.35
5	镀锌钢板 1000mm×200mm(咬口) δ=1.0mm	m^2	L=[1.75−0.30+(3.20−0.20−2.70)]×7=12.25 S=(1+0.20)×2×12.25=29.40	29.40
6	新风机组(5000m^3/h)/0.4t	台		1
7	阻抗复合式消声器安装 3#	台		1
8	密闭对开多叶调节阀安装 1000mm×250mm	个		1
9	风量调节阀安装 200mm×120mm	个		8
10	铝合金百叶送风口安装 200mm×120mm	个		8
11	防雨百叶回风口(带过滤网)安装 1000mm×2500mm	个		1
12	帆布软管接口	m^2	1000mm×250mm×300mm S=[(1.00+0.25)×2×0.30]×2=1.5 200mm×120mm×0.20mm S=[(0.20+0.12)×2×0.20]×8=1.02	2.52

注　L为风管长度,m;S为风管面积,m^2。

(三) 计算直接工程费

根据以上工程量,套用《全国统一安装工程预算定额山东省价目表》第九册,列表计算此单位工程直接工程费,见表4-174。

表 4-174 安装工程预（结）算书

工程名称：某办公楼通风管路工程　　施工单位：　　共1页　第1页　　年　月　日

序号	定额编号	项目名称	单位	数量	单价			合计		
					基价	人工费	主材费	合价	人工费	主材费
1	9-5	镀锌钢板矩形风管 δ=0.5mm	$10m^2$	1.47	486.76	203.17	682.80	715.54	298.66	1003.72
2	9-6	镀锌钢板矩形风管 δ=0.75mm	$10m^2$	0.76	349.01	149.84	796.60	265.25	113.88	605.42
3	9-7	镀锌钢板矩形风管 δ=1.0mm	$10m^2$	6.25	277.85	115.06	910.40	1736.56	719.13	5690.00
4	9-409	新风机组（$5000m^3/h$）	台	1.00	42.83	12.06	0.00	42.83	12.06	0.00
5	9-367	阻抗复合式消声器安装 3#	组	1.00	120.60	53.24	3000.00	120.60	53.24	3000.00
6	9-126	密闭对开多叶调节阀安装 3200mm 以内	个	1.00	34.57	15.40	600.00	34.57	15.40	600.00
7	9-123	风量调节阀安装 800mm 以内	个	8.00	8.69	4.62	200.00	69.52	36.96	1600.00
8	9-233	铝合金百叶送风口安装 800mm 以内	个	8.00	7.15	4.18	100.00	57.20	33.44	800.00
9	9-238	防雨百叶回风口安装 3200mm 以上	个	1.00	38.92	24.13	500.00	38.92	24.13	500.00
10	9-26	帆布软管接口	m^2	2.52	156.80	50.82	0.00	395.14	128.07	0.00
11		小计						3476.12	1434.96	13 799.13
12		脚手架搭拆费	定额人工费×3%×25%					43.05	10.76	
13		系统调整费	系统人工费×13%×25%					187.94	46.99	
14		直接工程费						17 506.25	1492.71	

（四）计算安装工程费用（造价）

按工程类别及计费标准，计算工程造价。

查阅表2-4可知属于Ⅱ类工程。查阅表2-3计取各类费用，详见表4-175。

表4-175　定额计价的计算程序

项目名称：某办公楼通风管路工程　Ⅱ类

序号	费用项目名称	计算方法	金额
一	直接费	17 506.25＋577.68	18 083.93
	(一) 直接工程费	定额表	17 506.25
	其中：人工费（R1）	定额表	1492.71
	(二) 措施费		577.68
	1. 环境保护费	R1×费率＝1492.71×2.7%	40.30
	2. 文明施工费	R1×费率＝1492.71×5.5%	82.10
	3. 临时设施费	R1×费率＝1492.71×15%	223.91
	4. 夜间施工增加费	R1×费率＝1492.71×3%	44.78
	5. 二次搬运费	R1×费率＝1492.71×2.6%	38.81
	6. 冬、雨期施工增加费	R1×费率＝1492.71×3.3%	49.26
	7. 已完工程及设备保护费	R1×费率＝1492.71×1.6%	23.88
	8. 总承包服务费	R1×费率＝1492.71×5%	74.64
	其中：人工费（R2）	(40.30＋82.10＋223.91＋23.88)×25%＋44.78×50%＋(38.81＋49.26)×40%	150.17
二	企业管理费	(1492.71＋150.17)×54%	887.15
三	利润	(1492.71＋150.17)×30%	492.86
四	规费		525.53
	1. 工程排污费	—	
	2. 工程定额测定费	(18 083.93＋887.15＋492.86)×0.1%	19.46
	3. 社会保障费	(18 083.93＋887.15＋492.86)×2.6%	506.06
	4. 住房公积金	—	
	5. 危险作业意外伤害保险	—	
	6. 安全施工费	—	
五	税金	(18 083.93＋887.15＋492.86＋525.53)×3.44%	687.64
六	安装工程费用合计	18 083.93＋887.15＋492.86＋525.53＋687.64	20 677.10

三、通风空调工程工程量清单计价计算规则

与通风空调工程清单计价有关的是《计价规范》的附录C“安装工程工程量清单项目及计算规则”中的“C.9通风空调工程”。常用的项目包括以下内容：

（一）通风及空调设备及部件制作安装

工程量清单项目设置及工程量计算规则，应按表4-176的规定执行。

表 4 - 176　　**通风及空调设备及部件制作安装（编码：030901）**

项目编码	项目名称	项目特征	计量单位	工程量计算规则	工程内容
030901001	空气加热器（冷却器）	1. 规格 2. 质量 3. 支架材质、规格 4. 除锈、刷油设计要求	台	按设计图示数量计算	1. 安装 2. 设备支架制作、安装 3. 支架除锈、刷油
030901002	通风机	1. 形式 2. 规格 3. 支架材质、规格 4. 除锈、刷油设计要求			1. 安装 2. 减振台座制作、安装 3. 设备支架制作、安装 4. 软管接口制作、安装 5. 支架台座除锈、刷油
030901003	除尘设备	1. 规格 2. 质量 3. 支架材质、规格 4. 除锈、刷油设计要求			1. 安装 2. 设备支架制作、安装 3. 支架除锈、刷油
030901004	空调器	1. 形式 2. 质量 3. 安装位置		按设计图示数量计算，其中分段组装式空调器按设计图纸所示质量以“kg”为计量单位	1. 安装 2. 软管接口制作、安装
030901005	风机盘管	1. 形式 2. 安装位置 3. 支架材质、规格 4. 除锈、刷油设计要求		按设计图示数量计算	1. 安装 2. 软管接口制作、安装 3. 支架制作、安装及除锈、刷油
030901006	密闭门制作安装	1. 型号 2. 特征（带视孔或不带视孔） 3. 支架材质、规格 4. 除锈、刷油设计要求	个	按设计图示数量计算	1. 制作、安装 2. 除锈、刷油
030901007	挡水板制作安装	1. 材质 2. 除锈、刷油设计要求			
030901008	滤水器、溢水盘制作安装	1. 特征 2. 用途 3. 除锈、刷油设计要求	kg		
030901009	金属壳体制作安装				
030901010	过滤器	1. 型号 2. 过滤功效 3. 除锈、刷油设计要求	台		1. 安装 2. 框架制作、安装 3. 除锈、刷油
030901011	净化工作台	类型			安装
030901012	风淋室	质量			
030901013	洁净室				

（二）通风管道制作安装

工程量清单项目设置及工程量计算规则，应按表 4 - 177 的规定执行。

表 4 - 177　　通风管道制作安装（编码：030902）

<table>
<tr><th>项目编码</th><th>项目名称</th><th>项目特征</th><th>计量单位</th><th>工程量计算规则</th><th>工程内容</th></tr>
<tr><td>030902001</td><td>碳钢通风管道制作安装</td><td rowspan="2">1. 材质
2. 形状
3. 周长或直径
4. 板材厚度
5. 接口形式
6. 风管附件、支架设计要求
7. 除锈、刷油、防腐、绝热及保护层设计要求</td><td rowspan="7">m^2</td><td rowspan="7">1. 按设计图示以展开面积计算，不扣除检查孔、测定孔、送风口、吸风口等所占面积；风管长度一律以设计图示中心线长度为准（主管与支管以其中心线交点划分），包括弯头、三通、变径管、天圆地方等管件的长度，但不包括部件所占的长度。风管展开面积不包括风管、管口重叠部分面积。直径和周长按图示尺寸为准展开
2. 渐缩管：圆形风管按平均直径，矩形风管按平均周长</td><td rowspan="2">1. 风管、管件、法兰、零件、支吊架制作、安装
2. 弯头导流叶片制作、安装
3. 过跨风管落地支架制作、安装
4. 风管检查孔制作
5. 温度、风量测定孔制作
6. 风管保温及保护层
7. 风管、法兰、法兰加固框、支吊架、保护层除锈、刷油</td></tr>
<tr><td>030902002</td><td>净化通风管制作安装</td></tr>
<tr><td>030902003</td><td>不锈钢板风管制作安装</td><td rowspan="3">1. 形状
2. 周长或直径
3. 板材厚度
4. 接口形式
5. 支架法兰的材质、规格
6. 除锈、刷油、防腐、绝热及保护层设计要求</td><td rowspan="2">1. 风管制作、安装
2. 法兰制作、安装
3. 吊托支架制作、安装
4. 风管保温、保护层
5. 保护层及支架、法兰除锈、刷油</td></tr>
<tr><td>030902004</td><td>铝板通风管道制作安装</td></tr>
<tr><td>030902005</td><td>塑料通风管道制作安装</td><td rowspan="2">1. 制作、安装
2. 支吊架制作、安装
3. 风管保温、保护层
4. 保护层及支架、法兰除锈、刷油</td></tr>
<tr><td>030902006</td><td>玻璃钢通风管道</td><td>1. 形状
2. 厚度
3. 周长或直径</td></tr>
<tr><td>030902007</td><td>复合型风管制作安装</td><td>1. 材质
2. 形状（圆形、矩形）
3. 周长或直径
4. 支（吊）架材质、规格
5. 除锈、刷油设计要求</td><td>1. 制作、安装
2. 托、吊支架制作、安装、除锈、刷油</td></tr>
<tr><td>030902008</td><td>柔性软风管</td><td>1. 材质
2. 规格
3. 保温套管设计要求</td><td>m</td><td>按设计图示中心线长度计算，包括弯头、三通、变径管、天圆地方等管件的长度，但不包括部件所占的长度</td><td>1. 安装
2. 风管接头安装</td></tr>
</table>

（三）通风管道部件制作安装

工程量清单项目设置及工程量计算规则，应按表4-178的规定执行。

表4-178　　通风管道部件制作安装（编码：030903）

项目编码	项目名称	项目特征	计量单位	工程量计算规则	工程内容
030903001	碳钢调节阀制作安装	1. 类型 2. 规格 3. 周长 4. 质量 5. 除锈、刷油设计要求	个	1. 按设计图示数量计算(包括空气加热器上通阀、空气加热器旁通阀、圆形瓣式启动阀、风管蝶阀、风管止回阀、密闭式斜插板阀、矩形风管三通调节阀、对开多叶调节阀、风管防火阀、各型风罩调节阀制作安装等) 2. 若调节阀为成品时，制作不再计算	1. 安装 2. 制作 3. 除锈、刷油
030903002	柔性软风管阀门	1. 材质 2. 规格		按设计图示数量计算	安装
030903003	铝蝶阀	规格			
030903004	不锈钢蝶阀				
030903005	塑料风管阀门制作安装	1. 类型 2. 形状 3. 质量		按设计图示数量计算(包括塑料蝶阀、塑料插板阀、各型风罩塑料调节阀)	
030903006	玻璃钢蝶阀	1. 类型 2. 直径或周长		按设计图示数量计算	
030903007	碳钢风口、散流器制作安装(百叶窗)	1. 类型 2. 规格 3. 形式 4. 质量 5. 除锈、刷油设计要求		1. 按设计图示数量计算(包括百叶风口、矩形送风口、矩形空气分布器、风管插板风口、旋转吹风口、圆形散流器、方形散流器、流线型散流器、送吸风口、活动箅式风口、网式风口、钢百叶窗等) 2. 百叶窗按设计图示以框内面积计算 3. 风管插板风口制作已包括安装内容 4. 若风口、分布器、散流器、百叶窗为成品时，制作不再计算	1. 风口制作、安装 2. 散流器制作、安装 3. 百叶窗安装 4. 除锈、刷油

续表

项目编码	项目名称	项目特征	计量单位	工程量计算规则	工程内容
030903008	不锈钢风口、散流器制作安装（百叶窗）	1. 类型 2. 规格 3. 形式 4. 质量 5. 除锈、刷油设计要求	个	1. 按设计图示数量计算（包括风口、分布器、散流器、百叶窗） 2. 若风口、分布器、散流器、百叶窗为成品时，制作不再计算	制作、安装
030903009	塑料风口、散流器制作安装（百叶窗）				
030903010	玻璃钢风口	1. 类型 2. 规格		按设计图示数量计算（包括玻璃钢百叶风口、玻璃钢矩形送风口）	风口安装
030903011	铝及铝合金风口、散流器制作安装	1. 类型 2. 规格 3. 质量		按设计图示数量计算	1. 制作 2. 安装
030903012	碳钢风帽制作安装	1. 类型 2. 规格 3. 形式 4. 质量 5. 风帽附件设计要求 6. 除锈、刷油设计要求		1. 按设计图示数量计算 2. 若风帽为成品时，制作不再计算	1. 风帽制作、安装 2. 筒形风帽滴水盘制作、安装 3. 风帽筝绳制作、安装 4. 风帽泛水制作、安装 5. 除锈、刷油
030903013	不锈钢风帽制作安装				
030903014	塑料风帽制作安装				
030903015	铝板伞形风帽制作安装			1. 按设计图示数量计算 2. 若伞形风帽为成品时，制作不再计算	1. 铝板伞形风帽制作、安装 2. 风帽筝绳制作、安装 3. 风帽泛水制作、安装
030903016	玻璃钢风帽安装	1. 类型 2. 规格 3. 风帽附件设计要求		按设计图示数量计算（包括圆伞形风帽、锥型风帽、筒形风帽）	1. 玻璃钢风帽安装 2. 筒形风帽滴水盘安装 3. 风帽筝帽安装 4. 风帽泛水安装
030903017	碳钢罩类制作安装	1. 类型 2. 除锈、刷油设计要求	kg	按设计图示数量计算（包括皮带防护罩、电动机防雨罩、侧吸罩、中小型零件焊接台排气罩、整体分组式槽边侧吸罩、吹吸式槽边通风罩、条缝槽边抽风罩、泥心烘炉排气罩、升降式回转排气罩、上下吸式圆形回转罩、升降式排气罩、手锻炉排气罩）	1. 制作、安装 2. 除锈、刷油

续表

项目编码	项目名称	项目特征	计量单位	工程量计算规则	工程内容
030903018	塑料罩类制作安装	1. 类型 2. 形式	kg	按设计图示数量计算（包括塑料槽边侧吸罩、塑料槽边风罩、塑料条缝槽边抽风罩）	制作、安装
030903019	柔性接口及伸缩节制作安装	1. 材质 2. 规格 3. 法兰接口设计要求	m^3	按设计图示数量计算	
030903020	消声器制作安装	类型	kg	按设计图示数量计算（包括片式消声器、矿棉管式消声器、聚酯泡沫管式消声器、卡普隆纤维管式消声器、弧形声流式消声器、阻抗复合式消声器、微穿孔板消声器、消声弯头）	
030903021	静压箱制作安装	1. 材质 2. 规格 3. 形式 4. 除锈标准、刷油防腐设计要求	m^2	按设计图示数量计算	1. 制作、安装 2. 支架制作、安装 3. 除锈、刷油、防腐

（四）通风工程检测、调试

工程量清单项目设置及工程量计算规则，应按表 4 - 179 的规定执行。

表 4 - 179　　通风工程检测、调试（编码：0309041）

项目编码	项目名称	项目特征	计量单位	工程量计算规则	工程内容
030904001	通风工程检测、调试	系统	系统	按由通风设备、管道及部件等组成的通风系统计算	1. 管道漏光试验 2. 漏风试验 3. 通风管道风量测定 4. 风压测定 5. 温度测定 6. 各系统风口、阀门调整

四、通风空调工程工程量清单及计价编制实例

【例 4 - 12】 如图 4 - 7 所示某办公楼部分房间通风管路工程量清单及清单计价的编制。

（一）工程量清单编制

应参照第三章第二节工程量清单编制的相关内容及施工图说编制。根据《计价规范》的要求，其编制使用的表格包括封 - 1、表 3 - 1、表 3 - 8～表 3 - 17、表 3 - 21。本例只列出其中的几个表。

1. 分部分项工程量清单表

各项目工程量见表 4 - 180（计算过程可参见表 4 - 173）。

表 4-180　　分部分项工程量清单表

工程名称：某办公楼通风管路　　　　第1页　共1页

序号	项目编码	项目名称	项目特征描述	计量单位	工程量
1	030902001001	碳钢通风管道制作安装	镀锌钢板，矩形风管，200×120，咬口，δ=0.5mm	m^2	14.66
2	030902001002	碳钢通风管道制作安装	镀锌钢板，矩形风管，320×250，咬口，δ=0.75mm	m^2	7.64
3	030902001003	碳钢通风管道制作安装	镀锌钢板，矩形风管，630×250，咬口，δ=1.0mm	m^2	19.71
4	030902001004	碳钢通风管道制作安装	镀锌钢板，矩形风管，1000×250，咬口，δ=1.0mm	m^2	13.35
5	030902001005	碳钢通风管道制作安装	镀锌钢板，矩形风管，1000×200，咬口，δ=1.0mm	m^2	29.40
6	030901002001	通风机	新风机组，风量 5000m^3/h，重量 0.4t	台	1
7	030903020001	消声器制作安装	阻抗复合式消声器，3#	台	1
8	030903001001	碳钢调节阀制作安装	密闭对开多叶调节阀，1000×250	个	1
9	030903001002	碳钢调节阀制作安装	风量调节阀，200×120	个	8
10	030903011001	铝合金风口制作安装	铝合金百叶送风口，200×120	个	8
11	030903011002	铝合金风口制作安装	防雨百叶回风口(带过滤网)，1000mm×2500mm	个	1
12	030903019001	柔性接口制作安装	帆布软管接口，1000×250×300	m^2	1.5
13	030903019002	柔性接口制作安装	帆布软管接口，200×120×200	m^2	1.02
14	030904001001	通风工程检测调试	系统	系统	1

2. 材料暂估单价表

材料暂估单价见表 4-181。

表 4-181　　材料暂估单价表

工程名称：某办公楼通风管路　　　　第1页　共1页

序号	材料名称、规格、型号	计量单位	单价（元）	备注
1	镀锌钢板 δ=0.5mm	元/m^2	60.0	
2	镀锌钢板 δ=0.75mm	元/m^2	70.0	
3	镀锌钢板 δ=1.0mm	元/m^2	80.0	
4	密闭对开多叶调节阀 1000×250	元/个	600.0	
5	风量调节阀 200×120	元/个	200.0	
6	铝合金百叶送风口 200×120	元/个	100.0	
7	铝合金百叶回风口 1000×250	元/个	500.0	
8	阻抗复合消声器 1760×800	元/个	3000.0	

3. 其他

措施项目清单、其他措施项目清单及规费、税金项目清单未作特别约定，按规定计取。

（二）工程量清单计价编制

根据《计价规范》的要求，投标报价使用的表格包括：封-3、表3-1～表3-4、表3-8～表3-17、表3-21。本例只列出其中主要的几个表。

1. 总说明（见表 4-182）

表 4-182 **总 说 明**

工程名称：某办公楼通风管路 第1页 共1页

1. 工程概况：某办公楼部分房间通风管路
2. 招标范围：图纸范围内所有项目
3. 工程质量要求：合格
4. 工程量清单编制依据：《建设工程工程量清单计价规范》、参考费率等
5. 本工程以定额人工费为取费基数，其中管理费费率为54%，利润率为30%，规费费率2.6%，税金3.44%。人工单价为28元/工日

2. 单位工程招标控制价/投标报价汇总表（见表 4-183）

表 4-183 **单位工程招标控制价/投标报价汇总表**

工程名称：某办公楼通风管路工程 标段： 第1页 共1页

序号	汇总内容	金额（元）	其中：暂估价（元）
1	分部分项工程	18 783.34	13 664.23
1.1	镀锌钢板风管制安 200×120 δ=0.5mm	1964.73	1003.72
1.2	镀锌钢板风管制安 320×250 δ=0.75mm	971.43	470.5
1.3	镀锌钢板风管制安 630×250 δ=1.0mm	2532.54	1793.49
1.4	镀锌钢板风管制安 1000×250 δ=1.0mm	1715.34	1219.94
1.5	镀锌钢板风管制安 1000×200 δ=1.0mm	3777.61	2676.58
1.6	新风机组安装（5000m^3/h/0.4t）	52.96	0
1.7	阻抗复合式消声器安装 3#	3165.32	3000
1.8	密闭对开多叶调节阀安装 1000mm×250mm	647.51	600
1.9	风量调节阀安装 200mm×120mm	1700.56	1600
1.10	铝合金百叶送风口安装 200mm×120mm	885.28	800
1.11	防雨百叶回风口（带过滤网）安装 1000mm×2500mm	559.19	500
1.12	帆布软管接口 1000mm×250mm×300mm	299.24	0
1.13	帆布软管接口 200mm×120mm×200mm	203.48	0
1.14	通风工程检测调试	308.16	0
2	措施项目	472.14	
2.1	安全文明施工费	76.38	
2.2	夜间施工费	41.66	
2.3	二次搬运费	36.10	
2.4	冬、雨期施工	45.83	
2.5	大型机械设备进出场及安拆费	0.00	
2.6	施工排水	0.00	
2.7	施工降水	0.00	
2.8	地上、地下设施、建筑物的临时保护设施	208.30	
2.9	已完工程及设备保护	22.22	
2.10	脚手架搭拆费	41.66	
3	其他项目	0.00	
3.1	暂列金额		
3.2	专业工程暂估价		
3.3	计日工		
3.4	总承包服务费		
4	规费	519.90	
5	税金	680.27	
招标控制价合计=1+2+3+4+5		20 455.65	13 664.23

3. 分部分项工程量清单计价表（见表 4-184）

表 4-184 **分部分项工程量清单计价表**

工程名称：某办公楼通风管理工程 标段： 第 1 页 共 1 页

序号	项目编码	项目名称	项目特征描述	计量单位	工程量	金额（元）			
						综合单价	合价	其中：人工费	其中：暂估价
1	030902001001	碳钢通风管道制作安装	镀锌钢板，矩形风管，200mm×120mm，咬口，δ=0.5mm	m^2	14.66	134.02	1964.73	298.66	1003.72
2	030902001002	碳钢通风管道制作安装	镀锌钢板，矩形风管，320mm×250mm，咬口，δ=0.75mm	m^2	7.64	127.15	971.43	113.88	470.50
3	030902001003	碳钢通风管道制作安装	镀锌钢板，矩形风管，630mm×250mm，咬口，δ=1.0mm	m^2	19.71	128.49	2532.54	116.67	1793.49
4	030902001004	碳钢通风管道制作安装	镀锌钢板，矩形风管，1000mm×250mm，咬口，δ=1.0mm	m^2	13.35	128.49	1715.34	154.18	1219.94
5	030902001005	碳钢通风管道制作安装	镀锌钢板，矩形风管，1000mm×200mm，咬口，δ=1.0mm	m^2	29.40	128.49	3777.61	338.28	2676.58
6	030901002001	通风机	新风机组，风量 5000m^3/h，重量 0.4t	台	1.00	52.96	52.96	12.06	0.00
7	030903020001	消声器制作安装	阻抗复合式消声器，3#	台	1.00	3165.32	3165.32	53.24	3000.00
8	030903001001	碳钢调节阀制作安装	密闭对开多叶调节阀，1000mm×250mm	个	1.00	647.51	647.51	15.40	600.00
9	030903001002	碳钢调节阀制作安装	风量调节阀，200mm×120mm	个	8.00	212.57	1700.56	36.96	1600.00
10	030903011001	铝合金风口制作安装	铝合金百叶送风口，200mm×120mm	个	8.00	110.66	885.28	33.44	800.00
11	030903011002	铝合金风口制作安装	防雨百叶回风口（带过滤网），1000mm×2500mm	个	1.00	559.19	559.19	24.13	500.00
12	030903019001	柔性接口制作安装	帆布软管接口，1000mm×250mm×300mm	m^2	1.50	199.49	299.24	76.23	0.00
13	030903019002	柔性接口制作安装	帆布软管接口，200mm×120mm×200mm	m^2	1.02	199.49	203.48	51.84	0.00
14	030904001001	通风工程检测调试	系统	系统	1.00	308.16	308.16	63.67	0.00
合计							18 783.34	1388.64	13 664.23

4. 工程量清单综合单价分析表（见表 4-185～表 4-198）

表 4-185

工程量清单综合单价分析表

工程名称：某办公楼通风管路工程　　　　标段：　　　　第 1 页　共 14 页

项目编码		030902001001		项目名称		碳钢通风管道制作安装				计量单位	m^2	
清单综合单价组成明细												
定额编号	定额名称	定额单位	数量	单价					合价			
				人工费	材料费	机械费	管理费	利润	人工费	材料费	机械费	管理费	利润
9-5	镀锌钢板风管 200mm×120mm，δ=0.5mm	10m^2	1.47	203.17	243.99	39.6	109.71	60.95	298.66	358.67	58.21	161.28	89.60
人工单价		小计							298.66	358.67	58.21	161.28	89.60
28 元/工日		未计价材料费							1003.72				
清单项目综合单价									134.02				
材料费明细	主要材料名称、规格、型号					单位	数量		单价（元）	合价（元）	暂估单价（元）	暂估合价（元）	
	镀锌钢板 δ=0.5mm					10m^2	16.73				60.00	1003.72	
	其他材料费											0.00	
	材料费小计											1003.72	

表 4-186

工程量清单综合单价分析表

工程名称：某办公楼通风管路工程　　　　标段：　　　　第 2 页　共 14 页

项目编码		030902001002		项目名称		碳钢通风管道制作安装				计量单位	m^2	
清单综合单价组成明细												
定额编号	定额名称	定额单位	数量	单价					合价			
				人工费	材料费	机械费	管理费	利润	人工费	材料费	机械费	管理费	利润
9-6	镀锌钢板风管 320mm×250mm，δ=0.75mm	10m^2	0.76	149.84	177.88	21.29	80.91	44.95	113.88	135.19	16.18	61.49	34.16
人工单价		小计							113.88	135.19	16.18	61.49	34.16
28 元/工日		未计价材料费							605.42				
清单项目综合单价									127.15				
材料费明细	主要材料名称、规格、型号					单位	数量		单价（元）	合价（元）	暂估单价（元）	暂估合价（元）	
	镀锌钢板 δ=0.75mm					10m^2	8.65				70.00	605.42	
	其他材料费											0.00	
	材料费小计											605.42	

表 4-187

工程量清单综合单价分析表

工程名称：某办公楼通风管路工程　　标段：　　第 3 页　共 14 页

项目编码		030902001003		项目名称		碳钢通风管道制作安装					计量单位	m²	
清单综合单价组成明细													
定额编号	定额名称	定额单位	数量	单价					合价				
				人工费	材料费	机械费	管理费	利润	人工费	材料费	机械费	管理费	利润
9-7	镀锌钢板风管 630mm×250mm, δ=1.0mm	10m²	1.97	115.06	150.85	11.94	62.13	34.52	226.67	297.17	23.52	122.40	68.00
人工单价		小计							226.67	297.17	23.52	122.40	68.00
28 元/工日		未计价材料费							1793.49				
清单项目综合单价									128.49				
材料费明细	主要材料名称、规格、型号					单位	数量		单价（元）	合价（元）	暂估单价（元）	暂估合价（元）	
	镀锌钢板 δ=1.0mm					10m²	22.42				80.00	1793.49	
	其他材料费											0.00	
	材料费小计											1793.49	

表 4-188

工程量清单综合单价分析表

工程名称：某办公楼通风管路工程　　标段：　　第 4 页　共 14 页

项目编码		030902001004		项目名称		碳钢通风管道制作安装					计量单位	m²	
清单综合单价组成明细													
定额编号	定额名称	定额单位	数量	单价					合价				
				人工费	材料费	机械费	管理费	利润	人工费	材料费	机械费	管理费	利润
9-7	镀锌钢板风管 1000mm×250mm, δ=1.0mm	10m²	1.34	115.06	150.85	11.94	62.13	34.52	154.18	202.14	16.00	83.26	46.25
人工单价		小计							154.18	202.14	16.00	83.26	46.25
28 元/工日		未计价材料费							1219.94				
清单项目综合单价									128.49				
材料费明细	主要材料名称、规格、型号					单位	数量		单价（元）	合价（元）	暂估单价（元）	暂估合价（元）	
	镀锌钢板 δ=1.0mm					10m²	15.25				80.00	1219.94	
	其他材料费											0.00	
	材料费小计											1219.94	

表 4-189

工程量清单综合单价分析表

工程名称：某办公楼通风管路工程　　标段：　　第 5 页　共 14 页

项目编码		030902001005		项目名称		碳钢通风管道制作安装					计量单位	m²	
清单综合单价组成明细													
定额编号	定额名称	定额单位	数量	单价					合价				
				人工费	材料费	机械费	管理费	利润	人工费	材料费	机械费	管理费	利润
9-7	镀锌钢板风管 1000mm×200mm，δ=1.0mm	10m²	2.94	115.06	150.85	11.94	62.13	34.52	338.28	443.50	35.10	182.67	101.48
人工单价		小计							338.28	443.50	35.10	182.67	101.48
28 元/工日		未计价材料费							2676.58				
清单项目综合单价									128.49				
材料费明细	主要材料名称、规格、型号					单位	数量		单价（元）	合价（元）	暂估单价（元）	暂估合价（元）	
	镀锌钢板 δ=1.0mm					10m²	33.46				80.00	2676.58	
	其他材料费											0.00	

表 4-190

工程量清单综合单价分析表

工程名称：某办公楼通风管路工程　　标段：　　第 6 页　共 14 页

项目编码		030901002001		项目名称		通风机					计量单位	台	
清单综合单价组成明细													
定额编号	定额名称	定额单位	数量	单价					合价				
				人工费	材料费	机械费	管理费	利润	人工费	材料费	机械费	管理费	利润
9-409	新风机组（5000m³/h）	台	1	12.06	27.84	2.93	6.51	3.62	12.06	27.84	2.93	6.51	3.62
人工单价		小计							12.06	27.84	2.93	6.51	3.62
28 元/工日		未计价材料费							0.00				
清单项目综合单价									52.96				
材料费明细	主要材料名称、规格、型号					单位	数量		单价（元）	合价（元）	暂估单价（元）	暂估合价（元）	
												0.00	
	其他材料费											0.00	
	材料费小计											0.00	

表 4-191

工程量清单综合单价分析表

工程名称：某办公楼通风管路工程　　标段：　　第 7 页　共 14 页

项目编码		0309030020001		项目名称		消声器制作安装					计量单位	m²	
清单综合单价组成明细													
定额编号	定额名称	定额单位	数量	单价					合价				
				人工费	材料费	机械费	管理费	利润	人工费	材料费	机械费	管理费	利润
9-367	阻抗复合式消声器安装 3＃	组	1	53.24	62.81	4.55	28.75	15.97	53.24	62.81	4.55	28.75	15.97
人工单价		小计							53.24	62.81	4.55	28.75	15.97
28 元/工日		未计价材料费							3000.00				
清单项目综合单价									3165.32				
材料费明细	主要材料名称、规格、型号					单位	数量		单价（元）	合价（元）	暂估单价（元）	暂估合价（元）	
	阻抗复合式消声器 3＃					台	1.00				3000.00	3000.00	
	其他材料费											0.00	
	材料费小计											3000.00	

表 4-192

工程量清单综合单价分析表

工程名称：某办公楼通风管路工程　　标段：　　第 8 页　共 14 页

项目编码		030903001001		项目名称		碳钢调节阀制作安装					计量单位	个	
清单综合单价组成明细													
定额编号	定额名称	定额单位	数量	单价					合价				
				人工费	材料费	机械费	管理费	利润	人工费	材料费	机械费	管理费	利润
9-126	密闭对开多叶调节阀安装 3200mm 以内	个	1	15.40	11.49	7.68	8.32	4.62	15.40	11.49	7.68	8.32	4.62
人工单价		小计							15.40	11.49	7.68	8.32	4.62
28 元/工日		未计价材料费							600.00				
清单项目综合单价									647.51				
材料费明细	主要材料名称、规格、型号					单位	数量		单价（元）	合价（元）	暂估单价（元）	暂估合价（元）	
	密闭对开多叶调节阀 1000mm×250mm					个	1.00				600.00	600.00	
	其他材料费											0.00	
	材料费小计											600.00	

表 4-193

工程量清单综合单价分析表

工程名称：某办公楼通风管路工程　　标段：　　第 9 页　共 14 页

项目编码		030903001002		项目名称	碳钢调节阀制作安装						计量单位	个	
清单综合单价组成明细													
定额编号	定额名称	定额单位	数量	单价					合价				
				人工费	材料费	机械费	管理费	利润	人工费	材料费	机械费	管理费	利润
9-123	风量调节阀安装 800mm 以内	个	8	4.62	3.85	0.22	2.49	1.39	36.96	30.80	1.76	19.96	11.09
人工单价		小计							36.96	30.80	1.76	19.96	11.09
28 元/工日		未计价材料费							1600.00				
清单项目综合单价									212.57				
材料费明细	主要材料名称、规格、型号					单位	数量		单价（元）	合价（元）	暂估单价（元）	暂估合价（元）	
	风量调节阀 200mm×120mm					个	8.00				200.00	1600.00	
	其他材料费											0.00	
	材料费小计											1600.00	

表 4-194

工程量清单综合单价分析表

工程名称：某办公楼通风管路工程　　标段：　　第 10 页　共 14 页

项目编码		030903011001		项目名称	铝合金风口制作安装						计量单位	个	
清单综合单价组成明细													
定额编号	定额名称	定额单位	数量	单价					合价				
				人工费	材料费	机械费	管理费	利润	人工费	材料费	机械费	管理费	利润
9-233	铝合金百叶送风口安装 800mm 以内	个	8	4.18	2.75	0.22	2.26	1.25	33.44	22.00	1.76	18.06	10.03
人工单价		小计							33.44	22.00	1.76	18.06	10.03
28 元/工日		未计价材料费							800.00				
清单项目综合单价									110.66				
材料费明细	主要材料名称、规格、型号					单位	数量		单价（元）	合价（元）	暂估单价（元）	暂估合价（元）	
	铝合金百叶送风口 200mm×120mm					个	8.00				100.00	800.00	
	其他材料费											0.00	
	材料费小计											800.00	

表 4 - 195

工程量清单综合单价分析表

工程名称：某办公楼通风管路工程　　　标段：　　　第 11 页　共 14 页

项目编码		030903011002		项目名称		铝合金风口制作安装					计量单位	个	
清单综合单价组成明细													
定额编号	定额名称	定额单位	数量	单价					合价				
				人工费	材料费	机械费	管理费	利润	人工费	材料费	机械费	管理费	利润
9-238	防雨百叶回风口安装 3200mm 以上	个	1	24.13	14.53	0.26	13.03	7.24	24.13	14.53	0.26	13.03	7.24
人工单价		小计							24.13	14.53	0.26	13.03	7.24
28 元/工日		未计价材料费							500.00				
清单项目综合单价									559.19				
材料费明细	主要材料名称、规格、型号					单位	数量		单价（元）	合价（元）	暂估单价（元）	暂估合价（元）	
	铝合金百叶回风口 1000mm×250mm					个	1.00				500.00	500.00	
	其他材料费											0.00	
	材料费小计											500.00	

表 4 - 196

工程量清单综合单价分析表

工程名称：某办公楼通风管路工程　　　标段：　　　第 12 页　共 14 页

项目编码		030903019001		项目名称		柔性接口制作安装					计量单位	m^2	
清单综合单价组成明细													
定额编号	定额名称	定额单位	数量	单价					合价				
				人工费	材料费	机械费	管理费	利润	人工费	材料费	机械费	管理费	利润
9-26	帆布软管接口 1000mm×250mm×300mm	m^2	1.5	50.82	103.75	2.23	27.44	15.25	76.23	155.63	3.35	41.16	22.87
人工单价		小计							76.23	155.63	3.35	41.16	22.87
28 元/工日		未计价材料费							0.00				
清单项目综合单价									199.49				
材料费明细	主要材料名称、规格、型号					单位	数量		单价（元）	合价（元）	暂估单价（元）	暂估合价（元）	
												0.00	
	其他材料费											0.00	
	材料费小计											0.00	

表 4 - 197

工程量清单综合单价分析表

工程名称：某办公楼通风管路工程　　标段：　　第 13 页　共 14 页

项目编码		030903019002		项目名称		柔性接口制作安装				计量单位		m²	
清单综合单价组成明细													
定额编号	定额名称	定额单位	数量	单价					合价				
				人工费	材料费	机械费	管理费	利润	人工费	材料费	机械费	管理费	利润
9-26	帆布软管接口 200mm×120mm×200mm	m²	1.02	50.82	103.75	2.23	27.44	15.25	51.84	105.83	2.27	27.99	15.55
人工单价		小计							51.84	105.83	2.27	27.99	15.55
28 元/工日		未计价材料费							500.00				
清单项目综合单价									0.00				
材料费明细	主要材料名称、规格、型号					单位	数量		单价（元）	合价（元）	暂估单价（元）	暂估合价（元）	
												0.00	
	其他材料费											0.00	
	材料费小计											0.00	

表 4 - 198

工程量清单综合单价分析表

工程名称：某办公楼通风管路工程　　标段：　　第 14 页　共 14 页

项目编码		030904001001		项目名称		通风工程检测调试				计量单位		系统	
清单综合单价组成明细													
定额编号	定额名称	定额单位	数量	单价					合价				
				人工费	材料费	机械费	管理费	利润	人工费	材料费	机械费	管理费	利润
	通风工程检测调试	系统	1	63.67	0.00	191.01	34.38	19.10	63.67	0.00	191.01	34.38	19.10
人工单价		小计							63.67	0.00	191.01	34.38	19.10
28 元/工日		未计价材料费							0.00				
清单项目综合单价									308.16				
材料费明细	主要材料名称、规格、型号					单位	数量		单价（元）	合价（元）	暂估单价（元）	暂估合价（元）	
												0.00	
	其他材料费											0.00	
	材料费小计											0.00	

注　计算基础为系统人工费，费率 17%，其中人工占 25%。

5. 措施项目清单与计价表（见表 4-199）

表 4-199　**措施项目清单与计价表**

工程名称：某办公楼通风管路工程　标段：　第1页　共1页

序号	项目名称	计算基础	费率（%）	金额（元）
1	安全文明施工费	1388.64	5.5	76.38
2	夜间施工费	1388.64	3.0	41.66
3	二次搬运费	1388.64	2.6	36.10
4	冬、雨期施工	1388.64	3.3	45.83
5	大型机械设备进出场及安拆费	1388.64	0.0	0.00
6	施工排水	1388.64	0.0	0.00
7	施工降水	1388.64	0.0	0.00
8	地上、地下设施、建筑物的临时保护设施	1388.64	15.0	208.30
9	已完工程及设备保护	1388.64	1.6	22.22
10	脚手架搭拆费	1388.64	3.0	41.66
合　计				472.14

注　计算基础为人工费。

6. 规费、税金项目清单与计价表（见表 4-200）

表 4-200　**规费、税金项目清单与计价表**

工程名称：某办公楼通风管路工程　标段：　第1页　共1页

序号	项目名称	计算基础	费率（%）	金额（元）
1	规费			519.90
1.1	工程排污费			
1.2	社会保障费	18 783.34+472.14	2.60	500.64
(1)	养老保险费			
(2)	失业保险费			
(3)	医疗保险费			
1.3	住房公积金			
1.4	危险作业意外伤害保险			
1.5	工程定额测定费	18 783.34+472.14	0.10	19.26
2	税金	分部分项工程费+措施项目费+其他项目费+规费	3.44	680.27
合　计				1200.17

注　规费计算基础为分部分项工程费+措施项目费+其他项目费，其他项目费本例不计。

第六节　工程量清单报价的策略与风险管理

一、工程量清单报价的策略

建筑市场发展的规范化，施工单位（承包商）通过参加工程投标承接工程将成为不可避免的主要途径。投标是既公平又残酷的竞争，是实力、信誉、经验、投标策略与报价技巧等多方面综合能力的比拼。在工程投标过程中投标报价是整个过程的核心，报价过高，则可能因为超出“最高限价”而丢失中标机会；报价过低，又可能因为低于“合理低价”而废标，或者即使中标，也可能会给企业带来亏本的风险。因此投标单位应针对工程的实际情况，凭借自己的实力，从宏观角度出发，正确运用投标策略和报价编制技巧，将自己的综合实力发挥到最大，在决定中标的各项关键因素上发挥相对于竞争对手的优势，扬长避短，从而达到最终夺标并盈利的目的，给企业带来较好的经济效益。

（一）投标取胜的方式

在投标竞争中，要根据竞争对手的情况不同，采取不同的取胜方式，争取中标。

（1）以信取胜。依靠企业长期形成的良好社会信誉、技术和管理上的优势、优良的工程质量和服务措施、合理的价格和工期争取中标。

（2）以快取胜。采取有效技术措施缩短施工工期，并保证进度计划的合理性和可行性，使投标工程早日投产、早收益，以吸引业主，争取中标。

（3）以廉取胜。工期短、风险小的工程，愿意承担的工程或当前任务不足时，在保证施工质量的前提下，降低工程投标价，这对业主具有较强的吸引力，采取这种方式要有长远的考虑，即通过降低价格扩大任务来源，从而降低固定成本在各个工程上的摊销比例，降低工程成本，又为降低投标报价创造了条件。同时低价中标也是世行、亚行等贷款项目的一致做法。

（4）以改进设计措施取胜。仔细研究设计图纸，发现不合理之处，提出可行的改进设计的建议和切实降低造价的措施。一般先按原设计报价，再按建议方案报价，如采用这种方式，建议方案应当可以降低总造价或是缩短工期。建议方案应比较成熟，且具有很好的操作性，从而吸引业主，促使业主采纳建议方案。

（5）以退为进取胜。当发现招标文件中不明确之处，并有可能据此索赔时，可报低价争取中标，再寻求索赔机会，但这样做存在较大风险。

（6）长远发展。目的不在于当前工程获利，而着眼于发展，争取将来的优势。如企业为了开拓新市场、新领域、或具有战略意义的工程等，即使适当亏本也在所不惜。

在投标中，业主主要考查标书中的造价、工期、质量，技术装备和施工组织等方面。工程具体情况不同，业主关心的重点也不同。有的重点关注工期，有的侧重于造价，还有的侧重于质量等。因此，在决定对某一工程进行投标后，应根据业主意图、要求以及工程具体情况和竞争情况，选择相应的策略。

（二）投标报价的程序

（1）明确投标方向。企业在投标前，首先应明确投标方向，清楚是否有投标的必要性，这要求企业要及时、准确的掌握工程信息。《招标投标法》第十六条规定，招标人采用公开招标方式的，应当发布招标公告，依法必须进行招标的项目招标公告应通过国家指定的报刊、信息网络或其他媒介发布。有关媒体发布的招标公告是企业了解招标信息的重要渠道。对已获得的招标信息，承包商要首先进行筛选，选取本企业适合做的项目进行投标。这就需要对投标项目进行可行性研究，可行性研究应从投标项目承包条件、企业的长远发展规划、竞争对手的数量和实力、工程的盈利情况、施工任务能否胜任以及投标的风险等方面来进行，通过以上的定性分析，有选择的进行投标，尽量减少无谓的支出。

(2) 分析。承包商经过对投标项目进行可行性研究后，如果决定投标就要进行投标分析，即分析标的物的内外环境，通过投标前的有效分析来进一步进行筛选。

1) 对资金的分析，建设资金是否有可靠的来源，如有些发包方资金不足，须垫资，这就需要衡量我方的财务状况能否承担，以便采取适宜的对策。

2) 对技术上的分析，即工程技术上的要求能否胜任，尤其是技术密集的工程项目，要量力而行、实事求是，需要时可采用联合投标、分包方式，扬长避短。

3) 工程特点，主要困难和风险分析，承包条件是否苛刻，施工难易程度如何，实现工程计划的条件是否允许以及未知因素多少等。须结合本企业优势及弱点分析有利条件和不利因素，作出较正确的判断。

4) 对外部条件的分析，如地理位置是否适合工程进料，是否有利于施工及离基地的远近，是否需要外迁作业。材料的来源地（材料产地）离工地的远近及供应是否充裕等，这些均对报价高低有直接影响。

5) 对招标建设单位分析，主要是摸清建设单位的想法，以便作出相应的投资决策。

6) 对竞争对手的分析研究，对手的长处和短处是什么？他们对本工程积极性如何？他们将采取什么策略？他们在本地区的影响和信誉如何？

7) 经济效益的预测。对本工程经济效益的预测分析应做出成本标价、中标价、高标价等不同的标价，供决策参考用。

(3) 收集技术经济情报资料。投标报价涉及多方面的技术和经济问题，必须做好调查研究与情报资料的收集和分析工作。

1) 招标文件是承包人投标与报价的依据，应认真研究。“投标须知”一般提出该工程的各种投标要求，如对图纸和报价单的要求与说明，所用技术规范与标准，投标保证金的金额与承包时间等。

2) 随时掌握了解当地市场材料和机械设备价格的变动、运输费用和税率变动情况。最好通过长期分析，找出每年物价上涨的规律。各承包公司及其派驻项目所在地的经理部应设立情报机构，收集各地承包商的投标报价情报，以便灵活调整自己的价格。

(4) 组建合理的报价班子。经验丰富的报价班子对于能否报出合理价格、提高中标率来说至关重要。理想的报价班子通常由以下人员组成：

1) 有类似工程经验并拟出任投标工程项目经理的人员；

2) 资深造价工程师；

3) 熟悉当地市场的材料工程师、机电工程师；

4) 财务负责人等。

有条件的公司可组建两套班子，分别进行独立报价，最后取平均值作为对外报价依据。

(5) 仔细分析报价说明、规范及清单，审核验算有疑问的工程量。报价说明、所采用的规范及清单注释作为招标文件的重要组成部分应仔细阅读，理解透彻。这样报价时才能清楚清单所列工程量所包含的工作内容，避免漏项或误解。工程量是计算标价的重要依据。在招标文件中大部分均有实物工程量清单，投标单位在投标作价前应进行核对。核对不可能也没有必要全部重新计算一遍，可采用重点核对的方法进行。核对的内容可分：项目是否齐全；有无漏项或重复；工程量是否正确；工程做法及用料是否与图纸相符等。核对时选择工程量较大，造价较高的项目抽查若干项，按图详细计算。一般项目则只粗略估算其是否基本合理就行了。在核对项目是否齐全、工程做法及用料是否与图纸相符时，可以将工程量清单与图纸样要逐项进行核对，以查明是否有不符或漏项之处。一般易于疏忽者是图纸中的说明或图纸本身就有相互矛盾之处，对此投标人应加倍注意。

(6) 认真参加现场考察和标前会议。施工现场考察是投标者必须经过的投标程序，按照国际惯例，投标者提出的报价单一般被认为是在现场考察的基础上编制报价的。一旦报价单提出之后，投标者就无权因为现场考察不周，情况了解不细或其他因素而提出修改投标，调整报价或提出补偿等要求。因此，投标者在报价以前必须认真地进行施工现场考察，全面地、仔细地调查了解工地及其周围的政治、经济、地理等情况。

现场考察结束后，招标方一般会安排标前会议，针对招标文件中出现的差异和不清楚的地方，回答投标人提出的问题。投标人应积极参加此会议，利用这个机会获得必要的信息。标前会议提出问题时应注意以下几个方面：

1) 对合同和技术文件中不清楚的问题，应提出说明，但不要表示或提出改变合同和修改设计的要求；

2) 提出问题时应注意防止其他投标人从中了解到本公司的投标机密；

3) 不宜在会上表现出过高的积极性。

(7) 拆分清单，对材料进行多方寻价，让专业分包商对专业项目进行报价。材料价格及人工在总造价中占有重要比重，必须慎重对待。多方寻价有以下两点好处：一是可以找到信誉好的专业分包；二是分包价格合理。

(8) 不可预见因素的考虑。在工程施工过程中难免出现某些不可预见的因素，诸如材料价格的变化，基础施工遇到意外情况以及其他意外事故造成停工、窝工等，都会影响工程造价。因此，在投标报价时应对这些因素予以适当考虑，特别是采用固定总价合同时，更应充分注意，需酌情增加一定的系数（例如3%～5%），以不可预见费的名目，列为标价的组成部分。通常，固定总价合同的不可预见费可高一些；设计文件比较粗略、地质资料不够详细、气象条件比较复杂或施工期较长的工程，不可预见费也应高些；反之，则应低一些。

在实际投标承包制的条件下，为了鼓励竞争，建筑企业在投标报价时，应允许采取有适当弹性的利润，即为了争取中标，预期利润率可低于以上规定值。甚至在某一工程上有策略的亏损，以提高报价竞争力，在降低成本，保证工程质量的前提下，预期利润率也偏低，对此投标单位应自主做出决策。

(9) 计算工程成本价。计算投标工程的成本价是确定最终报价策略、运用报价技巧的前提。施工企业应结合本单位的施工管理、财务管理、成本核算，总结已完工程的工、料、机消耗指标或根据企业内部定额预测所投标的工程的成本。投标价的成本分析应考虑地区差异、通货膨胀、物价上涨、外汇汇率、银行贷款利率变化等一些可变因素的影响。对工程进行成本分析是确定投标报价的前提，也是预测工程利润的基础。通过成本分析对工程的盈利和风险做到心中有数，如果投标报价低于成本价，工程肯定亏本。如果投标价报过高，将会失去中标机会，更谈不上利润。因此工程成本价的确定是非常重要的，只有在准确确定工程成本价的基础上才有可能合理运用正确的投标策略和技巧。

（三）投标报价的策略

招投标是一种竞争，施工企业在这一过程的运用一些投标招标策略对招标有着重要的意义。投标策略是施工企业在投标竞争中的方式和手段。目前国内建筑市场竞争十分激烈，对施工企业来说，制定正确的投标策略是投标中标的重要因素。

投标策略主要是“把握住形势，以己之长，胜他人之短，争取主动，随机应变。”但最主要和最有效的方法是依靠工程质量高，造价相应低，工期短来赢得投标。运用适于自己的投标策略，灵活掌握、综合运用、不断总结经验，争取在投标中取胜。

在实际投标过程中常用的策略有：

1. 生存型报价策略

投标报价以克服生存危机为目标，为争取中标可以不考虑各种利益。社会政治经济环境的变化和承包商自身经营管理不善，都可能造成企业的生存危机。这种危机首先表现在由于经济原因，招标项目少，所有的施工企业都将面临生存危机；其次，政府调整基建投资方向，使某些企业擅长的工程项目减少，这种危机常常是危害到营业范围单一的专业施工企业；第三，如果企业经营不善，投标中标越来越少，这时应以生存为重，采取不盈利甚至做亏本也要夺标的态度，只要占住市场暂时维持生存渡过难关，就会有东山再起的希望。

2. 竞争型报价策略

投标报价以竞争为手段，以开拓市场、低盈利为目标，在精确计算成本的基础上，充分估计各竞争对手的报价目标，以有利的竞争报价达到中标的目的。

施工企业处在以下几种情况下应采取竞争型报价策略：

(1) 竞争对手有威胁性；

(2) 试图打入新的地区，开拓新的工程施工类型；

(3) 投标项目风险小；

(4) 施工工艺简单、工程量大；

(5) 社会效益好的项目和附近有本企业正在施工的项目。

3. 盈利型报价策略

投标报价充分发挥自身优势，以实现最佳盈利为目的，对效益较少的项目热情不高，对盈利大的项目充满自信。如果施工企业在该地区已经打开市场，施工能力饱和、信誉度高、竞争对手少、具有技术优势，并且企业有较强的名牌效应，投标目标主要为扩大影响或者施工条件差、难度高、资金支付条件不好、工期质量要求苛刻时，可采用盈利型报价策略。

4. 先亏后盈报价策略

招投标是一种公平竞争的行为，但我国还存在着许多阻碍公平竞争的因素。一种表现是体制上存在非充分竞争状态。如：有些政府部门在投资项目的管理中，既充当业主，又充当承包商，势必会增加其地区或行业的垄断性而削弱市场竞争性。另一种表现是各地各行业工程建筑市场进入障碍较大，这种障碍大多是隐形的，以各种内部政策、精神或双重标准的形式隐性存在，造成市场竞争性差，活力不足。面对这样的市场，采取低价中标、先亏后盈的策略无疑是一种明智之举。这样为施工企业能开辟更多更新的市场区域，为打开局面，占领市场和提高知名度，并为以后连续获得更多项目奠定基础。当然这里的亏损不是绝对的，而是结合自身的优势（如三大材料流动资金拥有多、施工组织水平高、工效高等），并根据施工项目的实际情况，确定削减至“亏”的因素。如：对于大批量工程或有后续工程、分期建设的工程，可适当减少临时设施费用和管理费用，设备搬迁费用；而采取先进技术、先进施工工艺或物美价廉的材料，也是支持先“亏”后盈策略的有利保证。

5. 低价保本报价策略

当建筑市场出现竞争激烈、施工任务不足、“僧多粥少”的情况下，施工企业为了生存，只得“饥不择食”，对投标工程实行让利政策，以保证企业的简单再生产，解决设备、劳动力闲置问题，使得企业能够保存实力、养住队伍、减少亏损。同理，此处的低价保本报价，也决非绝对的亏损价。对一个优秀的施工企业，完全可以凭借自己科学的管理、先进的生产技术、敏锐的市场触觉编制出利润最大化而富于竞争力的报价。如：对施工图纸设计详细无误，不可预见费因素小的工程，可减少不可预见费；考虑冬雨期施工的工期因素，可减少冬雨期施工费等；采用高素质管理、先进的施工技术、合理的统筹施工、降低工程成本，同样可以增加企业创利的把握。

（四）投标报价编制技巧

施工企业投标时要根据工程对象的具体情况，确定具体的报价策略、利用报价技巧。如果采用的报价策略正确，又掌握了一定的报价编制技巧，就可以做出合理的报价，从而赢得工程，获得较高利润。报价编制技巧，是在服从投标报价策略的前提下，采取的具体做法。

1. 重视单价的确定

工程量清单计价的最大特点是强调“量价分离”，即工程量清单中的工程量与单价分开，使用过程中是“量（指工程量）变价（指单价）不变”，这与国内曾经普遍采用的定额概预算方法有所不同，它将工程定价的权力充分交给了市场。在许多工程的招标文件中都会明文规定，合同单价的地位高于一切。如果工程量清单中的单价与总价发生矛盾，应以单价为准；如果复价与单价乘以工程数量的积不一致时，以所填报的单价为准。对于没有填报单价或价格的工程内容，业主在合同实施过程中将不予支付，并认为该项工程内容的单价或价格已包含在工程量清单的其他工程内容单价或价格中。填上的单价就成为支付的法律依据，由此可见单价在工程量清单中的重要性。因此承包商在填写工程量清单中的工程单价时，要牢固树立市场竞争意识，尽量避免因笔误而影响日后项目工程总造价的确定。

2. 不平衡报价方法

在市场竞争如此激烈的今天，施工企业为了在市场上站稳脚跟，捕捉市场转瞬即逝的契机，在追求利润最大化的同时，又想保证报价的竞争性，那么不平衡报价法无疑是施工企业首选的报价策略之一。在现实投标过程中，不平衡报价方法是应用最为广泛，也是最为有效的策略之一，合理的应用不平衡报价方法常常能为投标人带来丰厚的利润。但采用不平衡报价要认真分析，价格水平高低不能太明显夸张，否则可能会引起业主反感，认为报价不合理，甚至对业主评标产生负面影响，造成废标。

(1) 工程量清单计价为不平衡报价提供了空间。工程量清单计价一般采用综合单价形式，即各分项工程单价中包含了工程直接费、间接费、利润等费用。工程量清单计价要求投标单位根据市场行情和自身实力报价，特别是工程量清单中的措施性项目的报价，它直接和企业自身的综合技术、管理水平相关。不同水平的施工企业对工程量清单中同一个分项工程的报价可能有较大的差别，只要施工企业在不低于成本价的前提下总报价较低就有可能中标，具体的中标过程一般不予关注，这就使不平衡报价有了合理的依据。

一般来讲签约总价只是一个概念，或者说只是为业主和咨询工程师在比较各家标价的高低时提供了一个大致的参考值，可作为计算履约保函、预付款、工程保留金、延期赔偿费等的数字依据。虽然工程量清单中的综合单价是不可以改变的，但是清单工程量是可以根据实际情况变化的。签约之后，现场的实际工作量要么大于、要么小于合同中规定的工作量，从来没有一个合同的合约总价与完工总价是一致的。根据《建设工程工程量清单计价规范》（GB 50500—2008）的规定，合同中因工程量变更需调整时，除合同另有约定外，应按下列办法确定：

1）工程量清单漏项或设计变更引起新的工程清单项目，其相应综合单价由承包人提出经发包人确认后作为结算的依据；

2）由于工程量清单的工程数量有误或设计变更引起工程量的增减，属合同约定幅度内的应执行原有的综合单价，属于合同约定幅度外的，其增加部分的工程量或减少后剩余部分工程量的综合单价由承包人提出经发包人确认后作为结算依据。现实中，承包商实际获得的总收入是在履约过程中通过验工计价得出的。尽管项目总标价相近，但由于报价时工程量清单中各个条目的单价不同，结果也会导致承包商的获利有所差异，这就给承包商提供了获利的机会。

（2）所谓不平衡报价是相对于常规的平衡报价而言，它是利用工程量清单计价中单价不变的特点，在总标价不变的前提下，将工程量清单中一部分分项工程的单价调整得略高于正常水平，另一部分则略低于正常水平。其目的是为了尽早收回工程款，增加流动资金，有利于施工流动资金的回转；另一方面是为了获得额外的利润。分析投标报价时，对那些预计实际工程量将增加的分项工程适当调整单价，对于早期完成的分项工程适当调高单价，对于后期完成的分项工程适当调减单价；对于图纸不明确，估计修改后工程量将增加的可以适当提高单价；对于暂定项目要具体分析，如工程不分包及肯定要做的项目单价可适当调高，如果工程分包或项目不一定做的则应适当调减单价。不平衡报价方法若运用得当，施工企业既可兼顾工程总报价的竞争性，又可获得较多的工程收入。不平衡报价的基本原则是保持正常报价水平条件下的总报价不变。

（3）不平衡报价的方法。

1）提高早期的工程造价，降低后期的工程单价。对早期得到结算付款的分部分项工程（如临时设施、土石方工程、预埋预留部分等）单价定的相对高一些；对后期施工的分项工程（如灯具开关安装、油漆涂刷等）单价应适当降低。

2）按工程量变化趋势调整分项工程综合单价。其中包括：①估计施工中工程量可能会增加的项目提高其单价，相反，估计工程量会减少的项目则降低其单价；②设计图纸不明确或有错误，估计今后修改后工程量会增加的项目应提高其单价；工程内容说明不清的单价应降低；③没有工程量只有单价的项目（如土方工程中的挖淤泥、岩石等）其单价可以相应提高一些；④对于暂列数额（或工程），预计会做的可能性较大的，其单价应定的高一些；估计不一定发生的，其单价应低一些。

3）其他单价调整。零星用工（计日工）的报价应高于一般分部分项工程中的工资单价。因为它的数量一般较小，其总计时工的价值对于总的工程报价影响不大，但若有发生时，可以获得更多的利润。

运用不平衡报价方法进行投标报价的关键是决策，而决策前要注意分析论证，避免决策的模糊性、随意性和盲目性，保持决策执行的连贯性和严肃性。同时承包商报价人员的水平非常重要，他们应该学会分析判断。分析判断是否正确，取决于对项目的充分调研、掌握丰富的资料、准确的信息以及经验的积累，当然最终决策人的水平和魄力也必不可少。

最为理想的报价结果应该是：报价时高低互相抵消，总价没有体现；履约时所形成的数量少，完成的也就少，单价调低，损失也就降到最低；数量多，完成的也多，单价调高，承包商便能获取较大的利润。利润多、损失小，合起来还是盈利。

当然，不平衡报价也有风险，这决定于承包商的判断和决策是否准确。即便判断正确，业主有时也会发变更令减少施工时的工程数量，甚至强行改变或取消原有设计。这就需要承包商具备一定的运作经验和技巧，必须对具体情况做出充分调研分析后再形成决策，以制造足够的空间去应对业主。

3. 总价调整

目前实际工程投标中运用的比较多的是用降价系数调整最后总价。在填写工程量报价单的每一分项工程单价时，都增加一定的降价系数，而在最后撰写投标致函中，根据最终决策，提出某一降价指标。例如，先确定降价系数为15%，填写报价单时可将原计算的单价乘以85%，得出“填写单价”，填入报单，并按此计算总价和编制投标文件。投标人直到投标前数小时，才做出降价最终决定，并在投标致函内声明：“出于友好的目的，本投标人决定将计算标价降低×%，即本投标价的总价降为×××元。同时，随同本投标文件递交的投标保函的有效金额相应地降低为×××元”。

总价调整必须是对投标工程进行成本分析预测后，以保本微利为调整下限来进行的，主要通过对工期、施工方案、直接费、间接费进行优化分析，挖掘潜力来完成调整。

分析工期对成本的影响，如工期较紧，势必要加大施工各要素的投入。而高价进料，雇佣高价劳务，雨季、夜间进行施工等因素均会加大工程费用的投入，报价时要加以考虑，反之则可适当调低报价。

分析初步施工方案，从投标人自身技术状况（人员和设备）着手，分析能否改进施工方案和施工方法。采用先进高效的设备来挖掘降低成本的潜力，以调低报价。

分析直接费，一般用定额含量与实际相比较，分析实际用工量和人工费支出是否有潜力可挖。根据以往施工用料情况分析，将主要材料消耗与定额材料消耗相比较，看是否存在节余。从机械台班汇总表中对燃料和电力消耗量进行分析，看能否降低消耗或采用较定额所列设备更为先进有效的设备。经测算后，分析能否降低间接费，除强制性支出的间接费外，其他间接费尽可能降低至成本价。

4. 突然降价法

报价是一件保密性很强的工作，但是对手往往通过各种渠道、手段来刺探情况。因此，在报价时可以采取迷惑对方的手法，即按一般情况报价或表现出自己对该项目兴趣不大，到投标快截止时，再突然降价。采用这种方法时，一定要在准备投标报价的过程中考虑好降价的幅度，在临近投标截止日期，根据情报信息与分析判断，再做最后决策。如果由于采用突然降价法而中标，因为开标只降总价，在签订合同后可采用不平衡报价的方法调整项目内部各项单价或价格，以期取得更好的效益。

5. 多方案报价法

对一些招标文件，如果发现工程范围不很明确，条款不清楚或很不公正，或技术规范要求过于苛刻时，要在充分估计投标风险的基础上，按多方案报价法处理。即按原招标文件报一个价，然后再提出：“如某条款（如某规范规定）作某些变动，报价可降低多少……”，报一个较低的价。这样可以降低总价，吸引采购方，或是对某部分工程提出按“成本补偿合同”方式处理，其余部分报一个总价。

6. 增加建议方案

有时招标文件中规定，可以提出建议方案，即可以修改原设计方案，提出投标者的方案。这时投标者应组织一批有经验的设计和施工工程师，对原招标文件的设计和施工方案进行仔细研究，提出更合理的方案以吸引业主方，促成自己的方案中标。这种新的建议方案要可以降低总造价、提前竣工或使工程运用更合理。但要注意的是，一定要对原招标方案标价，以供采购方比较。增加建议方案时，不要将方案写得太具体，保留方案的关键技术，防止业主方将此方案交给其他承包商。同时要强调的是，建议方案一定要比较成熟，或过去有这方面的实践经验。避免仅为中标而匆忙提出一些没有把握的建议方案，而引起很多的后患。

7. 分包商报价的采用

总包商应在投标前取得分包商的报价，并增加总承包商摊入的一定管理费，然后作为自己投标总价的一个组成部分一并列入报价单中。但应注意，要找两、三家分包商分别报价，然后选择其中一家信誉好、实力强、报价合理的分包商签订协议。总承包商选择分包商一般有两个原因：一是将一部分不是本公司业务专长的工程部位包出去，以达到既能保证工程质量和工期，又能降低造价的目的；二是分散风险，即将某些风险比较大的，施工困难的工程部分包出去，以减少自己可能承担的风险。

此外，承包商在报价过程中还应注意以下几个方面的问题：

(1) 根据招标项目的不同特点采用不同报价。遇到下列情况可报价高些：施工条件差的工程，本公司有专长的工程，专业要求高的技术密集型工程，特殊工程，工期要求紧的工程。遇到下列情况可报价低些：施工条件好、工作简单的工程，本公司急于打入市场，投标对手多、竞争激烈的工程。

(2) 报价的基础价格要准确。在编制报价时，将人工单价、材料、机械单价作为基础价格，利用行业或企业定额的消耗量及取费费率确定工程单价。因此基础价格的水平直接影响到总价水平，只有基础价格计算准确，才能保证总价的准确。

(3) 取费费率应取满。投标报价时所采用的间接费率、利润率和税率都将成为施工时业主计算索赔费用的依据。为了将来能获得较高的索赔费，费率应取满。降低报价水平可以通过提高人工和机械效率来实现。

(4) 各分部分项工程单价要合理、可靠。在确定各分部分项工程单价时，应做到施工方案合理可行、施工工艺完备先进、施工设备配置合理充足，工程单价所选定额子目应准确、所报单价应合理且较低，与类似工程相比出入不大、符合常规，否则容易导致业主对投标单位实力和技术水平发生怀疑。

(5) 可供选择项目的报价。有些分项工程，业主可能要求按某一方案报价，然后再提供几种可供选择方案的比较报价。对于将来有可能被选择的方案应适当提高其报价；对于当地难以供货的方案，可将价格有意抬高些，以阻挠业主选用。但“可供选择项目”，只有业主才有权进行选择，因此，适当提高可供选择项目的报价，并不意味着肯定可取得较好利润，只是提供了一种可能，一旦获准，即可取得额外加价的利益。

总之，投标竞争是企业之间综合素质的竞争，它的胜负不仅决定于投标者的技术、设备和资金等实力的大小，更决定于投标策略和方法的正确性、预见性，同时也非常讲究技巧，只有在投标工作中认真总结这方面的经验和教训，深刻剖析、不断探索才能在以后的投标中取得胜利。

二、工程量清单报价的风险管理

（一）风险的概念

工程项目的立项、可行性研究及设计与计划等都是基于正常的、理想的技术、管理和组织以及对将来情况（政治、经济、社会等各个方面）预测的基础之上进行的。在项目的实际运行过程中，所有的因素都有可能发生变化，而这些变化可能将使原定的目标受到干扰甚至不能实现。这些事前不能确定的内部和外部的干扰因素，称之为风险，即项目中的不可靠因素。风险是无处不在的，对建设工程项目来讲，其存在风险也是必然的。工程项目风险，是指工程项目在设计、采购、施工及竣工验收等各个阶段、各个环节可能遭遇的风险。正是由于风险会造成很大的损失，在现代项目管理中，风险管理已经成为必不可少的重要环节。

工程量清单计价的施行，逐步形成“市场形成价格，企业自主定价”的格局，把工程计价的权力真正交给企业，交给市场。在这种情况下，业主和承包商的风险范围更趋明显，直接折射出了“风险大、利润大”的市场规律。

（二）工程量清单计价下业主的风险

1. 决策阶段的风险

一个建设项目在决策阶段要完成项目的选址、建设定位、可行性研究等工作，大量的数据信息收集、分析、论证是非常重要的。由于信息的不完备，往往会导致建设项目的收益损失，形成决策失误。在我们周围有许多项目在决策阶段就已决定了它的失败。因此对于一个项目来说，决策阶段是一个非常重要的阶段。建设主管部门也一再强调要重视建设项目的决策，并且加大了审批力度，从政策上和程序上提出了要求，目的就是为了减少决策风险。

2. 财务风险

财务风险主要是从业主采取的融资方式和融资渠道来考虑的。例如：建设资金不到位，外汇部分、汇率部分规定不合理而造成的损失。

3. 技术风险

技术风险更确切地说是设计的风险。该风险包括建设项目所用的方案、所选用的工艺、设备在项目建成时已过时或与社会、市场、人们的喜好不相适应等。也有的项目在设计阶段设计师缺乏造价意识，致使建设成本与建成后的收益有明显的差距等。

4. 不可抗力风险

如由台风、洪水、地震等而蒙受的投资损失，这类风险是无法回避的。

5. 政治法律风险

包括政府产业政策或环保政策的变化导致项目多缴纳税款或追加投资。

6. 招投标阶段的风险

实行工程量清单招标投标，中标靠低价，盈利靠索赔，这是国际工程市场较为通行的一种竞争策略。业主们认为低价中标就规避了风险，其实不然。目前，在工程清单招标过程中，对业主而言，主要存在着以下一些主要问题：在从传统的定额计价模式向工程量清单计价模式转移过程中，建设各方对工程量清单计价方法掌握不到位，对工程量清单的编制，如何运用综合评估法或是评审最低投标价法评标原则办法的制定和风险的合理承担认识等还没有一套完整可行的操作方法，所以招投标阶段业主的风险大多来自于工程量和合同。工程量清单涉及的技术工作复杂，业主往往没有时间和精力以及充分的业务能力提供一个合理和准确的清单，再加之一些设计方面的原因，错算、漏算现象时有发生，致使标底不准确，影响到正常的招投标，也就导致了招投标中的风险产生。工程量清单中的工程量有多种形式，如确定数量、暂定数量、参考数量等，不同的工程量清单适用于不同的合同形式，如固定总价合同形式以及单价合同形式。采取不同的合同形式和工程量清单，承包商和业主承担的责任、获得的利益不一样，承担的风险也不一样。采用通过图纸和技术规范确定的总价合同，业主风险最小。而采用造价＋百分比酬金形式，业主的风险最大。招投标阶段业主的风险来自于评标。工程量清单招标方式的优越性就在于，它可以最大限度地激发企业的竞争力，综合实力强、社会信誉好的投标企业通过加强提高自身素质，可以有足够的实力选择合理标价的下浮幅度，使其中标几率增加。业主如果能通过评选确定资质较高、信誉优良、业绩突出的大企业，即在理论上排除了一些风险。

针对以上风险，业主应从以下几方面进行防范：

(1) 选择称职的招标代理机构。专门的招标代理机构将协助业主完成建设项目招投标工作，既减轻业主的负担，又提高了效率。应对代理机构的实力、业绩进行综合评价，选择一个既有较高业务能力，又有良好职业道德的代理单位。

(2) 选择合理的合同价格形式。要根据施工图设计进展程度，工程量的确定程度以及该项目的复杂程度，施工周期长短等来确定合同形式。对业主来说，根据详细工程量清单确定的总价合同形式是风险最小的合同形式，应尽量采用。对于那些大型或是复杂的项目，业主应边设计、边招标，或尽可能不在初步设计阶段进行招标，以减少风险的发生。

(3) 充分把握资格评审，制定合理、周密的评标细则。评标应遵循公平、公正、科学、择优的原则。中标价应能够最大限度地满足招标文件中规定的各项综合评价标准；能够满足招标文件的实质性要求，并且经评审的投标价格最低，但是投标价格低于成本的除外。业主应对市场充分了解，警惕投标方采用“低价中标、高价索赔”的策略。

(4) 选择合理、完备的合同格式。

7. 工程变更的风险

工程变更来自于业主、设计或者承包商。无论哪种变更，都会或多或少地增加造价，应尽量减少或避免。此项风险也应引起业主的足够重视。

(三) 工程量清单计价下承包商的风险

1. 投标决策阶段的风险

投标决策阶段决策的主要内容包括是否要进入某市场，是否对某项目进行投标；当决定进入某市场或决定对某项目进行投标时，又必须决定投什么性质的“标”；最后决定采取什么策略中标。这一系列的工作都潜伏着各种风险：

(1) 信息缺失风险。信息缺失一方面是指获得的是虚假的投标信息，另一方面是指工程项目的资料掌握不全，由于信息缺失而出现经济损失。

(2) 提价失误风险。一是低价中标，即采用低价中标寄希望于高价索赔。往往是低价中标成功，却难以通过索赔达到预期效果。采用低价中标策略要求对未来市场形势判断准确并且对同类工程有相应的经验。如果判断失误，承包商投入全部精力和资金，并不能从中获利，从而使承包商造成损失。二是高价中标。倚仗技术优势报高价，可能由于价格过高，使自己失去了市场；或倚仗关系优势而盲目乐观，从而提报高价。在我国宏观条件下，倚仗关系可以使企业在一些项目投标活动中获利，但随着我国市场体制和建筑市场运行机制不断健全和完善，某种特殊关系的优势将逐渐丧失。

在工程量清单计价模式下，承包商要根据企业自身的经营目标、经营状况、技术装备等选择不同的投标策略，例如采用不平衡报价等方法做好风险防范。

2. 签约和履约阶段的风险

(1) 合同条款的风险。合同确立后，就具有法律效力，各方就要按照合同条款履行自己的权利和义务，如条款的定义和用词含糊不清，在实施过程中就不可避免地发生争议。

(2) 工程管理的风险。

(3) 合同管理的风险。合同管理主要是利用合同条款来保护自己的合法权益，扩大收益。这就要求承包商具有渊博的知识和娴熟的技巧，要善于开展索赔。

(4) 物资供应的风险。供应商的供货情况会直接影响到工程的质量和进度，特别是工程材料给工程带来的风险最大。承包商要制定合理的物质采购计划，以免延误工期。

(5) 成本管理风险。主要指成本控制和成本核算。材料的市场价格和正常条件下的节约是做好成本管理的重要环节。

(6) 不可抗力造成的风险。指暴雨、台风、严寒、洪水、泥石流、地震等人力不可抗拒的自然灾害造成的损失。此类风险是不可避免的，但能在投标报价中做合理的预留以减少此类风险。

复习思考题

1. 投标取胜的方式有哪些?
2. 简述投标报价的程序。
3. 简述投标报价的策略。
4. 工程量清单计价下业主及承包商的风险各有哪些?

第五章　信息化管理在工程造价中的应用

第一节　工程造价信息化管理概述

一、工程造价管理信息化内涵

工程造价管理信息化是指在工程造价管理活动的全过程中充分运用信息技术，通过工程造价信息资源的开发利用和共享，不断提高管理决策的效率和水平，为工程造价管理的目标及经营活动提供服务支持，实现工程造价管理整体协调发展的动态过程。

工程造价管理信息化并不简单地等同于计算机化或网络化，范围也不局限于概预算软件系统或建筑工程材料信息系统等单个软件，而是一个关系到整个工程造价管理改革和工程造价管理现代化的系统工程。工程造价管理信息化的建设过程，是将信息技术与工程造价管理业务流程紧密结合，用信息的观点进行工程造价信息分析，并在此基础上将信息技术、工程造价信息资源融入工程造价管理活动的业务中。

二、工程造价管理信息化构成的内外部要素

工程造价管理信息化构成要素主要分为内部要素和外部要素两大类。

（一）工程造价管理信息化内部要素

工程造价管理信息化的内部要素主要由工程造价信息基础设施、工程造价信息资源、工程造价管理信息化人才和工程造价信息文化组成。

1. 工程造价信息基础设施

工程造价信息基础设施是由硬件、软件和网络组成。硬件一般包括计算机、网络和通信设备、办公自动化设备等；软件包括各种软件工具及各种应用工程造价管理信息系统；网络应包括内部网、外部网和互联网。

2. 工程造价信息资源

根据工程造价管理以及我国预算体系的内部类别划分，工程造价信息资源主要分为三种类型：结构信息资源、变化信息资源和交互信息资源。

3. 工程造价管理信息化人才

在工程造价管理信息化建设中，需要既有理论根底又长于实践的复合型工程造价信息人才，同时也需要系统掌握和熟练运用工程造价信息和信息技术、网络技术，能够从事工程造价管理领域中各种专业的工程造价信息采掘、处理、分析、管理及开发工作的应用型人才。

4. 工程造价信息文化

工程造价信息文化是工程造价管理信息化建设不断进化的精神支柱和软件保障。

（二）工程造价管理信息化外部要素

1. 信息基础设施环境

工程造价管理信息化建设需要外部环境的配套措施支持，由政府统一规划的信息设施基础的发展水平、运行效率将对工程造价管理信息化建设产生重要影响。

2. 信息技术服务商

由于工程造价管理信息化建设专业化程度比较高，必须依靠信息技术服务商的技术支持

与咨询的外包服务。

3. 信息化政策法规和标准规范

在工程造价管理信息化建设过程中，政府的信息化政策法规和标准规范等必将产生广泛而深刻的影响，如果没有政府的信息化政策法规和标准规范等的支持，工程造价信息的交流与共享将无法实现，工程造价管理信息化就无从谈起。

三、工程造价管理的信息系统

工程造价管理各类信息系统是实现工程造价管理全面信息化的重要因素，其内容大致包括：

(1) OA 办公自动化（Office Automation）系统；

(2) 工程量清单计价系统；

(3) 综合报价系统；

(4) 工程造价控制系统；

(5) 工程造价分析及审核系统；

(6) 工程造价信息资源管理系统；

(7) 工程造价信息发布系统；

(8) 工程造价指数指标分析系统。

四、工程造价管理信息化建设问题分析

（一）工程造价管理信息系统与应用问题分析

工程造价管理信息系统开发与应用水平到现在为止还不能适应工程造价管理发展的要求，主要原因如下：

1. 工程造价管理环境变化因素

随着建设市场不断改革发展，建设行业发生了深刻变化，投资渠道多元化，招投标竞争机制的建立，逐渐改变着工程造价管理的模式，这种环境因素的经常变化决定了信息系统不得不发生变化。

2. 低水平重复建设现象十分普遍

在市场经济条件下，工程造价管理领域的软件开发商各行其是，自行开发一些相互独立的各种预算软件，大多功能雷同，没有统一的标准，条块分割，自成体系，造成较为普遍的低水平重复建设现象。

3. 工程造价管理信息化意识缺乏

有些领导和管理人员信息化意识不强，未能给予工程造价管理足够的重视，没有把信息化作为提升工程造价管理水平、提高效率、改进工作的重要手段来抓。有些单位工程造价管理信息系统使用人员对信息价值认识不足，信息知识浅薄，信息化能力缺乏，不愿改变工作方式，使得工程造价管理信息系统难以推广与应用。

（二）工程造价管理信息资源建设问题分析

在工程造价管理信息化建设过程中，多数单位仍然存在“重硬轻软，重应用系统，轻信息资源”的现象，对工程造价管理信息资源重要性认识不足，从而制约了工程造价信息资源建设的质量和速度。

1. 缺乏工程造价信息资源的总体规划

目前我国还没有工程造价数据库建设的统一标准，缺少对工程造价数据库建设的统筹规

划、总体设计和过程控制，各自为政，导致“信息孤岛”情况，使工程造价信息资源不能共享，达不到提高工程造价管理效率的效果。

2. 缺乏工程造价信息资源的整合

在工程造价管理信息化建设过程中，不同部门、不同年份、同类业务不同处理之间的数据口径不一致，可比性差，缺乏收集整理和加工处理。

3. 工程造价信息资源库建设进展缓慢

当前建设较多的是定额数据库、材料信息库，而指标数据库和多媒体数据库以及工程造价案例库等工程造价信息资源库的建设相对滞后。

（三）工程造价管理信息化标准与规范问题分析

工程造价信息标准化、规范化是整个工程造价管理信息化建设的管理手段和基础环节。长期以来，在工程造价管理领域一直没有引起其应有的重视，没有形成一套统一的、完整的标准规范，严重地阻碍了工程造价管理信息化进程的发展。

1. 对标准规范缺乏足够重视

近年来，各级工程造价管理组织机构对硬件设备投入、网络建设、应用软件开发等工作普遍重视，而对标准化、规范化重视不够。

2. 缺少标准的共享工程造价信息库

工程造价管理信息化的投入一直是在分散体制下进行的，没有统一的建设标准和规范，造成了现有的工程造价管理信息系统都是分散、异构、封闭的系统，只能形成非共享的工程造价信息库，使得大量的工程造价管理信息资源不能充分发挥其应有的作用，这已经成为阻碍我国工程造价管理信息化建设进一步发展的最大障碍。

第二节　工程造价管理相关软件介绍

一、工程造价管理相关软件概述

（一）工程造价管理软件类型

目前我国使用的工程造价管理软件版本多、数量多，覆盖了工程造价管理活动的各个方面。为了更好地了解这些软件产品，按照专业、阶段和功能三个方面进行分类。

1. 按工程造价管理专业软件划分

按照各种不同的工程造价专业设计的软件，在每个专业领域里定位的使用对象和使用范围仅限于比较窄的范围内，注重实用性。例如按建设部 14 个专业划分为房屋建筑预算软件、装饰装修预算软件、机电安装预算软件、市政公用预算软件、园林绿化预算软件、公路预算软件、铁路预算软件、电力预算软件、水利水电预算软件、水运预算软件、石化预算软件、煤炭预算软件等。

2. 按工程造价管理阶段软件划分

适用于工程造价管理全过程各个阶段的软件有：项目评估与经济分析软件、概预算软件、工程量清单计价软件、合同管理软件、成本控制软件、工程结算软件等。

适合于具体阶段的软件有：工程量计算软件、钢筋抽样软件、工程量清单计价软件、快速报价软件等。

3. 按工程造价管理软件提供的功能划分

工程造价管理软件提供的功能主要有材料信息价管理、工程量清单及定额管理、各种费用管理、计价依据管理、造价分析管理等。这些基本功能可以单独构成一个软件，如材料信息价格管理现在大多数都在工程造价信息网上发布，也可将许多功能集成构成一个软件包。

除此之外，还可从管理组织机构的角度对软件进行划分，如工程造价管理机构、工程造价咨询单位和施工企业应用软件等。

（二）软件在工程造价管理活动中的应用

目前，在工程造价管理领域使用工程造价相关软件已经成为普遍现象，这是衡量工程造价管理信息化成熟度的标志之一。

1. 相关软件在工程造价管理活动中应用情况

目前，工程造价相关软件的应用大致有以下几种形式：

（1）以招投标阶段为主导的工程量清单计价软件应用形式；

（2）以实施阶段为主导的预结算软件应用形式；

（3）以单独功能为主导的软件应用形式；

（4）以服务为主导的建筑材料处理软件应用形式。

采用上述形式的软件都建立在工程造价信息网上，方便广大造价工程师、预算员以及工程造价管理工作者查找，并可与工程量清单计价软件和预结算软件接口，进行计价。在招投标的过程中或在工程项目实施过程中都能起到很好的服务效果，为建设工程项目的各个参与方建立统一认识的服务平台。从服务角度上看，其应用效果有可能局限于某一个区域里，但会针对工程造价咨询单位在异地编制或审核工程项目提供很好的服务。

2. 相关软件在应用时必须注意解决的问题

（1）软件的标准化问题。建立有序的工程造价信息分类标准，实现工程造价信息标准化，解决在工程造价管理领域中工程造价信息分类编码没有取得统一的混乱问题，可以促进我国工程造价管理的信息化，可以指导工程造价管理活动，为加快建立我国工程造价信息共享机制提供有利条件，为实现工程造价市场运行机制的规范化奠定了基础。

（2）应用集成问题。工程造价用户应该朝着更先进的集成化模式发展，将重点转向各种功能软件和工程造价信息的集成和整合方面来，通过接口实现不同功能系统之间的工程造价信息交换和功能互连，使分散的异构部件联合起来形成一个协同整体，从而实现更强的功能，完成各个部分独自不能完成的任务。

（3）信息网络问题。如何将原有的工程造价相关软件与工程造价管理信息系统集成，并与网络技术有机地结合起来，提供基于 Web，集查询、报表、OLAP 分析及数据挖掘为一体的全面、工程造价管理解决方案，将是我们面临的一个重要问题。

二、工程造价管理活动中的各种实用软件

（一）工程量计算与钢筋翻样软件

1. 工程量计算软件

工程量计算软件是以工程量计算规则为依据，造价工程师通过画图确定构件实体的位置，并输入与计算量有关的构件属性，软件通过默认的计算规则，自动计算得到构件实体的工程量，并自动进行汇总统计，得到工程量清单。

2. 钢筋翻样软件

钢筋翻样在一段时期内一直沿用手工计算，后来国内许多软件公司开发了钢筋翻样软件，解决了繁重的手工劳动，提高了工效。钢筋翻样软件是依据一定的计算规则，结合现行设计规范、施工验收规范、施工工艺而进行设计的。

（二）工程预结算软件

1. 工程量清单计价软件

工程量清单计价软件适用于施工图预算、编制工程量清单、标底价、投标报价、工程结算、工程造价鉴定等计价计算处理，同时提供了电子工程备案和招投标文件导入导出功能，满足与工程造价管理部门和各地交易中心业务系统相配套的需要。软件的主要功能包括软件自定义设置、工程模板管理、基础数据维护、造价文件编制、造价文件审核、报表模板管理等。

2. 工程预结算软件

工程预结算软件具有方便快捷的子目录入、编辑、复制功能，最大限度地利用投标报价生成数据，为成本、进度、物资等管理提供有效参考。便捷的工程量计算式及定额查询功能，费用计算模式开放、灵活，可根据工程参数设置、招标方要求及各种实际情况决定费用项目、计算公式或费率。报表输出方式与Excel类似，用户可在报表中修改，并可以根据实际需要自已设计不同类型的报表格式，修改结果可保存。独特的审核对比功能，可实现审核部门对工程报价审核。

（三）投标报价软件

在建设工程招投标实施过程中，由于工程造价管理牵涉到各个责任主体，同时投标报价计算过程非常复杂，所以投标报价软件系统是从基于浏览器的业务系统着手，以信息为中心，形成统一的网络信息管理系统，实现工程招投标全过程的自动化和网络化管理。通过架设统一协同的信息业务平台，加快信息的流转。通过业务系统平台可使招标方、投标方的交易过程，交易中心、招标代理、投标人、管理部门或监管部门等不同的角色进入系统后拥有不同的权限功能，各方可以在网上进行交互，参与业务操作，提高了交易各方的工作效率，同时系统还提供了匿名方式的网上报名和网上答疑等功能。还可提供项目资料维护、审核、安排招标日程、招标公告、投标报名、网上答疑、专家抽取、投标文件签收、资格审查、评标管理、中标公示、中标通知书签发、中标人报备、招标备案、项目核销、收费管理、招投标日程等功能，涵盖了工程项目招投标工作的所有业务流程。

三、工程造价管理类软件的应用规划

1. 从宏观分析工程造价管理软件应用的必要性

(1) 加快工程造价信息流动。为了使工程造价管理用户之间的工程造价信息畅通，并在工程造价管理活动中进行有效交流，必须使用工程造价管理软件。

(2) 提高工程造价管理水平。只有把思想观念和业务流程融进工程造价管理软件，才能提高工程造价管理水平，提高工程造价管理整体效益。

(3) 适应建设市场竞争需要。工程造价管理软件的应用已经成为决定企业成败的关键因素之一，也是企业实现跨地区经营的前提，应用管理软件有利于企业适应建设市场的招投标竞争机制。

2. 从微观分析工程造价管理软件应用的必要性

(1) 提升用户的核心竞争力。工程造价管理软件的集成应用可以提升工程造价咨询企业的核心竞争力，适应建设市场竞争的要求。

(2) 提高用户的决策水平。使用工程造价管理软件能在获取、交流、利用工程造价信息资源方面更加灵活、快速和便捷，最大限度减少了决策过程中工程造价信息的不对称，提高了用户的决策水平。

(3) 有效降低用户成本。使用工程造价管理软件可以改变和改善成本结构，减少消耗品费用和商务费用等成本，提高工程造价信息交流的效率。

(4) 营造工程造价信息环境。工程造价管理软件的应用，有利于营造用户工程造价信息环境，培养信息素养，提高信息意识和信息能力。

四、工程造价专业软件介绍

“建通”工程量清单计价软件，作为最新国家标准《建设工程工程量清单计价规范》的配套软件，是规范的电子化、信息化版本，其主界面如图 5-1 所示。“建通”是清单计价“企业自主报价、市场定价”主旨的全面贯彻和准确体现。软件面向全国统一市场条件下建设工程行业的应用，满足全国各地区、各专业建设工程工程量清单计价和国际工程 FIDIC 合同条件下的投标报价需要。系统集成了单位工程、单项工程、建设项目多级工程量清单报价编制、人材机分析汇总、综合单价分析与报价优化处理、造价审计审核、报表编辑输出、工程量清单项目及定额子目数据库编辑管理、工程量清单定额可视化排版等强大功能，同时全面兼容定额单价法、实物法、单子目取费等多种传统计价模式，并可与清单计价自如转换，为全国各地区、各专业造价改革平稳过渡提供方便。

图 5-1 建通工程量清单计价软件主界面

（一）软件特点

"建通"工程量清单计价软件与标准定额研究所工程量清单数据库权威数据和计量、计价规则紧密结合，人性化、智能化的设计思想贯穿软件全部运行、操作细节，定额数据、工程量清单数据全面宏变量化，面向应用高度开放；强大的二次开发功能和网络化应用，使其成为标准、规范的工程量清单计价软件和灵活易用的建设工程造价业务功能平台。

1. 灵活实用的数据库

"建通"工程量清单计价软件将工程量清单项目体系和计量规则与工程内容定额子目融合为一个智能化的工程量清单定额数据库系统。该系统具备高度数据独立性，实现了程序外部万能悬挂，充分满足了不同地区、不同专业造价管理的需要。工程量清单定额数据库可根据不同地区和不同专业清单计价具体实施办法和实际需要灵活选用建库结构模式，即工程量清单项目—工程内容子目指引模式、工程量清单项目—工程内容子目附项模式、工程量清单项目—工程内容综合定额模式。以上三种模式既可独立运用又可嵌套综合使用，最大限度地满足工程量清单计价的本地化、专业化需要。数据库架构高效稳定，数据智能关联，最大限度地消除数据冗余，运算更加平稳快捷。凭借这一数据支撑平台，系统得以在同一个工程量清单报价编制界面集成套价库、清单定额库、含量库、综合定额及其含量库、换算项目价格库等多个功能窗口，并实现相互间便捷的动态数据调用，极大地提高了工程量清单报价编制的速度和效率。

2. 简单易行的操作

"建通"工程量清单计价软件在工程量清单计价实现过程中的每一个操作细节，都能够通过内容丰富的快捷菜单和自动弹出窗口，实时提供专业化的引导，使软件高效易用。

3. 定额库数据共享

软件高度的数据独立性使得程序部分与配套工程量清单定额数据库相互独立，调用不同工程量清单定额只需更改调用路径或调整调用指针，快捷实现不同地区、不同行业工程量清单定额的套用。系统对操作窗口的任何一个功能区的数据（套价数据、价格数据、定额子目组合、计价模式组合、报表格式等），均可定义为模块数据文件存储和随时共享调用。

4. 计价模式灵活

"建通"工程量清单计价软件把握工程造价的业务实质和工程量清单计价的核心思想，通过先进的模板技术（动态费率、组价字段、取费表等）灵活调用系统宏变量，可按照不同计价要求构造实体计价项目和各种费用项目，灵活方便地组合出相应计价模式，从而使本软件成为一个屏蔽了不同地区和不同专业造价管理要求与计价模式差异的造价业务平台，全面满足各地区、各专业工程量清单、传统定额单价、实物法、子目单项取费、综合单价等多种计价模式的要求。

5. 强大输出功能

"建通"工程量清单计价软件提供了强大的报表输出定制功能，通过灵活的表头编辑、宏变量计算式编辑、丰富的选项设置和智能化排版，可定制出各种版式规范、页面美观的工程量清单计价报表和传统概预算书格式（图 5-2）。系统支持 OFFICE 标准接口，报表打印输出可直接生成 WORD 文档和 EXCEL 电子表格，从根本上实现了报表"格式万用"，从而充分满足各地区、各专业招标人的特殊要求，便于全国统一建筑市场条件下跨地区、跨行业招投标应用。

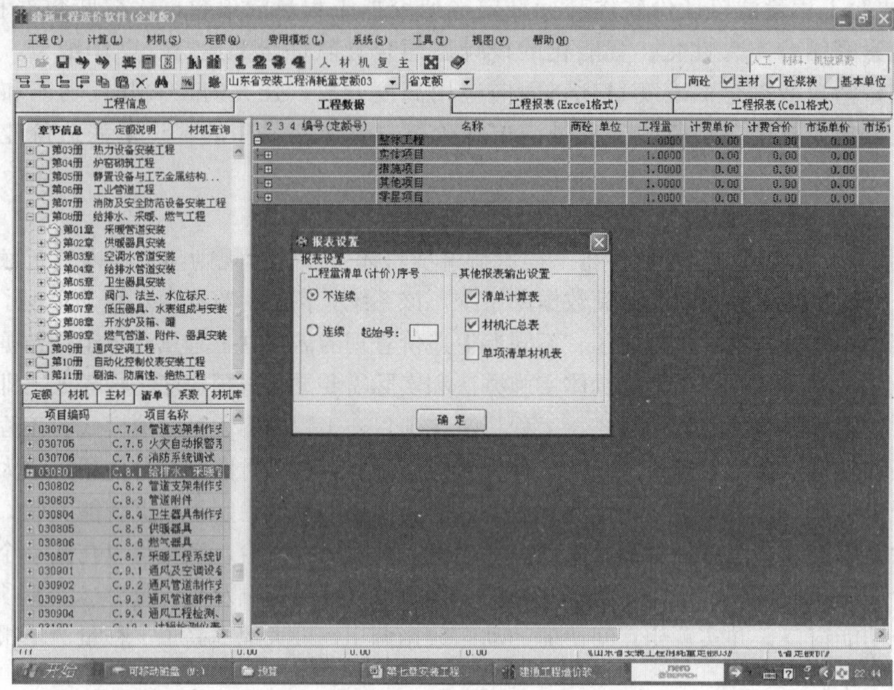

图 5-2 报表输出页面

（二）工程量清单报价编制

工程量清单报价编制界面如图 5-3～图 5-8 所示。

图 5-3 工程量清单报价界面（一）

图 5-4　工程量清单报价界面（二）

图 5-5　工程量清单报价界面（三）

图 5-6 工程量清单报价界面（四）

图 5-7 工程量清单报价界面（五）

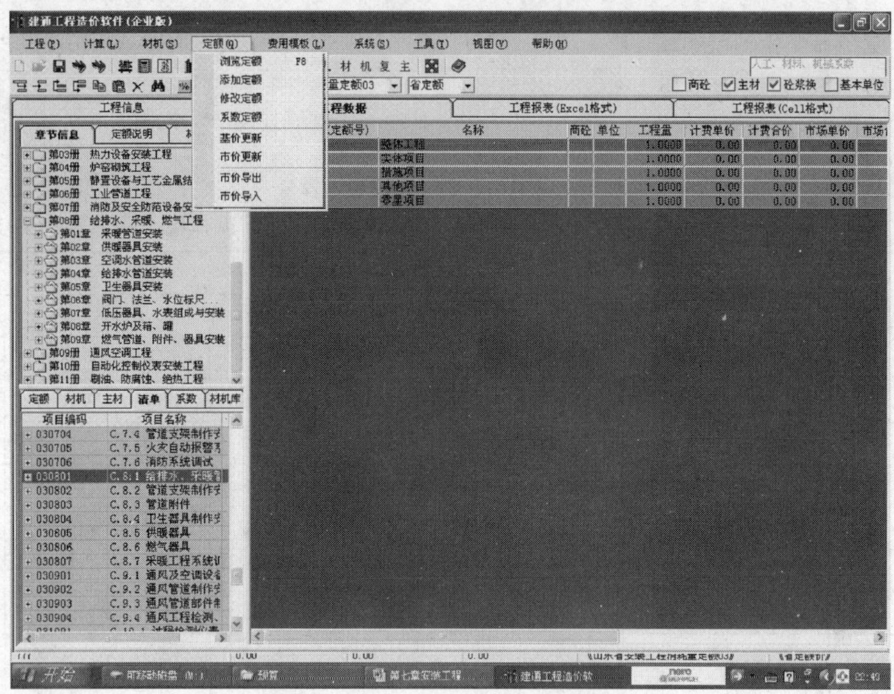

图 5-8　工程量清单报价界面（六）

附 录

附表 1 焊接钢管绝热、刷油工程量计算表

（体积 m^3）、（面积 m^2）/100m

序号	公称直径 DN(mm)	管道外径 (mm)	绝热层厚度（mm）							
			0		20		25		30	
			体积	面积	体积	面积	体积	面积	体积	面积
1	15	21.25		6.68	0.27	22.45	0.38	25.75	0.51	29.05
2	20	26.75		8.40	0.31	24.18	0.43	27.48	0.56	30.77
3	25	33.50		10.52	0.35	26.28	0.48	29.58	0.63	32.88
4	32	42.25		13.27	0.41	29.05	0.56	32.34	0.71	35.64
5	40	48.00		15.07	0.44	30.83	0.60	34.13	0.76	37.43
6	50	60.00		18.85	0.53	34.60	0.69	37.90	0.89	41.20
7	65	75.50		23.72	0.62	39.47	0.83	42.77	1.04	46.06
8	80	88.50		27.79	0.71	43.55	0.93	46.85	1.16	50.15
9	100	114.00		35.80	0.88	51.56	1.14	54.86	1.42	58.15
10	125	140.00		43.96	1.04	59.72	1.35	63.02	1.66	66.32
11	150	165.00		51.84	1.21	67.57	1.55	70.87	1.91	74.17

附表 2 无缝钢管绝热、刷油工程量计算表

（体积 m^3）、（面积 m^2）/100m

序号	管道外径 (mm)	绝热层厚度（mm）							
		0		20		25		30	
		体积	面积	体积	面积	体积	面积	体积	面积
1	32		10.10	0.34	25.82	0.46	29.12	0.61	32.42
2	57		17.90	0.51	33.66	0.67	36.96	0.86	40.25
3	89		27.95	0.71	43.71	0.93	47.01	1.17	50.30
4	108		33.91	0.84	49.67	1.08	52.97	1.35	56.27
5	133		41.78	1.00	57.52	1.29	60.82	1.59	64.12
6	159		50.00	1.17	65.69	1.50	68.99	1.85	72.28

参 考 文 献

[1] 中国建设工程造价管理协会. 建设工程造价管理理论与实务（一）. 北京：中国计划出版社，2008.
[2] 严玲等. 工程造价导论. 天津：天津大学出版社，2004.
[3] 张宝军等. 建筑设备工程计量计价与应用. 北京：中国建筑工业出版社，2007.
[4] 高继伟. 安装工程清单计价编制实例. 郑州：黄河水利出版社，2008.